Gnauck/Fründt · Leichtverständliche Einführung in die Kunststoffchemie

Gerhard Gnauck
Peter Fründt

Leichtverständliche Einführung in die Kunststoffchemie

2., völlig neubearbeitete Auflage des Buches
„Becke, Leichtverständliche Einführung in die Kunststoffchemie"

Carl Hanser Verlag
München Wien 1979

Dr.-Ing. Bernhard Gnauck ist Professor an der Fachhochschule Darmstadt am Fachbereich Kunststofftechnik.

Dr. rer. nat. Peter Fründt ist Professor an der Fachhochschule Darmstadt am Fachbereich Kunststofftechnik.

CIP-Kurztitelaufnahme der Deutschen Bibliothek:

Gnauck, Gerhard:
Leichtverständliche Einführung in die Kunststoffchemie /
Gerhard Gnauck; Peter Fründt. – 2., völig neubearb. Aufl.
d. Buches Becke, Leichtverständliche Einführung in die
Kunststoffchemie. – München, Wien: Hanser, 1979.
1. Aufl. u. d. T.: Becke, Joachim: Leichtverständliche
Einführung in die Kunststoffchemie
ISBN 3-446-12558-2

NE: Fründt, Peter:; Becke, Joachim:
Leichtverständliche Einführung in die Kunststoffchemie

Gesamtherstellung: Buchdruckerei Joh. Walch, Augsburg
Printed in Germany

Vorwort

Wenn über 15 Jahre nach Erscheinen eines Buches, das sich mit einem in starker Entwicklung befindlichen Gebiet der Technik befaßt – wie das für Kunststoffe und Kunststofftechnik zutrifft –, eine Neubearbeitung erfolgt, so ist es nicht erstaunlich, vielmehr zwingend, Inhalt und Konzeption tiefgehend zu überdenken und zu überarbeiten. Der Behandlung von Kunststoffen, die in der ersten Auflage nicht oder nur am Rande erwähnt wurden, aber inzwischen nennenswerte Marktbedeutung erlangten, mußte daher mehr Platz eingeräumt werden. Dafür wurden Stoffe weggelassen, die zwar auch makromolekulare synthetische organische Werkstoffe, besser „Chemiewerkstoffe", sind, die aber nicht in der kunststoffverarbeitenden Industrie sondern in anderen Wirtschaftszweigen, wie z. B. der Kautschuk-, Faserstoff-, Klebstoff- und Lackindustrie, verarbeitet werden.

Allerdings ist es zunehmend schwierig geworden, eine scharfe Grenze zwischen den Kunststoffen im engeren Sinne und Elastomeren (Kautschuk bzw. Gummi) zu ziehen, insbesondere seitdem thermoplastisch verarbeitbare Elastomere, z. B. auf Basis von Polyolefinen, Polystyrolen, Polyestern oder Polyurethanen, auf dem Markt sind, die einerseits wegen der Ausgangsstoffe und ihrer Verarbeitungstechnik sich als Kunststoffe im engeren Sinne darbieten, andererseits im molekularen Aufbau (weitmaschige Vernetzung) und im mechanischen Verhalten sowie in ihren Anwendungsschwerpunkten Kautschuk- bzw. Gummi-Werkstoffe darstellen. Um dieser Situation einigermaßen gerecht zu werden, konnten die Elastomeren nicht völlig beiseite gelassen werden. So werden sie im Kapitel „Einteilung der Kunststoffe" berücksichtigt und am Beispiel der chemisch besonders interessanten thermoplastisch verarbeitbaren PUR-Elastomeren behandelt. Soweit sie als Zusatzstoffe, vor allem als „Schlagzähmacher", zu Kunststoffen verwendet werden, werden sie jeweils genannt.

Im Gegensatz zur 1. Auflage hatten die Bearbeiter Bedenken, Versuche zur labormäßigen Herstellung von Polymeren aufzunehmen. Solche Experimente sind mit vielen Gefahren verbunden. Zahlreiche Sicherheitsbestimmungen sind inzwischen einzuhalten, und es schien daher unvertretbar, in der gebotenen Kürze solche Versuche ohne ausführliche Hinweise auf die Gefahren und deren Bekämpfung aufzunehmen. Als für den sich in das Gebiet einarbeitenden Leser wert- und reizvoller wurden dafür Hinweise zum Erkennen der wichtigsten Grund-Kunststoffe aufgenommen.

Systematisch geordnet wurden die Informationen über Eigenschaften, Verarbeitung und Anwendungsgebiete der einzelnen Kunststoffe. Zusätzlich wurden Tabellen eingearbeitet, die wenigstens qualitativ Vergleiche nahverwandter Kunststoffe erlauben. Durch sie sollen die Unterschiede zwischen solchen Kunststoffen übersichtlich herausgestellt und ihre Marktberechtigung soll deutlich werden. Zur Zusammenfassung und Repetition sowie für den „schnellen Leser" wurde für wichtige Kunststoffe bzw. Kunststoffgruppen ein Absatz „Das Wichtigste in Kürze über . . ." formuliert.

Die Kunststoffe werden in den Gruppen Thermoplaste, Duroplaste und „hochtemperaturbeständige" Kunststoffe behandelt. Zusätzlich wird den Kunststoffschaumstoffen ein eigenes Kapitel gewidmet, in dem zuerst die allgemein für solche Stoffe geltenden Herstellungsprinzipien und die für viele Kunststoffe gemeinsam geeigneten Schäumverfahren beschrieben und die wichtigsten Kenneigenschaften behandelt werden. Anschließend werden die zwei wichtigsten Schaumstoffgruppen: Die Polystyrol- und die Polyurethan-Schaumstoffe, als Beispiele aus der Vielzahl der Schaumkunststoffe behandelt, die in diesem Buch nicht näher betrachtet werden können. Die Einteilung innerhalb der Thermoplaste richtet sich nach den sie aufbauenden Elementen in der Reihenfolge: C, H, Cl, F, O, N bzw. nach Substituenten. Dabei mußten gewisse Inkonsequenzen in Kauf genommen werden, wie z.B. die Behandlung Acrylnitril-haltiger Polystyrol-Kunststoffe (SAN, ABS, ASA) bei PS oder die des nicht-thermoplastischen VPE bei PE. Die Bearbeiter hoffen aber trotzdem, allen Lernenden und Lehrenden in Berufs-, Fachhoch-, Hoch- und anderen Schulen und in den Ausbildungsstätten der Industrie mit dem Buch einen nützlichen Helfer in die Hand zu geben.

Die Bearbeiter sind ganz besonders zu Dank dem Lektor des Buchmanuskriptes, Herrn Dr. Hj. Saechtling, für seine unermüdliche Beratung und sorgfältige fachliche Kritik verpflichtet. Unser Dank gilt auch dem Carl Hanser Verlag für die gute Zusammenarbeit.

Darmstadt, Frühjahr 1979.

Bernhard Gnauck
Peter Fründt

Inhalt

Hinweise zur Benutzung des Buches

Der Forderung nach möglichst großer Breite versucht das Buch dadurch gerecht zu werden, daß es leicht verständliche mit ausführlicheren Abschnitten verbindet. So enthält der im Kleindruck gesetzte Text nähere Erläuterungen und dient der Vertiefung der Kenntnisse. Mit fortschreitender Lektüre steigern sich die Anforderungen in bezug auf kunststoffchemisches Wissen und technisches Verständnis. Manche Grundbegriffe werden anfangs an einem Beispiel erklärt und in späteren Abschnitten als bekannt vorausgesetzt. Es empfiehlt sich daher, systematisch vorzugehen und den Stoff in der gegebenen Reihenfolge durchzulesen.

Um eine anschauliche Verknüpfung zwischen chemischem Aufbau und Endprodukt zu schaffen, werden bei jedem Kunststoff auch Eigenschaften, Verarbeitungsverfahren, Gebrauchsformen und Verwendungszwecke in Wort und Bild gebracht. In wenigen Fällen werden Handelsnamen angegeben. Es ist dabei nicht beabsichtigt, Produkte bestimmter Firmen herauszuheben, sondern nur solche zu nennen, die eine gewisse historische Bedeutung erlangt haben. Soweit es sich um geschützte Warenzeichen handelt, sind sie mit ® gekennzeichnet.

Für die Beschreibung jedes Grundkunststoffs wird regelmäßig folgende Einteilung gewählt: Geschichtliches – der Weg zum Kunststoff mit Beschreibung der Ausgangsstoffe, der Syntheseverfahren und einem Schaubild über den Herstellungsweg (beginnend mit den chemischen Ausgangsverbindungen für das Monomere) – Eigenschaften – Verarbeitung – Verwendung des Kunststoffs. Zum Abschluß der Beschreibung eines Grundkunststoffs ist zusammenfassend „Das Wichtigste in Kürze" zu finden. Anschließend werden wichtige Modifizierungen des Grundkunststoffs (Copolymerisate, chemische Abwandlungen, Mischungen) in etwa der gleichen Einteilung behandelt.

In den Herstellungsschemazeichnungen sind aus Gründen der Übersichtlichkeit die Neben- und Hilfsprozesse, wie z.B. Filtrieren, Trocknen usw., nicht ausführlich dargestellt, obwohl sie zur Herstellung eines brauchbaren Produkts oft äußerst wichtig sind. Zwei Schaubilder über den Weg von den natürlichen Rohstoffen (Erdöl, Erdgas, Kohle u. a.) zu den Ausgangsverbindungen für die Kunststoff-Synthesen befinden sich auf S. 25 und 26. Die chemische Nomenklatur wurde dem neuesten internationalen Stand in der Chemie angepaßt, obwohl diese in den bisher erschienenen technischen Normen (DIN) noch nicht berücksichtigt worden ist. Zusammengesetzte chemische Namen werden meist bei der ersten Nennung im Text durch Bindestriche aufgeteilt, um das Lesen zu erleichtern. Auf chemische Formeln konnte nicht verzichtet werden. Gleichwohl werden sie nur dort wo nötig gebraucht und teilweise vereinfacht dargestellt. So geben die Formelschemata für die Polymeren den stereochemischen (räumlichen) Aufbau der Makromoleküle nicht wieder.

In allen Fällen werden die Eigenschaften eines Kunststoffs in der Reihenfolge: mechanische – thermische – optische – elektrische und Beständigkeitseigenschaften besprochen.

Dabei werden halbquantitative Angaben, wie z. B. „mittlere Festigkeit", „hohe Wasseraufnahme", verwendet und bewußt keine Zahlenwerte angegeben. Der Grund hierfür ist die z. T. starke Abhängigkeit nahezu aller Eigenschaften der Kunststoffe von relativer Molekülmasse (Molekulargewicht), Kristallinitätsgrad, Zusatzstoffen, Verarbeitungsbedingungen und der Gestaltung des Formteils, wodurch ohnehin für die meisten Eigenschaften kein exakter Zahlenwert, sondern ein weiter Bereich angegeben werden müßte. In dieser Einführung scheint es jedoch wichtig, vor allem die prinzipiellen charakteristischen Unterschiede zwischen den Kunststoffen darzustellen. Zur Orientierung werden für folgende wichtige Eigenschaften die Wertungen in Durchschnittszahlendaten für Standard-Typen in Tabelle 7.2-2 (S. 207) angegeben: Festigkeit, Steifigkeit, Härte, Kerbschlagzähigkeit, Wärmedehnung, Wasseraufnahme. Über weitere wichtige Eigenschaften (wie Kristallitschmelzbereiche, Rohdichten, Polarität) gibt die im Buchanhang befindliche Tabelle 7.2-1 „Übersicht der wichtigsten Kunststoffe" (S. 204) Auskunft. Die Prinzipien der wichtigsten Verarbeitungsverfahren für Kunststoffe sind zusammengefaßt in Abschnitt 2.4 behandelt; Spezialverfahren werden in einigen Fällen bei dem betreffenden Kunststoff unter dem Absatz „Verarbeitung von ..." kurz erläutert.

Geordnet sind auch die Anwendungsbeispiele für die einzelnen Kunststoffe. Der Leser findet zuerst Angaben über erhältliche Halbzeuge, dann folgen Verwendungen von Form- und Bauteilen aus Halbzeugen oder Formmassen in der Reihenfolge: Verwendung in der Technik (Elektrotechnik – Maschinenbau, Feinwerktechnik, Apparatebau – Fahrzeugtechnik, Verkehrswesen, Transport, Verpackung – Bau und Sanitärtechnik, Installation, Beleuchtungstechnik – Haushalt- und Büromaschinen); Verwendung als Konsumwaren (Möbel und Hausrat – Toiletten- und Gebrauchsartikel – Büroartikel – Anwendungen in Garten- und Landwirtschaft, Spiel und Sport); Verwendung für medizinische und biologische Zwecke.

Der Übersichtlichkeit wegen sind folgende Register angelegt: Verzeichnis der im Buch erwähnten chemischen Verbindungen (chemische Ausgangsstoffe, Monomere, Zwischenprodukte, Hilfs- und Zusatzstoffe); Sachverzeichnis einschließlich Fachausdrücken und nicht näher behandelten Kunststoffen bzw. makromolekularen Stoffen. Für die besprochenen Kunststoffe befinden sich Seitenhinweise in Tabelle 7.2-1 „Übersicht der wichtigsten Kunststoffe" (S. 204).

Abkürzungen und Symbole:

bzw. : beziehungsweise
chem. : chemisch
d. h. : das heißt
dergl. : dergleichen
dt. : deutsch
einschl. : einschließlich
E-Modul : Elastizitätsmodul
engl. : englisch
gr. : griechisch
HF : Hochfrequenz
konz. : konzentriert
lat. : lateinisch
$\overline{M}$: mittlere relative Molekülmasse (mittleres Molgewicht)
o. ä. : oder ähnliches
$\overline{P}$: mittlerer Polymerisationsgrad
® : registriertes Warenzeichen
S. : Seite
s. : siehe
sog. : sogenannte
u. a. : und anderes
z. B. : zum Beispiel
z. T. : zum Teil
% : Gewichtsprozent

Kurzzeichen für Kunststoffe s. Tab. 7.2-1.

1 Einführung

1.1 Entstehungsgeschichte der Kunststoffe

Ungefähr in der Mitte des vorigen Jahrhunderts gelangen erstmals Versuche, die Naturstoffe Kautschuk und Cellulose chemisch so zu verändern, daß sie als Gummi, Vulkanfiber und Celluloid völlig neue Eigenschaften besaßen. Bis zur Jahrhundertwende wurden weitere Umwandlungsprodukte von Naturstoffen entwickelt: Kunsthorn aus Casein, dem Eiweißstoff der Milch, Zellglas und Celluloseacetat. Ihre gegenüber dem Naturstoff in vieler Hinsicht verbesserten Eigenschaften führten bald dazu, daß diese heute als *abgewandelte Naturstoffe* bezeichneten Kunststoffe nicht mehr nur als Ersatzstoffe verwendet wurden, sondern sich umfangreiche neue Einsatzgebiete eroberten. Herstellung und Verarbeitung dieser ältesten technisch verwerteten Vertreter einer neuen Werkstoffklasse beschäftigten damals eine recht beachtliche Industrie. Sie hatten außerdem großen Einfluß auf die Entwicklung neuer Kunststoffe, weil mit ihnen viele der auch heute noch verwendeten Kunststoff-Verarbeitungsmaschinen und -Verarbeitungsverfahren entwickelt wurden. Der Anteil der abgewandelten Naturstoffe an der gesamten Kunststofferzeugung ist inzwischen trotz hinzugekommener Materialien und Verarbeitungswege stark zurückgegangen.

Ebenfalls bereits im vorigen Jahrhundert wurde in verschiedenen Laboratorien beobachtet, daß unter Einwirkung von Licht oder Wärme aus einfachen gasförmigen oder dünnflüssigen Stoffen zähflüssige oder feste Verbindungen entstehen. Die Bedeutung dieser Veränderungen als neues Herstellungsverfahren für Kunststoffe wurde damals jedoch nicht erkannt. Erst nach 1900 gelang es, angeregt durch einen immer stärker steigenden Bedarf und die Erfolge bei der Herstellung abgewandelter Naturstoffe, neue Werkstoffe mit vergleichbaren Eigenschaften aus einfachen organischen Rohstoffen herzustellen. Eine wichtige Hilfestellung leistete bei der Entwicklung dieser *synthetischen*[1)] *Kunststoffe* die inzwischen zu hoher Blüte gelangte Organische Chemie. So entstanden z. B. 1907 das Phenolharz Bakelite® und seit etwa 1930 werden das Acrylglas (Polymethylmethacrylat), das Polyvinylchlorid und das Polystyrol hergestellt; alle vier Kunststoffe erlangten eine hervorragende Bedeutung.

Als der Chemiker H. Staudinger (Nobelpreis 1953) in seinen bahnbrechenden Arbeiten ab 1920 zeigte, daß viele Naturstoffe und alle Kunststoffe aus Makromolekülen bestehen, und Hochschul- und große Industrielaboratorien ihre Forschung auf dem Gebiete der Kunststoffchemie verstärkten, wurde ein neuer Abschnitt in der Geschichte der Kunststoffe eingeleitet. Man lernte die chemischen Reaktionen, die zu Kunststoffen führen, immer besser zu beherrschen und schließlich auch nach Wunsch zu lenken. Auf diese Weise erhielt man Kunststoffe, die je nach verwendeten Kunstharzen (siehe Abschnitt 2.1),

1) synthesis (gr.), Zusammenfügung

Zusatzstoffen und Reaktionsführung Produkte mit bestimmten Eigenschaften ergaben, die für die verschiedensten Zwecke brauchbar waren. So entstanden in den Jahren zwischen 1930 und 1950 als wichtigste Kunststoffe die Polyamide Nylon und Perlon, das Hochdruck-Polyethylen und der fluorhaltige Kunststoff Teflon®. In dieser Zeit wuchs die Kunststoffindustrie zu einer Großindustrie heran; die chemische Industrie wurde zu einem wichtigen Werkstoffproduzenten.

Eine neue Epoche der Kunststoffe begann mit den Entdeckungen von K. Ziegler (Nobelpreis 1964 zusammen mit G. Natta) im Jahre 1952, daß sich das reaktionsträge Ethylengas an bestimmten festen Stoffen (Katalysatoren[2)]) bei normalem Druck und niedrigen Temperaturen zum Kunststoff Polyethylen umsetzen läßt und von G. Natta im Jahre 1954, daß diese und ähnliche Katalysatoren die Kunststoff-Riesenmoleküle in einem hohen räumlichen Ordnungszustand entstehen lassen. Bis heute konnten durch neue Umsetzungsverfahren viele zusätzliche Kunststoffe hergestellt werden, welche die Zahl der dem Menschen zur Verfügung stehenden Werkstoffe entscheidend vergrößerte. Besonders gehört hierzu die Weiterentwicklung der sog. „Reaktionsharze" (ungesättigte Polyester, Epoxide und vor allem Polyurethane), die als meist flüssige Vorprodukte angeliefert werden und dadurch die Durchführung zusätzlicher Verarbeitungsverfahren gestatten.

Zur Zeit handelt es sich bei der Entwicklung neuer Kunststoffe neben einer planmäßigen chemischen Forschung mit speziell technischer Zielsetzung häufig um Abwandlungen bereits bekannter Kunststoffarten durch Schäumen, Änderung der chemischen Struktur, Copolymerisieren oder durch Mischen mit anderen Polymeren und mit den verschiedensten Verstärkungsmitteln.

1.2 Wirtschaftliche Bedeutung der Kunststoffe

Die Kunststoffe sind heute aus keinem Bereich des täglichen Lebens, der Wirtschaft und Technik wegzudenken. Ihre Bedeutung spiegelt sich wider in den viele Jahre lang anhaltenden Steigerungsraten, die nahezu alle anderen Industriezweige und Werkstoffgruppen

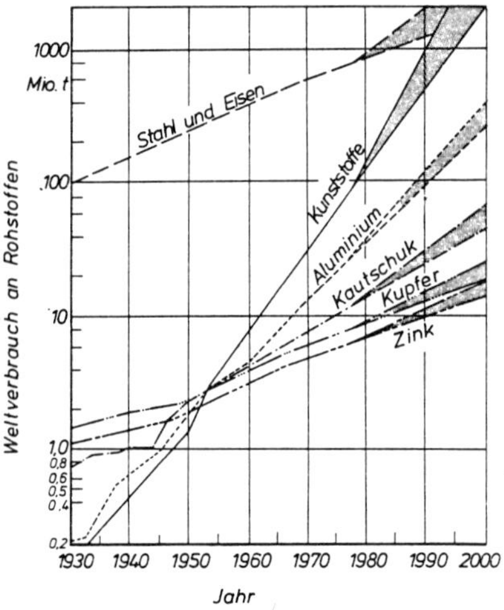

Bild 1.2-1: Weltverbrauch an wichtigen Werkstoffen

2) katalyein (gr.), auslösen

übertrafen (vgl. Bild 1.2-1). Die Weltproduktion an Kunststoffen erreichte 1976 eine Menge von 42 Millionen Tonnen, wovon etwa 6,5 Millionen auf die Bundesrepublik Deutschland entfielen. Das Produktionsvolumen an Kunststoffen entsprach damit etwa dem der Eisenwerkstoffe, die durchschnittlich 6- bis 8-mal schwerer als die Kunststoffe sind. Allein die deutsche kunststoffverarbeitende Industrie beschäftigt etwa 220000 Mitarbeiter in über 3000 Betrieben, die einen Umsatz von etwa 20 Milliarden DM erwirtschaften.

1.3 Technischer Wert der Kunststoffe

Die in Abschnitt 1.2 genannten wenigen Zahlen sind der statistische Spiegel für die große und aktuelle Bedeutung, welche die Kunststoffe als Werkstoffe der Technik, aller Wirtschaftszweige und des täglichen Lebens erlangt haben. Durch die zahlreichen Möglichkeiten, den chemischen Aufbau der Kunststoffe zu verändern, ihnen die verschiedensten Zusatzstoffe einzuverleiben und ihre Verarbeitungsbedingungen zu wählen, lassen sich alle Eigenschaften der Kunststoffe in weiten Grenzen verändern und sind die unterschiedlichsten Eigenschaftskombinationen in einer Fülle erreichbar, wie sie keine andere Werkstoffgruppe gestattet.

So können Kunststoffe z. B. sein:

- fest und hart wie etwa Leichtmetalle oder gummiartig-weich bis klebrig,
- 50mal leichter als Wasser oder doppelt so schwer wie dieses und damit etwa so schwer wie Leichtmetalle,
- völlig glasklar durchsichtig bis völlig undurchsichtig,
- elektrisch sehr gut isolierend bis elektrisch leitend,
- löslich in Wasser bzw. organischen Flüssigkeiten oder praktisch von keiner Chemikalie angreifbar,
- an der Witterung haltbar über viele Jahrzehnte oder binnen weniger Wochen rasch zerfallend.

Dazu kommt die Vielseitigkeit der Verarbeitungsmöglichkeiten, die unübertroffen hohe Fertigungsgeschwindigkeiten, energiesparende Verfahren und vor allem weitgehend freie Gestaltung der Formen (vgl. Bild 1.3-1) ermöglichen. Die in der Metallfertigung häufig erforderliche kostspielige und zeitraubende Nacharbeit von Oberflächen und deren Schutz durch Lackieren ist bei Kunststoffteilen meist unnötig. Diese Tatsachen erklären die außerordentlich rasch steigende Bedeutung der Kunststofftechnik in den letzten 50 Jahren.

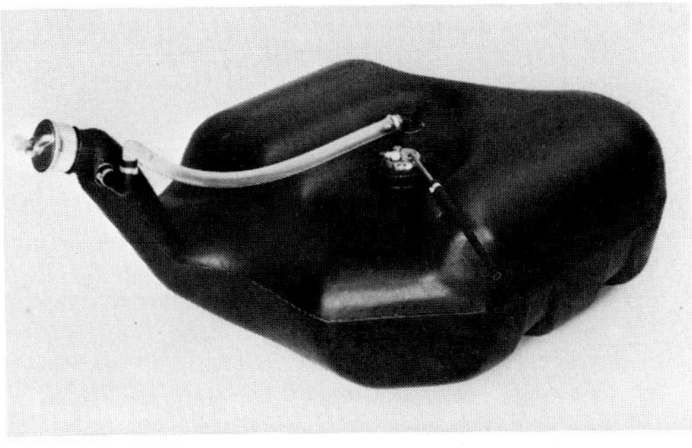

Bild 1.3-1: Polyethylen-Kraftstoffbehälter

2 Grundlagen

2.1 Was sind Kunststoffe?

Kunststoffe stehen im Gegensatz zu den Naturstoffen, wie z. B. Holz, Leder, Horn, Gestein und den Metallen usw. Allen Kunststoffen ist zunächst gemeinsam, daß ihre Grundmaterialien durch chemische Umwandlungsprozesse gewonnen werden.

Kunststoffe sind künstlich[1] hergestellte Stoffe.

Alle diese Produkte aber, gleich ob sie von einem Naturstoff oder von einem anderen Rohstoff ausgehen, enthalten überwiegend das Element[2] Kohlenstoff.

> *Kohlenstoff:*
> Lat.: carbo, engl. carbon; chem. Element; chem. Symbol: C. Vorkommen: Rein als Graphit und Diamant; gebunden in Kohle, Erdöl, Erdgas, im Kohlendioxid der Luft, in vielen Gesteinen, wie z. B. Kalkstein (chem. Formel: $CaCO_3$) und in allen Organismen (Lebewesen). Kohlenstoff besitzt die besondere Eigenschaft, durch Verknüpfen seiner Atome[3] lange Molekülketten zu bilden.

Die Stoffe, deren chemische Zusammensetzung überwiegend auf dem Element Kohlenstoff beruht, werden organische Verbindungen[4] genannt. Sie gehören in das Gebiet der Organischen Chemie.

Kunststoffe sind organische Verbindungen.

Ein drittes, den Kunststoffen gemeinsames Merkmal muß näher erläutert werden:

Wir wissen, daß sich alle Stoffe aus Atomen zusammensetzen. Diese sind so klein[5], daß man sie einzeln nicht wahrnehmen kann. Wenn jedoch gleichartige Atome in großer Zahl zusammengeballt sind, dann bilden sie eine für den Menschen erkennbare Substanz, ein Element, mit ganz bestimmten Eigenschaften (z. B. gasförmigen Sauerstoff, flüssiges Quecksilber, festes Chrom). Die Atome eines Elements, z. B. die des gasförmigen Wasserstoffs, können mit den Atomen eines anderen Elements, z. B. denen des gasförmigen Sauerstoffs, zusammentreten, „sich verbinden", „chemisch reagieren". Dabei entsteht ein

1) künstlich = synthetisch.
2) elementum (lat.), Grundstoff, Urstoff.
3) atomos (gr.), unzerschneidbar; Atom: kleinstes Teilchen eines Elements.
4) Verbindung: Unter einer chemischen Verbindung versteht man einen aus chemischen Elementen in bestimmten Verhältnissen zusammengesetzten Stoff; er entsteht durch eine chemische Reaktion.
5) Zur Verdeutlichung der Atom-Abmessungen sei folgender Vergleich gebracht: Ein Sandkorn ist etwa 1000mal kleiner als ein Mensch; ein Teilchen von feinstem Staub ist 1000mal kleiner als ein Sandkorn, der Teilchendurchmesser beträgt etwa 1/1000 mm (= 10^{-3} mm). Die Durchmesser von Atomen sind 10 000mal kleiner als die von feinstem Staub, d. h. etwa ein Zehnmillionstel mm (= 10^{-7} mm).

ganz neuer Stoff mit vollkommen neuen, anderen Eigenschaften z. B. als die von Wasserstoff und Sauerstoff. In unserem Beispiel würde aus zwei Raumteilen Wasserstoff und aus einem Raumteil Sauerstoff (das Gemisch heißt auch „Knallgas", weil der Vorgang des Verbindens explosionsartig verläuft) ein Teil Wasser entstehen. In dieser Verbindung sind stets zwei Atome Wasserstoff mit einem Atom Sauerstoff zu einem neuen Gebilde zusammengetreten.

Diese neuen, ebenfalls sehr kleinen Teile heißen Moleküle[6]. In der Formelschrift des Chemikers sieht das so aus:

2 H	+	O	→	H_2O
2 Atome Wasserstoff (Hydrogenium)	und	1 Atom Sauerstoff (Oxygenium)	reagieren zu	1 Molekül Wasser

Bild 2.1-1: Bildung von Wasser[7]

Aus Atomen entstehen durch chemische Reaktion Moleküle. Befinden sich nun sehr viele dieser H_2O-Moleküle beieinander, so haben wir die bekannte Flüssigkeit Wasser vor uns.

Auch die Elemente Kohlenstoff und Wasserstoff können miteinander verbunden werden; solche Verbindungen nennt man übrigens „Kohlenwasserstoffe".

Eine dieser Verbindungen ist das „Ethylen", in dem zwei Kohlenstoff- und vier Wasserstoffatome zu einem Molekül zusammengetreten sind. Eine Anhäufung vieler Ethylen-Moleküle ergibt das Gas Ethylen.

Bei einigen der vielen Arten von organischen Molekülen, in denen stets Kohlenstoff-Atome enthalten sind, stoßen wir auf eine wichtige Eigenart, die für Kohlenstoff charakteristisch ist: Über ihn können sich die Moleküle mit vielen gleichen oder auch ähnlichen Molekülen fest verbinden, so daß eine lange Kette von Grund-Molekülen entsteht, die damit ein neues zusammenhängendes Groß-Molekül bilden.

Um diesen Vorgang besser zu verstehen, wollen wir einen einfachen Vergleich zu Hilfe nehmen:

Wir betrachten dazu den Aufbau einer Kette, wie sie z. B. für Fahrräder benutzt wird. Eine solche Kette wird aus einzelnen Kettengliedern zusammengesetzt. Ein einzelnes Glied besteht aus zwei Rollen, die mit einem Verbindungslaschenpaar fest verbunden sind. Außerdem ist ein zweites Verbindungslaschenpaar vorhanden, das die Aufgabe hat, die Verbindung zu weiteren Kettengliedern herzustellen, und dafür drehbar an den beiden Rollen befestigt ist, Bild 2.1-2. Für die Herstellung einer Kette braucht man natürlich eine größere Zahl einzelner Kettenglieder, Bild 2.1-3. Um nun die Glieder miteinander zu verbinden, ist es erforderlich, zunächst die beweglichen Laschenpaare einzelner Glieder nach rechts und links aufzuklappen, Bild 2.1-4, wozu eine gewisse Kraftanwendung nötig ist. Wenn man zwei Kettenglieder so vorbereitet hat (Bild 2.1-4), kann man diese zusammensetzen (Bild 2.1-5). An beiden Enden der jetzt aus zwei Gliedern bestehenden Kette können weitere Kettenglieder durch Aufklappen der Verbindungslaschen nun angesetzt werden. Die Kette läßt sich so an beiden Enden immer weiter verlängern. Der Aufbau von Ketten kann bei einer großen Menge von einzelnen Kettengliedern mehrfach begonnen werden, und es entstehen dann mehrere Ketten gleichzeitig, Bild 2.1-6. Wenn dies willkürlich geschieht, entstehen Ketten verschiedener Länge; die eine wird etwas länger, die

6) molecula (lat.), kleine Masse. Molekül: kleinstes Teilchen einer chemischen Verbindung.
7) Die chemische Gleichung für die Bildung von Wasser lautet exakt: $2\ H_2 + O_2 \longrightarrow 2\ H_2O$.

andere etwas kürzer sein. Nehmen wir an, jede Kette wäre aus ungefähr 1000 Kettengliedern entstanden, so wird es auf den ersten Blick gar nicht feststellbar sein, ob in den einzelnen Ketten 10 oder 20 Glieder mehr oder weniger enthalten sind. Die Ketten sind nicht starr und unbeweglich, wie dies scheinbar so auf Bild 2.1-6 aussieht. Sehen wir sie uns von der Seite an, ist zu erkennen (Bild 2.1-7), daß durch die Beweglichkeit der Kettenglieder gegeneinander die Ketten nicht gestreckt, sondern mehr oder weniger gewunden sind.

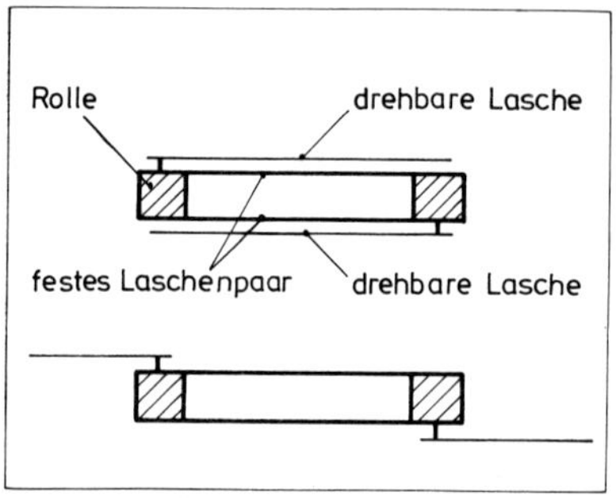

Bild 2.1-2: Schemaskizze eines Fahrradkettengliedes,
unten: mit aufgeklappten Laschen

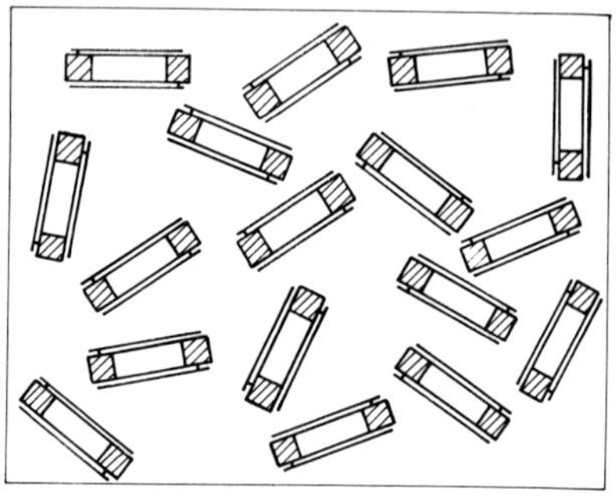

Bild 2.1-3

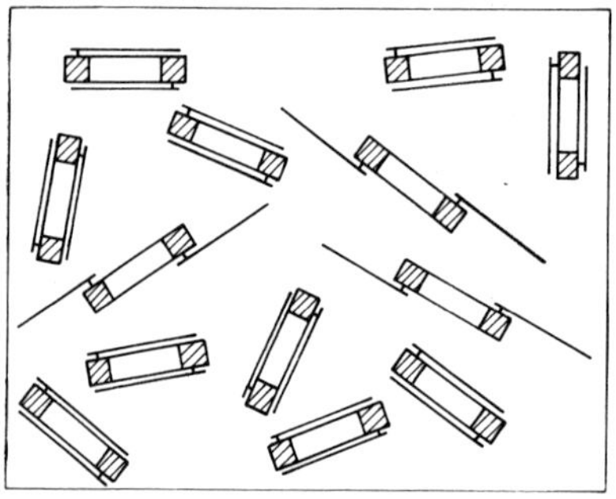

Bild 2.1-4

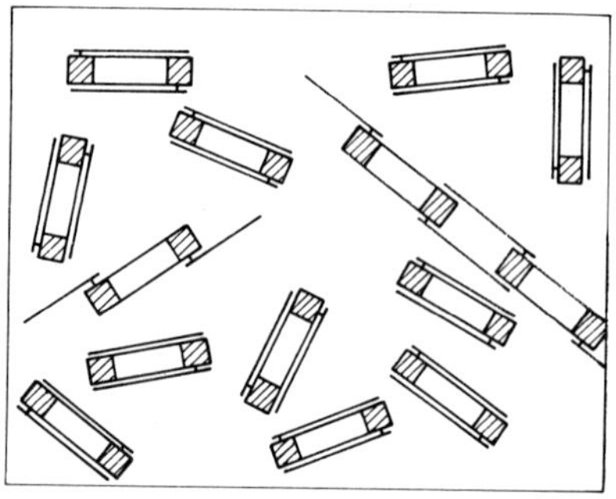

Bild 2.1-5

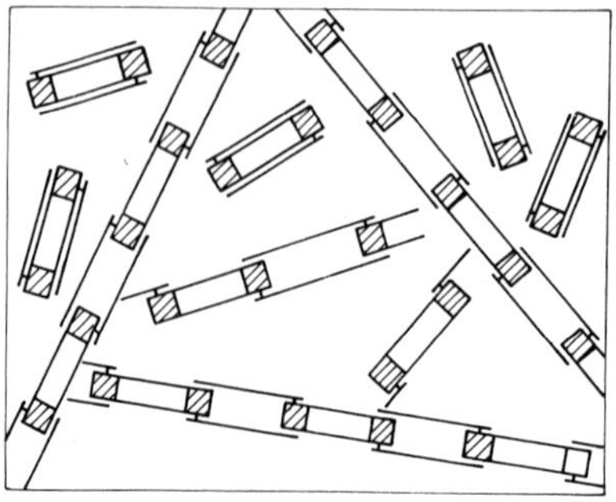

Bild 2.1-6

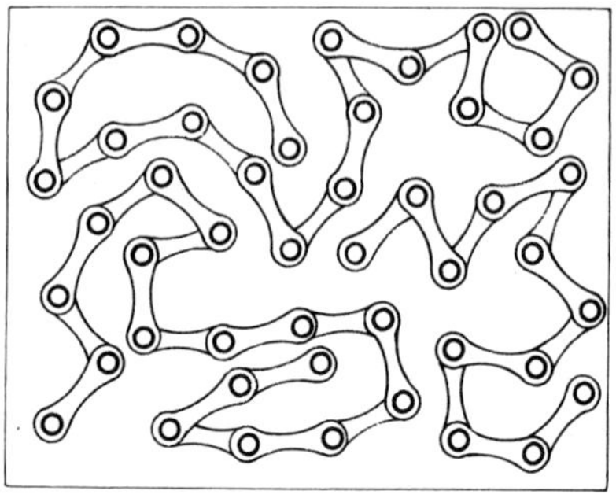

Bild 2.1-7: Fahrradkette

Wenn wir dieses Modell auf die Kunststoffchemie übertragen, so müssen wir in die Welt der Atome und Moleküle zurückkehren. Die einzelnen Rollen bedeuten dann die Kohlenstoff-Atome und ein Kettenglied entspricht einem Molekül Ethylen. Die aus den Kettengliedern gebildeten langen Ketten würden dann ein Modell für die Großmoleküle (= „Makromoleküle"[8]) sein, Bild 2.1-8.

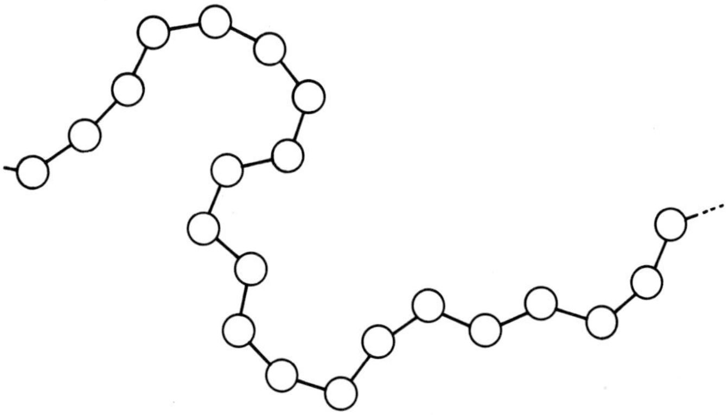

Bild 2.1-8

Die hier so einfach geschilderten Vorgänge laufen in der Kunststoffchemie selbstverständlich komplizierter ab, als es nach unserem Vergleich mit den Fahrradketten scheint. In Wirklichkeit sind die chemischen Reaktionen[9] verwickelter und erfordern das ganze Wissen und Können der Chemiker. Der eben sehr vereinfacht beschriebene Prozeß, bei dem sich fortlaufend Molekül an Molekül reiht und chemisch bindet, heißt Polymerisation[10]. Da wir von vielen Ethylen-Molekülen ausgingen, hätten wir lange Ketten aus lauter Ethylen-Gliedern erhalten, und der Kunststoff würde den Namen „Polyethylen" besitzen.

Es gibt noch weitere Möglichkeiten, Kunststoff-Makromoleküle zu synthetisieren (künstlich aufzubauen); über diese berichten wir im Abschnitt 2.2.

Kunststoffe bestehen aber nicht allein aus Makromolekülen. Um einen brauchbaren, d. h. verarbeitbaren wie auch in der Qualität zufriedenstellenden Kunststoff zu erhalten, muß man dem makromolekularen Material vielerlei Zusatzstoffe[11] beifügen. Für eine leichtere Verarbeitung setzt man „Verarbeitungshilfsmittel" (z. B. „Gleitmittel", „Fließhilfen", „Wärmestabilisatoren") zu, zur Verbesserung der mechanischen Eigenschaften sowie der Maßgenauigkeit und Maßhaltigkeit „Verstärkungsmittel", zur Einstellung einer größeren Biegsamkeit und Weichheit „Weichmacher", zur Farbgebung „Farbmittel", zur besseren Beständigkeit gegen Lichteinwirkung „Licht-Stabilisatoren". Die Anzahl an Arten und Sorten der Zusatzstoffe für Kunststoffe ist außerordentlich groß. Auch ihr Anteil kann mengenmäßig erheblich sein, ggf. mehr als die Hälfte. Das makromolekulare Material in den Kunststoffen ist aber stets der bestimmende, maßgebende Anteil.

Die wesentlichen Bestandteile der Kunststoffe sind Makromoleküle.

8) makros (gr.), lang, groß.
9) reactio (lat.), Gegenwirkung.
10) polys (gr.) viel; meros (gr.), Teil.
11) auch „Additive" genannt, von addere (lat.), hinzufügen.

Sehr wesentlich für den Erfolg der Kunststoffe war und ist es, daß sie im „plastischen"[12] Zustand geformt werden können oder geformt worden sind.

Die Eigenschaft von Kunststoffen oder ihren Vorstufen, im plastisch-fließbaren Zustand formbar zu sein, hat viele Vorteile. Denn dieser Zustand erfordert z. B. im Vergleich zum Warmformen von Metallen zur Veränderung der Form nur geringe Kräfte. Die Formgebung bzw. Verarbeitung von Kunststoffen ist daher energiesparend und erfordert relativ leicht ausgelegte Maschinen. Außerdem ist eine schnelle, rationelle Fabrikation, d. h. eine Massenfertigung leicht möglich, so daß im Vergleich zu entsprechenden Metallteilen auch kostengünstig gefertigt werden kann. Nicht zuletzt kann man von einem einmal gefertigten Werkzeug („Form") zahlreiche gleiche Abformungen herstellen. Die Fertigung von Kunststoffteilen ist auch in hoher Stückzahl formgetreu und genau. Außerdem kann man in ihrer Gestalt recht komplizierte Teile in großen Mengen preiswert fertigen, weil man nur ein einziges Mal – bei der Herstellung des Werkzeugs – viel Arbeit und Mühe aufwenden muß, um die komplizierten Konturen z. B. eines Kamera-Gehäuses mit allen Befestigungs- und anderen Teilen („integrierte Bauweise") in Stahl einzuarbeiten, Bild 2.1-9. Schließlich gestattet diese Formgebungsmöglichkeit alle Freiheiten der Gestaltung wie bei keinem anderen Werkstoff. Als Antwort auf die Frage „Was sind Kunststoffe?" fassen wir zusammen:

Kunststoffe sind Materialien, deren wesentliche Bestandteile aus solchen organischen makromolekularen Verbindungen bestehen, die synthetisch oder durch Umwandlung von Naturstoffen entstehen. Sie sind in der Regel im flüssigen oder plastisch-fließbaren Zustand spanlos zu Werkstücken formbar.

Bild 2.1-9: Kameragehäuse aus Polystyrol (integriertes Bauteil)

Gelegentlich wird statt „Kunststoffe" die Bezeichnung „Plaste" gebraucht. Im englischen Sprachgebrauch hat sich „plastics" durchgesetzt.
Der Begriff Kunstharze, der in Anlehnung an die Naturharze, wie z. B. Kolophonium (aus dem Harz von Fichten, Kiefern), gebildet wurde, gilt für die reinen Rohharze, wie sie aus der chemischen Produktion kommen. Durch Einmischen von Zusatzstoffen entsteht daraus ein Kunststoff als „Formmasse". Diese ist entweder ungeformt (d. h. z. B. pulvrig, schnitzelförmig) oder auch vorgeformt (z. B. tablettiert oder granuliert). Sie wird unter Einwirkung mechanischer Kräfte bei bestimmten Temperaturen durch spanlose Formung bleibend zu „Formteilen" oder „Halbzeug" geformt (Bild 2.1-10). Dabei versteht man unter Formteilen Objekte wie z. B. Zahnräder, Kanister, Gehäuseteile, Becher, Schalterteile, Topfgriffe usw., die durch spanlose Verarbeitungs-

12) plastikos (gr.), bildsam, formbar.

verfahren, wie Formpressen, Spritzpressen, Spritzgießen oder Hohlkörperblasen in allseitig geschlossenen Werkzeugen hergestellt werden. „Halbzeuge" sind Materialien wie Folien, Tafeln, Hohlprofile und Rohre, Vollprofile, die durch weitere Verarbeitung, z. B. durch Warmumformen, Schweißen, zu Fertigteilen umgewandelt werden. Die Stoffe, aus denen Formteile und Halbzeuge bestehen, nennt man „Formstoffe". Die Unterscheidung zwischen Formmasse und Formstoff ist nötig, weil sich durch die Verarbeitung mehr oder weniger tiefgreifende physikalische oder auch chemische Veränderungen in den Kunststoffen ergeben, insbesondere bei den Duromeren und Elastomeren (siehe Abschnitte 4 und 2.3, S. 27).

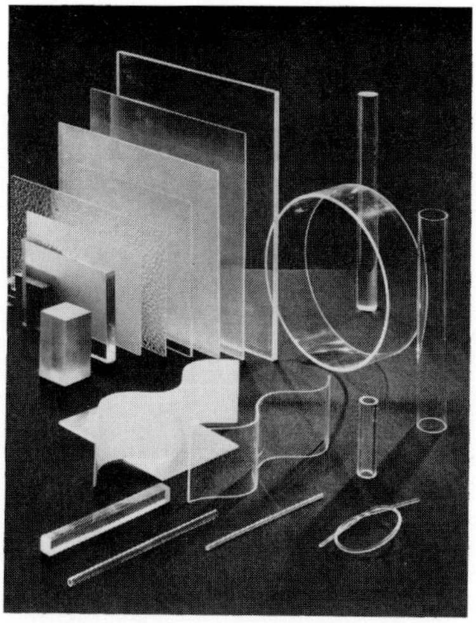

Bild 2.1-10: Halbzeug aus PMMA in Form von Platten, Blöcken, Stäben, Rohren und Wellplatten

2.2 Synthesereaktionen für Kunststoffe

Wie wir bereits in den vorigen Abschnitten festgestellt haben, entstehen Kunststoffe entweder durch Umwandlung von Naturstoffen oder durch Synthesereaktionen aus einfacheren Rohstoffen (s. Herstellungsschemata S. 25/26). Den bei weitem größten Anteil an der gesamten Kunststoffproduktion haben heute die synthetischen Kunststoffe. Sie können durch drei verschiedene Reaktionsarten hergestellt werden: Polymerisation, Polykondensation und Polyaddition. Gelegentlich werden auch zwei verschiedene Synthesereaktionen nacheinander oder gleichzeitig verwendet, beispielsweise bei den ungesättigten Polyesterharzen zunächst die Polykondensation und anschließend die Polymerisation.

Die Polymerisation

wurde im Abschnitt 2.1 an einem besonders einfachen Vergleich erklärt. Danach bilden sich durch die Aneinanderlagerung vieler Grund-Moleküle (Monomerer[13)]) kettenförmige Großmoleküle (Makromoleküle, Polymere). Eine Voraussetzung für diese chemische Reaktion ist das Vorhandensein von Doppelbindungen in den Monomeren. Solche „ungesättigten Verbindungen" sind sehr reaktionsfähig und lagern unter dem Einfluß von

13) monos (gr.), einzig, allein; meros (gr.), Teil.

Wärme- oder Strahlungsenergie und bestimmten Substanzen (Initiatoren[14]) oder gelegentlich auch Katalysatoren) weitere Monomere an. Aus den Doppelbindungen entstehen dabei nicht mehr polymerisationsfähige Einfachbindungen. Meist handelt es sich um Doppelbindungen zwischen Kohlenstoffatomen (C-C-Doppelbindungen). Die einfachsten Verbindungen mit C-C-Doppelbindungen sind die sog. Vinylverbindungen[15]. Am Beispiel der Ethylen-Polymerisation (Bild 2.2-1) ist zu sehen, daß die Doppelbindungen einiger Ethylen-Monomerer – dargestellt durch zwei Striche zwischen den beiden Kohlenstoff-Atomen – durch eine chemische Reaktion mit dem Initiator (I·) geöffnet werden.

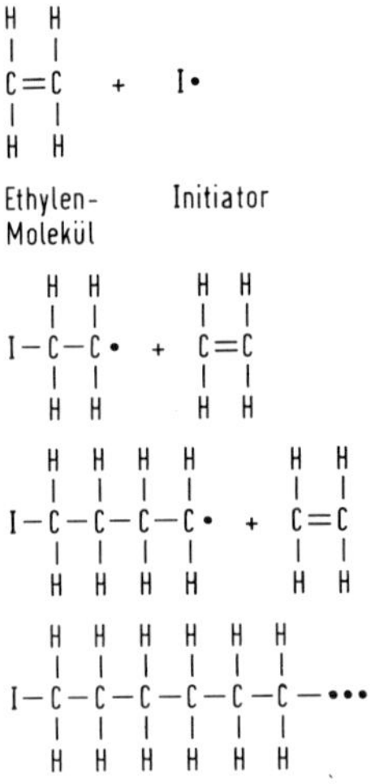

Bild 2.2-1: Schema der Ethylen-Polymerisation

Die Polymerisation läuft, einmal eingeleitet, von selbst schnell und kettenartig weiter („Kettenreaktion"). Bild 2.2-1 ist ferner zu entnehmen, daß die Anordnung der Atome und die prozentuale chemische Zusammensetzung durch eine Polymerisation nicht verändert wird; sowohl bei Ethylen wie bei Polyethylen sind beispielsweise jeweils zwei Wasserstoffatome mit einem Kohlenstoffatom verbunden. Dagegen haben die Polymeren gegenüber den Monomeren durch die Umwandlung der Doppelbindungen in Einfachbindungen und die um ein Vielfaches größere Länge der Makromoleküle bzw. die um Größenordnungen (10^3 bis 10^5) höhere relative Molekülmasse teilweise stark veränderte chemische Eigenschaften und ein grundsätzlich anderes physikalisches Verhalten.

Wie jedes Molekül hat auch das Makromolekül eine relative Molekülmasse, die sich aus der Summe der relativen Atommassen der beteiligten Elemente errechnet.
Daneben hat in der Kunststoffchemie der Begriff des Polymerisationsgrades große Bedeutung. Man versteht darunter die Anzahl der Monomermoleküle, die zum Polymeren reagiert haben. Somit kann die relative Molekülmasse auch aus dem Polymerisationsgrad (gleich der Anzahl des Einzelbausteins im Makromolekül) durch Multiplikation mit der relativen Molekülmasse eines Einzelbausteins errechnet werden.
Da in den einzelnen Makromolekülen nie die gleiche Anzahl von Grundbausteinen enthalten ist, sondern mal mehr, mal weniger (Verteilung der relativen Molekülmassen, früher Molekularge-

14) initiare (lat.), anfangen. Der Initiator zerfällt unter der Einwirkung von Energie in Radikale (Radikalketten-Polymerisation, s. S. 40).
15) Vinylrest: $CH_2 = CH-$

wichtsverteilung genannt), wird der Durchschnitts-Polymerisationsgrad ($\bar{P}$) bzw. die durchschnittliche relative Molekülmasse ($\bar{M}$) angegeben.
Als makromolekulare Stoffe zählen solche ab etwa 1000 Kohlenstoffatomen. Das entspricht einer relativen Molekülmasse von ca. 10000.
Ethylen hat z. B. eine relative Molekülmasse von 28 (2 C-Atome und 4 H-Atome), die von Polyethylen liegt zwischen 20000 (ca. 1500 C-Atome) und 6,5 Millionen (ca. 450000 C-Atome).

Durch Polymerisation können nicht nur Kunststoffe aus einer einzigen Monomerenart (Homo-Polymerisate[16]) hergestellt werden. Die Reaktion von zwei oder mehr verschiedenen Monomerenarten führt zu Copolymerisaten[17], auch Mischpolymerisate genannt, die je nach Auswahl und Mischungsverhältnis der Komponenten gegenüber den Homopolymerisaten veränderte Eigenschaften besitzen und so neue Anwendungsgebiete erschließen. Zusammengefaßt:
Die Polymerisation ist eine chemische Reaktion vieler gleicher oder unterschiedlicher Monomerer unter Aufspaltung von Doppelbindungen zu Polymeren. Dabei bleiben die Anordnung der Atome und die prozentuale elementare Zusammensetzung unverändert. Auf diese Weise hergestellte Kunststoffe bezeichnet man als Polymerisate.

Die Polykondensation[18]

ist eine chemische Reaktion vieler gleicher, meist jedoch verschiedenartiger Monomerer zu Polymeren unter Abspaltung kleiner Moleküle (Bild 2.2-2), z. B. Wasser. Dabei wird sowohl die Anordnung der Atome als auch die prozentuale elementare Zusammensetzung verändert. Die auf diese Weise gewonnenen Kunststoffe nennt man Polykondensate.

Auch durch Polykondensation können Kunststoffe mit veränderten Eigenschaften dadurch hergestellt werden, daß zu unterschiedlichen Polymeren führende Monomere gemeinsam polykondensiert werden (Co-Polykondensate).

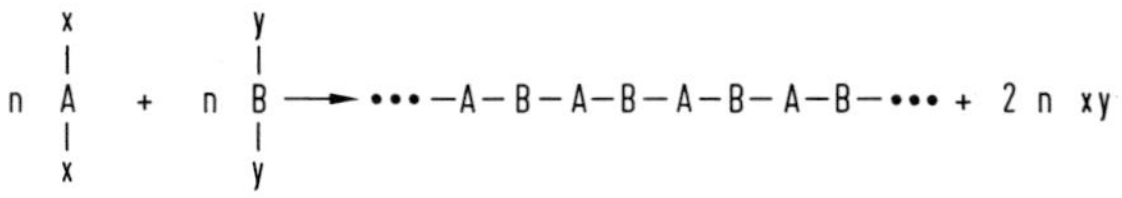

Bild 2.2-2: Schema einer Polykondensation (z.B. x = OH, y = H; xy = H_2O. x-A-x = Maleinsäure, y-B-y = Ethylenglycol; ···-A-B-A-B-A-B-A-B-··· = ungesättigter Polyester)

Wegen der abgespaltenen niedermolekularen Produkte verläuft die Polykondensation langsamer und stufenförmig („Stufenreaktion"). Weniger hochmolekulare Zwischenstufen lassen sich deshalb isolieren. Zur Vervollständigung der Reaktion müssen die Nebenprodukte entfernt werden.

Die Polyaddition[19]

ist eine chemische Reaktion vieler gleicher, meist jedoch verschiedenartiger Monomerer zu Polymeren unter gegenseitiger Anlagerung reaktionsfähiger Gruppen (Bild 2.2-3) oder unter Öffnung ringförmiger Verbindungen. Bei Wanderung von Atomen wird ihre Anordnung verändert; die prozentuale elementare Zusammensetzung bleibt stets unverändert. Auf diesem Wege erhaltene Kunststoffe heißen Polyaddukte.

16) homos (gr.), gleich; auch Uni-Polymerisate, unus (lat.), ein.
17) co-, con- (lat.) zusammen mit; nicht zu verwechseln mit Polymerisat-Mischungen (Polyblends).
18) polys (gr.), viel; condensare (lat.), verdichten. Unter Kondensation versteht man eine chemische Reaktion, bei der zwei Stoffe unter Abspaltung eines Nebenproduktes reagieren.
19) polys (gr.), viel; addere (lat.), hinzufügen.

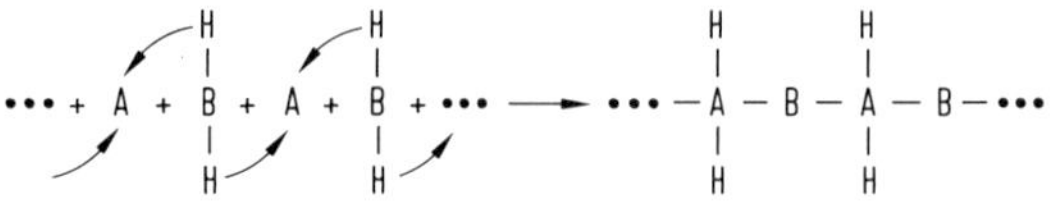

Bild 2.2-3:
Schema einer Polyaddition (z.B. A = Diisocyanat, H-B-H = Polyol; 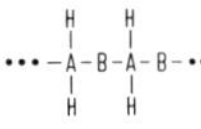 = Polyurethan)

Die Polyaddition vereinigt die wichtigsten Vorteile von Polymerisation und Polykondensation: Die Reaktion erfolgt schnell, weitgehend vollständig und ohne Abspaltung niedermolekularer Nebenprodukte. Weniger hochmolekulare Zwischenstufen sind isolierbar und werden erst vom Weiterverarbeiter zum Kunststoff umgesetzt.

Technische Durchführung der Polymerisation

Da die Polymerisation das am häufigsten verwendete Verfahren zur Synthese von Kunststoffen ist, wollen wir hier näher auf die technische Durchführung dieser Reaktion eingehen. Sie richtet sich nach der Art der Monomeren, den verwendeten Reaktionsmitteln[20] und nach den gewünschten Eigenschaften der entstehenden Kunststoffe. Viele Ausgangsstoffe können durchaus nach verschiedenen Verfahren polymerisiert werden.

Bei der *Masse-Polymerisation*[21] wird das reine gasförmige oder flüssige Monomere, nur unter Zusatz von Initiatoren, polymerisiert. Es entstehen so sehr reine und einheitliche Kunststoffe.

Schwierig ist bei diesem Verfahren die Abführung der bei jeder Polymerisation entstehenden Wärme. Eine weitere Schwierigkeit ist bei diesem wie auch bei den anderen Verfahren der vollständige Umsatz der Monomeren zu Polymeren.

Zur *Fällungs-Polymerisation* kommt es, wenn das entstehende Polymere im flüssigen Monomeren oder einem dem Monomeren zugesetzten Lösungsmittel unlöslich ist. Der Kunststoff scheidet sich ab („fällt aus") und wird aus dem Reaktionsgemisch durch Filtrieren oder Zentrifugieren gewonnen.

Für die *Lösungs-Polymerisation* werden Lösungsmittel verwendet, in denen sowohl die Ausgangsstoffe wie der daraus entstehende Kunststoff löslich ist.

Da eine vollständige Entfernung des Lösungsmittels nach der Polymerisation schwierig ist, werden die Reaktionsprodukte meist in Form der Lösung verwendet, beispielsweise als Klebstoffe oder Lackharz-Lösungen.

Die *Emulsions-Polymerisation* ist ein sehr häufig verwendetes Polymerisationsverfahren. Hierbei werden die weitgehend wasserunlöslichen Monomeren mit Hilfe von seifenartigen, wasserlöslichen Stoffen, den Emulgatoren, unter Rühren sehr fein in Wasser verteilt

20) Reaktionsmittel sind Zusatzstoffe, die eine chemische Reaktion auslösen, regeln oder abbrechen. Dazu gehören neben Initiatoren und Katalysatoren noch Beschleuniger, Regler-Substanzen und Inhibitoren. Beschleuniger erhöhen die Geschwindigkeit von zu langsam ablaufenden Polymerisationen, Reglersubstanzen dienen zur Begrenzung der Größe der Makromoleküle und Inhibitoren (inhibire, lat., verhindern) verzögern oder verhindern die Polymerisation.

21) auch Polymerisation in Masse oder Polymerisation in Substanz genannt.

(emulgiert). Durch Zusatz von wasserlöslichen Initiatoren zu dieser milchartigen Flüssigkeit (Emulsion[22]) reagiert das Monomere zu sehr kleinen und ebenfalls in Wasser fein verteilten festen Polymeren-Teilchen; es entsteht eine Kunststoff-Dispersion[23]. Die während der Polymerisation entstehende Wärme wird ohne Schwierigkeiten an das Wasser abgeführt.

Kunststoff-Dispersionen können direkt als Klebstoff, Bindemittel für Anstrichzwecke oder Papierbeschichtungen verwendet werden.

Durch Sprühtrocknung, Walzentrocknung oder Ausfällen und Filtrieren kann man die Dispersionen vom Wasser befreien und gewinnt so ein sehr feinteiliges Kunststoff-Pulver.

Daraus hergestellte Formteile und Halbzeug enthalten noch Reste der verwendeten Reaktionsmittel und Emulgatoren. Sie sind deshalb nicht so klar durchsichtig und weniger gut elektrisch isolierend als nach anderen Verfahren hergestellte Teile aus dem gleichen Kunststoff.

Bei der *Suspensions-Polymerisation*[24] wird das wasserunlösliche, flüssige Monomere durch intensives Rühren in Wasser zu Tröpfchen verteilt. Die Polymerisation wird durch Zugabe von Initiatoren ausgelöst, die im Monomeren löslich sind.

Das Zusammenlaufen und Aneinanderkleben der polymerisierenden Tröpfchen wird durch Zugabe von sehr kleinen Mengen an Schutzkolloiden[25] und anderen Suspensionshilfsmitteln verhindert.

Der Kunststoff fällt nach dem Filtrieren und Trocknen als grobkörniges Pulver oder in Form von Perlen mit einem Durchmesser bis zu einigen Millimetern an. Man bezeichnet diese Form der Polymerisation deshalb auch als „Perlpolymerisation". Die Polymerisationswärme wird bei der Suspensionspolymerisation sehr gut an das umgebende Wasser abgeführt.

Die so hergestellten Kunststoffe besitzen eine im Vergleich zur Emulsionspolymerisation höhere Reinheit.

Herstellung von Copolymerisaten

Copolymerisate werden nach den gleichen Verfahren hergestellt wie Homopolymerisate. Je nach Polymerisationsgeschwindigkeit der verwendeten Monomeren kann die Anordnung der Monomer-Einheiten im Kunststoff zufällig, d.h. regellos (statistisch) oder abwechselnd (alternierend) sein (Bild 2.2-4).

Besonders wichtig sind die Block- (Segment-) und Pfropf-Copolymerisate. In Block-Copolymeren wechseln längere Kettenstücke aus dem einen Monomeren mit solchen aus einem anderen ab. Pfropf-Copolymerisate werden durch seitliches Anpolymerisieren (Pfropfen, s. Bild 2.2-4) von Monomeren an bereits fertige Kunststoffe aus einer anderen Monomerenart hergestellt.

22) Emulsion: feinteiliges Stoffgemisch flüssig/flüssig; mulgare (lat.), melken.
23) Dispersion: feinteiliges Stoffgemisch flüssig/flüssig oder fest/flüssig; dispergere (lat.), zerstreuen, verteilen.
24) Suspension: feinteiliges Stoffgemisch fest/flüssig; suspendere (lat.), zum Schweben bringen.
25) kolla (gr.), Leim; -oides (gr.), ähnlich, -artig.

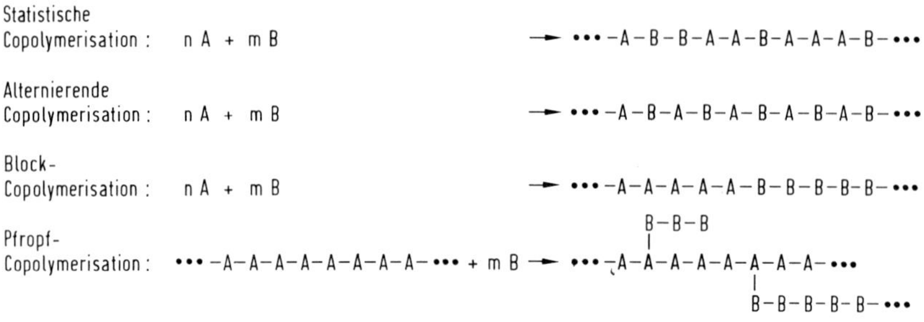

Bild 2.2-4: Schema von Copolymerisationen (A und B sind zwei verschiedene Monomere)

Technische Durchführung der Polykondensation und Polyaddition

Durch *Schmelz-Polykondensation und -Polyaddition* werden weitaus die meisten Polykondensate und Polyaddukte großtechnisch hergestellt. Hierbei werden die sehr reinen Ausgangsstoffe nur unter Zusatz von Katalysatoren oberhalb des Schmelzpunktes der niedermolekularen Komponenten bzw. der entstehenden Polymeren umgesetzt.

Meist muß dabei die Temperatur ständig erhöht werden, da mit fortschreitender Reaktion die relative Molekülmasse und damit die Schmelzviskosität des Reaktionsproduktes zunimmt und die Entfernung der abgespalteten niedermolekularen Produkte (z. B. Wasser oder Alkohole) selbst im Vakuum immer schwieriger wird.

Um Zersetzungsreaktionen und damit Verfärbungen der Polymeren zu vermeiden und um störende Nebenreaktionen auszuschließen, muß in Inertgasatmosphäre[26)], beispielsweise Stickstoff, gearbeitet werden. Das im allgemeinen schmelzflüssige Polymere wird abgezogen.

Die *Lösungs-Polykondensation und -Polyaddition* werden gelegentlich bei temperaturempfindlichen Ausgangsstoffen und Polymeren durchgeführt. Von großer Bedeutung ist hierbei die Wahl eines geeigneten, inerten Lösungsmittels.

Technisch wird die Lösungs-Polykondensation mit Wasser als Lösungsmittel und wasserlöslichen Ausgangsstoffen bei der Herstellung der Phenol-Formaldehyd- und Harnstoff-Formaldehyd-Harze verwendet.

Die *Grenzflächen-Polykondensation* ist eine spezielle Abwandlung der Lösungs-Polykondensation. Hierbei werden die Ausgangsstoffe getrennt in zwei nicht oder nur begrenzt miteinander mischbaren Lösungsmitteln gelöst und vorsichtig übereinander geschichtet. Die Polykondensation findet an der Grenzfläche der beiden flüssigen Phasen statt und läuft weiter, wenn das filmartige Polymere kontinuierlich abgezogen wird.

Die Vorteile der Lösungs- und Grenzflächen-Polymerreaktionen sind niedrige Reaktionstemperaturen zwischen 0 und 40 °C sowie kurze Reaktionszeiten. Sie werden jedoch außer bei den Phenol- und Harnstoff-Harzen wegen der notwendigen Reinigung vom Lösungsmittel und der teilweise teuren Ausgangsstoffe technisch nur begrenzt eingesetzt.

26) iners (lat.), träge, unbeteiligt.

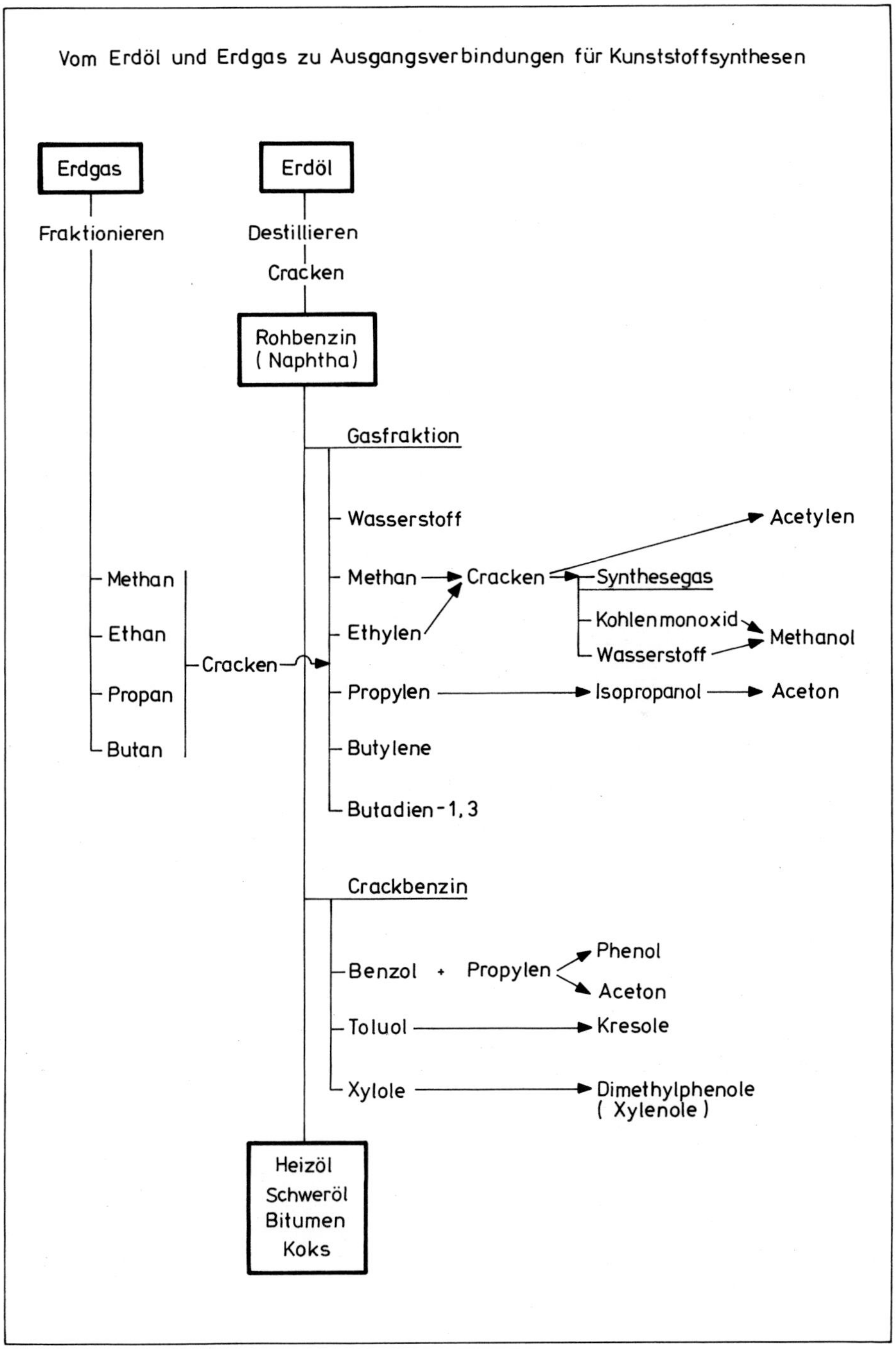
Vom Erdöl und Erdgas zu Ausgangsverbindungen für Kunststoffsynthesen
Erdgas
Erdöl
Fraktionieren
Destillieren
Cracken
Rohbenzin (Naphtha)
Gasfraktion
Wasserstoff
Acetylen
Methan
Methan
Cracken
Synthesegas
Ethan
Ethylen
Kohlenmonoxid
Methanol
Wasserstoff
Cracken
Propan
Propylen
Isopropanol
Aceton
Butan
Butylene
Butadien-1,3
Crackbenzin
Phenol
Benzol + Propylen
Aceton
Toluol
Kresole
Xylole
Dimethylphenole (Xylenole)
Heizöl
Schweröl
Bitumen
Koks

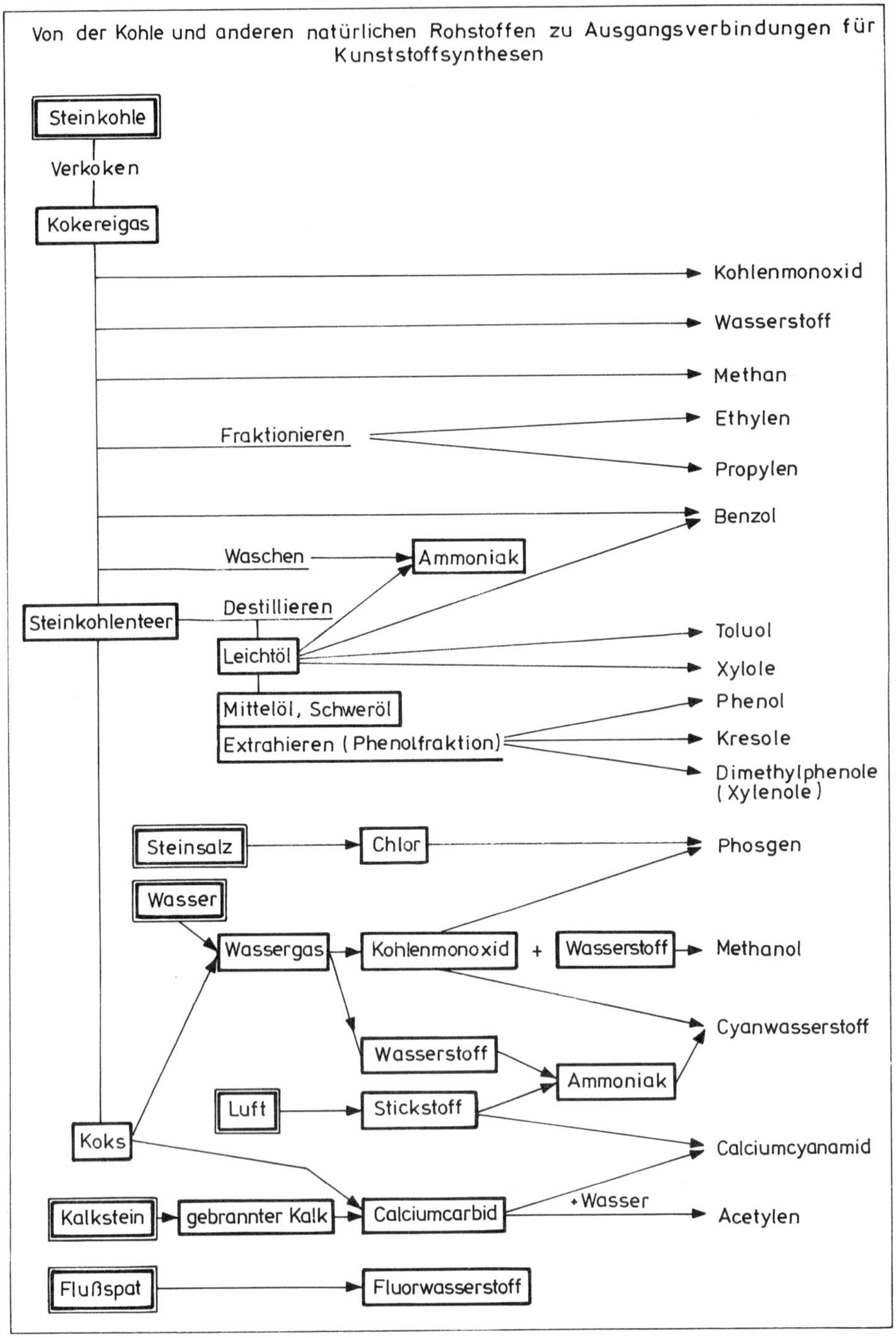
Von der Kohle und anderen natürlichen Rohstoffen zu Ausgangsverbindungen für Kunststoffsynthesen
Steinkohle
Verkoken
Kokereigas
Kohlenmonoxid
Wasserstoff
Methan
Fraktionieren
Ethylen
Propylen
Benzol
Waschen
Ammoniak
Steinkohlenteer
Destillieren
Leichtöl
Toluol
Xylole
Mittelöl, Schweröl
Extrahieren (Phenolfraktion)
Phenol
Kresole
Dimethylphenole (Xylenole)
Steinsalz
Chlor
Phosgen
Wasser
Wassergas
Kohlenmonoxid
+
Wasserstoff
Methanol
Cyanwasserstoff
Wasserstoff
Ammoniak
Luft
Stickstoff
Koks
Calciumcyanamid
Kalkstein
gebrannter Kalk
Calciumcarbid
+Wasser
Acetylen
Flußspat
Fluorwasserstoff

2.3 Einteilung der Kunststoffe

Die Zahl der Kunststoffe ist seit ihrer ersten Herstellung ständig stark gestiegen. Selbst wenn man weniger wichtige Produkte beiseite läßt, ist für den Nichtfachmann oft schwer ein Überblick zu gewinnen. Hinzu kommt, daß die von der Chemie hergestellten Kunststoffe sowohl chemische Namen besitzen als auch auf dem Markt von verschiedenen Herstellerfirmen unter unterschiedlichsten Handelsnamen angeboten werden. Die chemischen Namen und die zugehörigen Kurzzeichen (siehe Tab. 7.2-1, S. 204) sind eindeutig im Gegensatz zu den Handelsnamen, die mehr oder weniger nur „Markenzeichen" der Produzenten oder Vertriebsgesellschaften sind und die oft für unterschiedliche Kunststoffe gelten.

Zur besseren, einprägsamen Übersicht ist es daher zweckmäßig, die Kunststoff-Palette einzuteilen. Dabei kann man zunächst nach ihren Herstellungsverfahren „Polymerisations-", „Polykondensations-" und „Polyadditions-Kunststoffe" sowie „Kunststoffe aus Naturprodukten" unterscheiden (vgl. Abschnitt 2.2). Dieses Vorgehen ist vom chemischen Standpunkt durchaus einleuchtend, jedoch liefert es uns keine Hilfe für die Beurteilung der verschiedenen Kunststoffe nach ihren Eigenschaften und ihrem Verarbeitungsverhalten oder auch ihrer Anwendung. Im folgenden werden daher Einteilungsmöglichkeiten besprochen, die darauf Rücksicht nehmen und in der Praxis angewendet werden.

Einteilung der Kunststoffe nach ihrem mechanisch-thermischen Verhalten

Wie wir schon in Abschnitt 2.1 kennen gelernt haben, gibt es Kunststoffe, die durch genügend Wärmezufuhr plastisch formbar oder schmelzflüssig werden und die nach Abkühlen auf Normaltemperatur wieder fest und belastbar sind. Diese durch Erwärmen und Abkühlen verursachten Veränderungen lassen sich mit demselben Material wiederholen. Diese Kunststoffe werden als Thermoplaste[27)] oder Plastomere bezeichnet. Ihr Verhalten läßt sich aus ihrem Molekülaufbau ableiten. So besitzen die Thermoplast-Moleküle ketten- bzw. fadenartigen Gestalt, ähnlich wie dies in Abschnitt 2.1 (S. 15) mit den Fahrradketten beschrieben wurde. Ein Modellbild ist Bild 2.3-1 zu entnehmen. Beachtenswert ist aber, daß die abgebildeten zahlreichen ineinander verflochtenen und verfilzten Fadenmoleküle auch mit dem Mikroskop nicht sichtbar gemacht werden können.

Die Erweich- bzw. Schmelzbarkeit der Thermoplaste bringt Vor- und Nachteile. So lassen sich Thermoplaste „warmumformen", d.h. Thermoplast-Halbzeuge, wie Rohre, Tafelzuschnitte, können nach Erwärmen unter Übergang in einen weichgummiähnlichen, elastischen Zustand („thermoelastischer" Zustand) z.B. durch Tiefziehen oder Biegen in eine andere geometrische Form gebracht werden; vgl. Abschnitt 2.4, S. 37. Ferner sind Thermoplaste schweißbar und Betriebsabfälle lassen sich wiederverarbeiten. Nachteilig ist, daß durch die Erweichung beim Erwärmen die Einsatztemperaturen für Thermoplaste, vor allem bei gleichzeitiger Einwirkung von Kräften, recht begrenzt sind.

Es gibt aber auch Kunststoffe, die bei Wärmezufuhr nicht plastisch formbar werden. Bei diesen Kunststoffen muß man unterscheiden, ob sie bei Normaltemperatur weichgummiartig-elastisch sind oder ob sie harte, feste Kunststoffe darstellen.

Die gummi-elastischen Kunststoffe nennt man Elastomere[28)] oder Elaste. Sie stellen synthetisch hergestellte Gummisorten dar. Ihr Verhalten ist damit zu erklären, daß sie nicht

27) thermos (gr.), warm; plastikos (gr.), bildsam, formbar.
28) elastikos (gr.), federnd; meros (gr.), Teil.

aus fadenartigen Molekülen bestehen, sondern ihre Kettenmoleküle sind untereinander weitmaschig vernetzt. Ihre Vernetzung wird in der Gummi-Industrie „Vulkanisation"[29] genannt. Dabei entstehen durch chemische Reaktionen aus unvernetzten Vorstufen (Synthese-Kautschuk), die meist fadenartigen Molekülaufbau besitzen, unter gleichzeitiger Formgebung die gummiartigen Endprodukte. Ein Modell für den Molekülaufbau von Elastomeren zeigt Bild 2.3-3. Im Gegensatz zu den Thermoplasten sind Elastomere weder warmumformbar noch schweißbar. Ihre Anwendungstemperaturen werden durch das Auftreten von chemischem Abbau der Makromoleküle begrenzt.

Die auch bei höheren Temperaturen harten und festen Kunststoffe bezeichnet man als Duroplaste[30] oder Duromere. Man erhält sie aus flüssigen oder schmelzbaren Vorstufen, die als Gießharze oder duroplastische Formmassen angewendet werden, durch engmaschige Vernetzung. Diese wird durch Reaktionsmittel sowie oft zusätzliche Wärmeeinwirkung rasch in Gang gesetzt. Weil die Duroplaste nach der Vernetzung hart und fest sind, nennt man den Vernetzungsvorgang auch „Härtung". Ihr Molekülaufbau geht schematisch aus Bild 2.3-4 hervor. Duroplaste können weder warmumgeformt noch geschweißt werden. Abfälle sind kaum verwendbar. Ihre Anwendungstemperaturen liegen insgesamt etwas höher als die der Thermoplaste, wenn man von speziellen Thermoplasten (vgl. z. B. Abschnitte 3.3.4 und 5) absieht. Wie bei den Elastomeren wird ihr Anwendungstemperaturbereich dadurch begrenzt, daß beim Erwärmen chemisch-thermische Zersetzung eintritt.

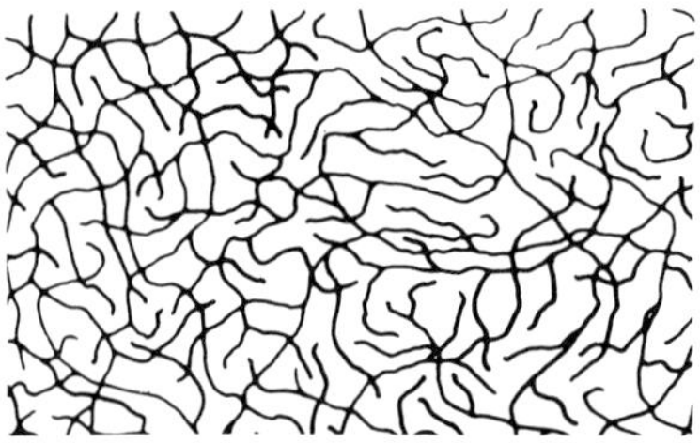

Bild 2.3-1: Strukturmodell für amorphe Thermoplaste (Vergrößerung etwa 1 000 000fach)

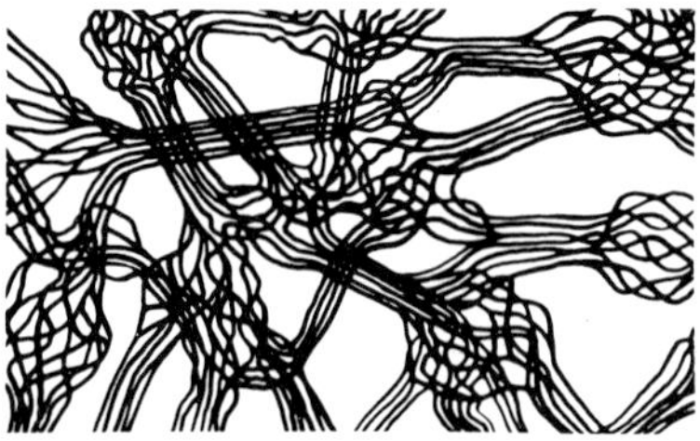

Bild 2.3-2: Strukturmodell für teilkristalline Thermoplaste

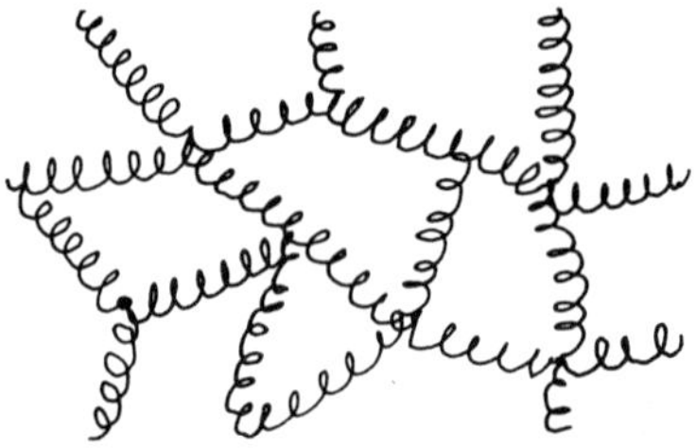

Bild 2.3-3: Strukturmodell für Elastomere

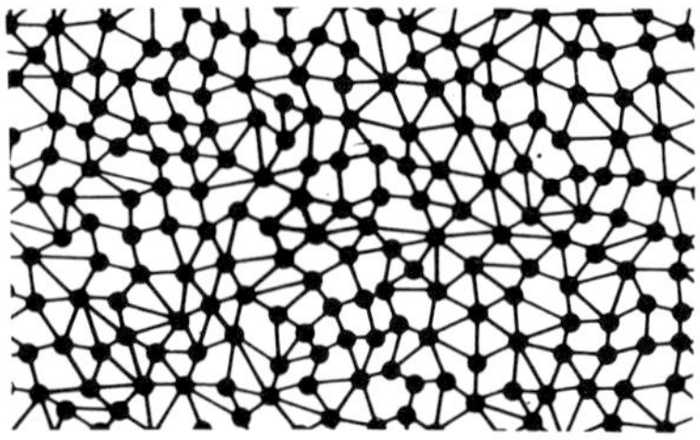

Bild 2.3-4: Strukturmodell für Duroplaste

29) Vulcanus (lat.), antiker Gott des Feuers.
30) durus (lat.), hart; plastikos (gr.), bildsam, formbar.

Weitere Unterteilung der Thermoplaste

Bei den Thermoplasten unterscheidet man nach der Ordnung, in welcher sich die Fadenmoleküle befinden, die „amorphen"[31)] von den „teilkristallinen" Thermoplasten. Bei den amorphen Thermoplasten sind die Fadenmoleküle völlig ungeordnet und ineinander verschlungen, so wie es Bild 2.3-1 zeigt. Bei den teilkristallinen Thermoplasten liegen dagegen die Fadenmoleküle wenigstens teilweise in einer bestimmten Ordnung vor, zum Beispiel einer parallelen Ausrichtung von Molekülfadenstücken, wie das aus Bild 2.3-2 zu ersehen ist. Die Ordnung in den Bereichen mit Abschnitten von parallelen fadenartigen Makromolekülen entspricht der Ordnung der Atome oder Moleküle in Kristallen.

Sind die unvernetzten Fadenmoleküle sehr lang, d. h. ist der Polymerisationsgrad bzw. die relative Molekülmasse sehr hoch, oder sind die Fadenmoleküle ein wenig vernetzt, so verhält sich ein solcher Kunststoff beim Erwärmen nicht wie ein echter Thermoplast. Diese bei Normaltemperatur festen Kunststoffe werden beim Erwärmen nicht plastisch formbar oder gar schmelzflüssig, sondern sie erreichen nur einen weichgummiartig-elastischen Zustand. Daher nennt man solche Kunststoffe „Thermoelaste".

Ferner kennt man Kunststoffe, deren Moleküle zwar auch fadenartig aufgebaut sind. Die Fäden bestehen jedoch abschnittsweise abwechselnd aus zwei, gelegentlich auch mehreren verschiedenen Bausteinen („Monomeren"). Führt einer der Bestandteile dabei zu weichen, der andere zu harten Bereichen („Phasen"[32)]), so sind solche Block- oder Pfropfcopolymerisate bei Normaltemperatur weichgummiartig-elastisch aber im Gegensatz zu den Elastomeren nicht vernetzt. Beim Erwärmen werden sie wie die üblichen Thermoplaste plastisch formbar. Man nennt sie daher „thermoplastische Elastomere".

Einteilung der Kunststoffe nach wichtigen Bestandteilen

Gefüllte Kunststoffe

Kunststoffen werden häufig sogenannte Füllstoffe zugesetzt, z.T. in Mengen über 50% des Werkstoffs. Füllstoffe benötigt man entweder zur Erzielung besonderer Eigenschaften oder zur Verbilligung. Zum Beispiel gewinnt man erst durch Füllstoffzusätze bei den duroplastischen Hochdruckharzen (PF, UF, MF, vgl. Abschnitte 4.1 und 4.2) einwandfrei verarbeitbare Formmassen. Wenn das oft verwendete Holzmehl durch Gesteinsmehl ersetzt wird, verbessert man die Formbeständigkeit in der Wärme und verringert die Wasseraufnahme. Füllstoffzusätze von Kreide und Kaolin zu Weich-PVC wirken gegen einen etwas unangenehmen klebrigen Griff des Weich-PVC und machen es lederähnlich. Zusätze an Graphit verbessern die Gleiteigenschaften (Herstellung von Kunststoff-Lagern).

Größere Mengen an Holzmehl (etwa über 40%) zu PF führen zu einer merklichen Preissenkung der Formmassen.

Verstärkte Kunststoffe

Beabsichtigt man mit Zusätzen vor allem die mechanischen Eigenschaften, wie Festigkeit und Schlagbeständigkeit[33)] (Schlagzähigkeit), zu verbessern, so spricht man von Verstärkungsstoffen. Diese besitzen überwiegend Faserstruktur. Verwendet werden vor allem Glasfasermaterialien (Kurzglasfasern, Glasseidenstränge, Glasmatten, Glasgewebe), Kohlenstoff- oder Cellulosefasern, Papier und Gewebe. Mit Glasfaser verstärkte Kunststoffe bezeichnet man durch Vorsetzen von „GF-" vor das Kurzzeichen des Kunststoffs.

31) morphos (gr.), Gestalt; amorph: soviel wie „ohne Gestalt".
32) phasis (gr.), Abschnitt.
33) Die Schlagzähigkeit zäher Thermoplaste wird durch Glasfaserzusätze allerdings verringert.

Das bekannteste Material dieser Art sind „glasfaserverstärkte ungesättigte Polyesterharze": GF-UP.

Weichgemachte Kunststoffe

Um einen gummiähnlich-weichen Kunststoff zu erhalten, kann man durch Zusatz von Weichmachern, die meist flüssig sind, zu Thermoplasten, besonders zu PVC, aus einem harten festen Werkstoff einen leder- oder weichgummiartigen Kunststoff erhalten.

Das „Weichmachen" gelingt auch in begrenztem Umfang und mehr zum Zweck, die Schlagzähigkeit bei Temperaturen unterhalb etwa 20 °C zu erhöhen, durch Copolymerisation mit einer geeigneten Komponente.

Schaumkunststoffe

Diese Kunststoffe (vgl. Abschnitt 6) haben zellige, porige Struktur. Ihre Zellen sind mit Luft bzw. einem anderen Gas gefüllt. Daher haben diese Kunststoffe viel geringere Dichte („Rohdichte" oder auch „Raumgewicht" genannt) als die ungeschäumten Kunststoffe[34)] aus dem gleichen Polymeren. Manche Schaumkunststoffe besitzen allerdings eine nicht geschäumte, kompakte Außenhaut oder Außenzone (ähnlich wie Brot mit Rinde). Diese sind also überwiegend nur im Inneren ein Schaumstoff. Solche Materialien nennt man „Struktur-" oder „Integral-"Schaumstoffe. Der Hauptvorteil der Schaumstoffe besteht in ihrem geringen Gewicht, bei Hartschaumstoffen kommt hohe Biegesteifigkeit hinzu.

Kunststoff-Blends

Die verschiedenen Kunststoffe lassen sich teilweise miteinander mischen. Diese Möglichkeit nutzt man besonders bei den Thermoplasten aus, um bestimmte Eigenschaften zu verbessern; allerdings muß man bei solchen „modifizierten"[35)] Kunststoffen stets auch Verschlechterungen in Kauf nehmen. Solche Thermoplast-Mischungen werden „Blend"[36)] genannt. Diese Maßnahme gestattet z. B., aus einem harten, schlagempfindlichen Thermoplasten (wie PS) durch Zusätze (z. B. von weichgummiähnlichen Polymeren) einen besser gegen Schläge und Stöße beständigen Thermoplasten zu erhalten (z. B. „schlagzähes Polystyrol").

Ein anderes Beispiel ist der Zusatz von PE zu PA. Dadurch wird die ziemlich hohe Wasseraufnahme von PA verringert.

Einteilung der Kunststoffe nach ihrer Anwendung

Massenkunststoffe

Die Thermoplaste Polyethylen, Polypropylen, Polystyrol und Polyvinylchlorid werden im Vergleich zu den anderen Kunststoffen in sehr großen Mengen hergestellt und verwendet. Mehr als die Hälfte der Kunststofferzeugung entfallen allein auf diese vier Thermoplaste. Daher nennt man sie „Massenkunststoffe". Wegen ihrer in vieler Hinsicht guten Gebrauchseigenschaften und ihres günstigen Preises werden sie auf zahlreichen Gebieten der Technik und des täglichen Lebens verwendet.

34) im Gegensatz zu den entsprechenden geschäumten Kunststoffen werden die ungeschäumten Kunststoffe auch als „kompakte" oder „massive" Materialien bezeichnet.

35) to modify (engl.), umändern.

36) blend (engl.), Mischung.

Technische Kunststoffe

Wenn Kunststoffe speziell in der Technik, d.h. als belastbare oder kraftübertragende Maschinenteile, verwendet werden, stellt man an sie besonders hohe Anforderungen. Diese sind: möglichst geringe Verformung bei langdauernder Belastung auch bei höheren Temperaturen, gute Schlagzähigkeit, günstiges Gleit- und Abriebverhalten, kleine Wärmedehnung, geringe Schwindung. Das heißt allgemein: gute Maßgenauigkeit und Maßhaltigkeit. Solche Kunststoffe nennt man „technische Kunststoffe" bzw. „technische Thermoplaste", denen insbesondere die Thermoplaste PA, POM, PPO, PC, PETP und PBTP sowie die Duroplaste zugeordnet werden.

Spezialkunststoffe

Einige Kunststoffe können wegen bestimmter herausragender Eigenschaften als „Spezialkunststoffe" bezeichnet werden. Als Beispiele seien erwähnt: PMMA, das wegen seiner hervorragenden Lichtdurchlässigkeit, Farblosigkeit und Lichtbeständigkeit besonders dort angewendet wird, wo Kunststoffe in der Beleuchtungstechnik und verwandten Gebieten eingesetzt werden. PTFE, das wegen seiner hohen Temperatur- und Chemikalienbeständigkeit als Auskleidung für Metallrohre und Ventile in Chemiebetrieben (z.B. für HCl-Gas bei 180 °C) oder wegen seiner klebfeindlichen („antiadhäsiven"[37]) Beschaffenheit z.B. für die Beschichtung von Bratpfannen oder von Heizelementen zum Thermoplast-Schweißen verwendet wird. Die „hochtemperaturbeständigen" Kunststoffe (vgl. Abschnitt 5), die ihre Anwendungsberechtigung nur dann haben, wenn Kunststoffteile längere Zeit bei höheren Temperaturen (etwa oberhalb 170 °C) eingesetzt werden.

2.4 Prinzip der wichtigsten Verarbeitungsverfahren

Die Verarbeitungsverfahren für Kunststoffe sind außerordentlich zahlreich und an die jeweiligen Erfordernisse anpassungsfähig. Hierin liegt einer der großen Vorteile der Kunststoffe, worauf schon in Abschnitt 1.3 hingewiesen wurde. Wegen der Zielsetzung dieses Buches können hier bei weitem nicht alle, sondern nur die wichtigsten Verfahren und diese auch nur kurz vorgestellt werden. Zur Bewertung eines Kunststoffes gehört es jedoch, über seine Verarbeitungsmöglichkeiten informiert zu sein. Daher sollen die folgenden Ausführungen dem Verständnis der entsprechenden Angaben in den Abschnitten 3 bis 5 dienen.

Nicht behandelt werden z.B.: Aufbereitungsverfahren, Beschichten, Gießen und Tauchen, Verbindungs- (Schweißen, Kleben) und Trennverfahren, Spanen.

Halbzeugherstellung

Unter Halbzeugen versteht man Materialien, die zu ihrer endgültigen Verwendung noch durch Ver- (z.B. Warmumformen) oder Bearbeitungsverfahren (z.B. Spanen, Fügen, Trennen) in eine andere Form gebracht werden müssen. Dazu zählen: Block- und Tafelmaterial, Folien, Voll- und Hohlprofile, wie z.B. Rohre, Schläuche.

37) anti (gr.), gegen. adhaerere (lat.), anhaften.

Extrudieren

Zum Extrudieren (Strangpressen) benötigt man eine Schneckenpresse (Extruder, Bild 2.4-1), die eine zugeführte, meist thermoplastische Formmasse unter Druck und Wärme kontinuierlich schmilzt (plastifiziert) und mittels entsprechender Werkzeuge (Düsen) zu Halbzeug formt. Die Formmasse wird als Granulat oder Pulver dem Fülltrichter zugeführt, von der ständig rotierenden Schnecke eingezogen, gefördert und verdichtet. Das Erwärmen und damit Schmelzen der Masse erfolgt von außen durch Heizelemente und von innen durch Umsetzung von Knetarbeit in Wärme. Je nach Art des Halbzeugs sind dem Extruder noch Folgemaschinen, wie Kalibrierungen, Glättwerke, Abzugs-, Aufwickel- oder Schneideinrichtungen nachgeschaltet; Bild 2.4-2.

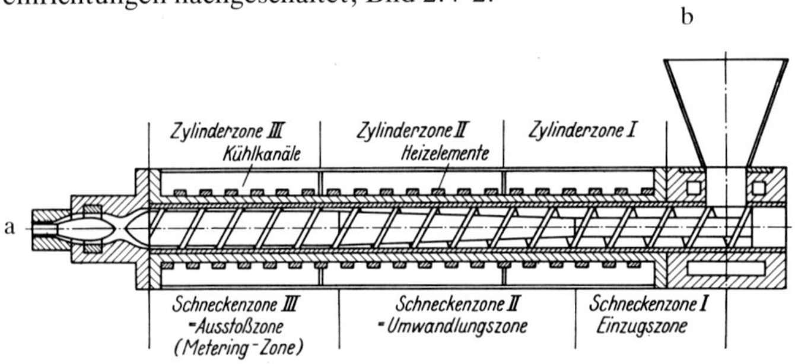

Bild 2.4-1: Schema eines Extruders
a – Extrusionswerkzeug mit Düse, b – Trichterstück mit Wasserkühlung

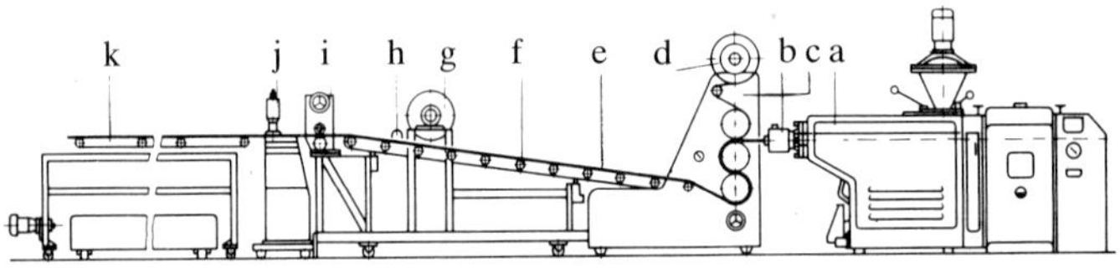

Bild 2.4-2: Schema einer Extrusionsanlage für Kunststofftafelmaterial.
a – Extruder, b – Breitschlitzdüse, c – Dreiwalzen-Glättwerk, d – Ablauf für Kaschierfolie, e – extrudierte Bahn, f – Leitrollen, g – Zwischenläufer, h – Randschneider, i – Abzug, j – Querschneider, k – Abwurf- und Stapelvorrichtung

Ein besonderes Verfahren, bei dem ein Extruder angewendet wird, ist das

Folienblasen

Aus dem Blaskopf des Extruders wird ringförmig thermoplastische Schmelze als heißer Schlauch extrudiert, der mit Druckluft zum Folienschlauch aufgeblasen wird; Bild 2.4-3. Der Abzug der Blasfolie kann auch nach unten oder waagrecht erfolgen.

Kalandrieren

Dieses Verfahren dient der Herstellung von Flachfolien, bevorzugt aus Hart- und Weich-PVC, und von Fußbodenbelägen. Wie Bild 2.4-4 zeigt, werden die Ausgangsstoffe zuerst in verschiedenen Maschinen gemischt und homogenisiert und dann dem beheizten Kalander zugeführt. Dieser formt in den Walzenspalten die Folie aus, die in Folgemaschinen

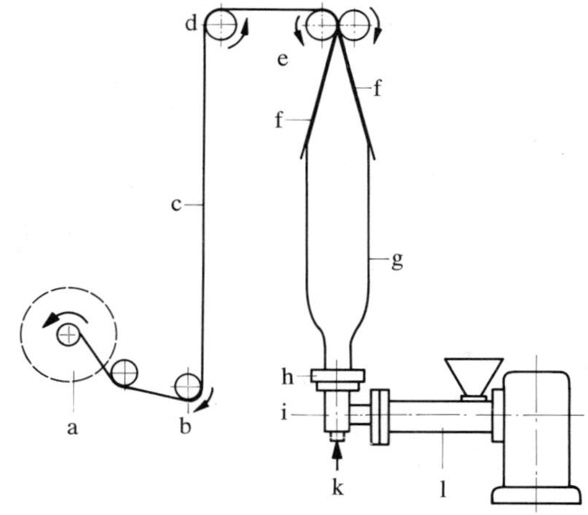

Bild 2.4-3: Schema einer Blasfolienanlage.
a – Aufwickelvorrichtung, b – Umlenkwalze, c – doppelt flachgelegte Folie, d – Umlenkwalze, e – Quetschwalzen, f – Leitbleche, g – Kunststoffschlauch, h – Kühlring, i – Blaskopf, k – Stützluftzuführung, l – Extruder

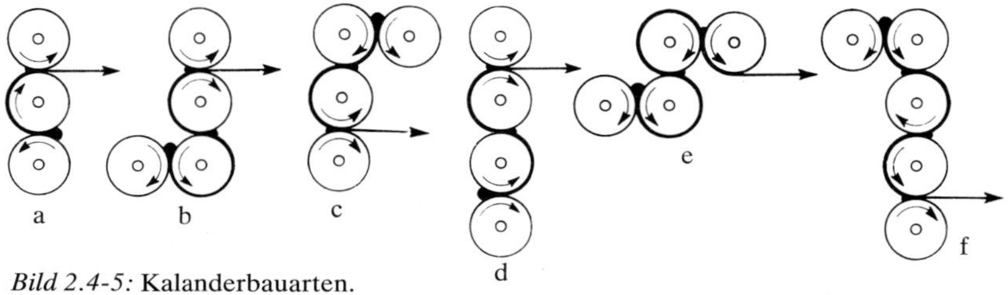

Bild 2.4-5: Kalanderbauarten.
a – Dreiwalzen-I-Kalander, b – Vierwalzen-L-Kalander, c – Vierwalzen-F-Kalander, d – Vierwalzen-I-Kalander, e – Vierwalzen-Z-Kalander, f – Fünfwalzen-F-Kalander

Bild 2.4-4: Schema einer Kalanderanlage zur Herstellung von Folien aus Weich-PVC.
a – Vormischer, b – Mischwalze, c – Beschickungsband, d – Extruder mit Breitschlitzdüse, e – Beschickungsband, f – F-Kalander, g – Abzugs- und Prägevorrichtung, h – Kühleinrichtung, i – Dickenmesser, k – Randbeschneidung, l – Aufwicklung

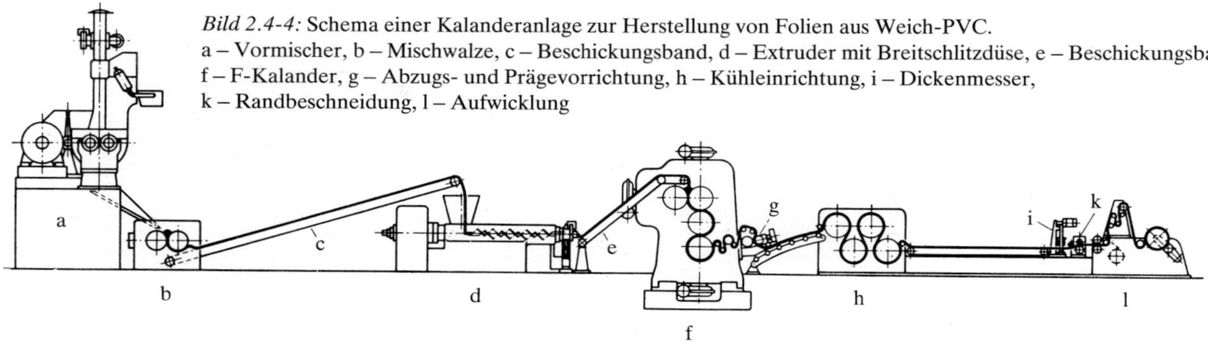

abgezogen, geprägt oder gereckt, gekühlt, beschnitten und aufgewickelt wird. Verschiedene Kalanderbauarten zeigt Bild 2.4-5. Entsprechend der Stellung der Walzenachsen zueinander bezeichnet man die Kalander mit Buchstaben.

Schichtpressen

Während Extrudieren, Folienblasen und Kalandrieren ganz überwiegend bzw. ausschließlich für die Thermoplastverarbeitung angewendet werden, dient das Schichtpressen der Herstellung von Duroplast-Tafeln aus Hartpapier (Hp), Hartgewebe (Hgw), von „dekorativen Schichtpreßstoffplatten" oder von Kunstharz-Preßholz (KP). Hierfür werden endlose Papier- oder Gewebebahnen bzw. Holzfurniere in einer Kunstharzlösung, vorzugsweise Vorstufen von PF, MF, UP oder EP, getränkt, dann getrocknet und in Formate geschnitten. Diese werden dann aufeinandergeschichtet und in Etagenpressen bei etwa 150 °C zwischen hochglanzpolierten Preßblechen zu Platten verpreßt und ausgehärtet; Bild 2.4-6.

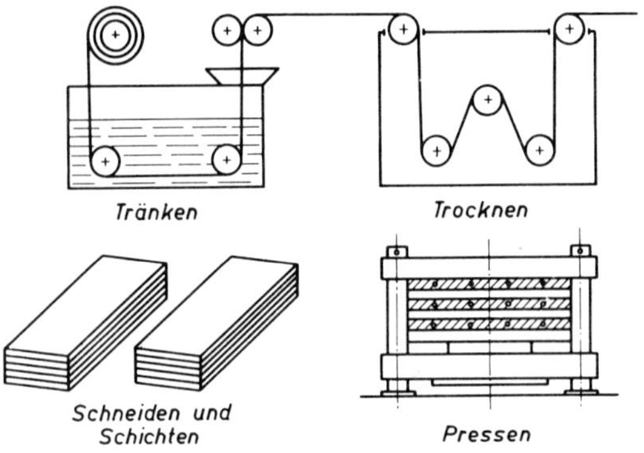

Bild 2.4-6:
Prinzip der Schichtpreßstoff-Herstellung

Formteilherstellung

Spritzgießen

Die für dieses Verfahren am häufigsten angewendete Maschine ist die Schneckenspritzgießmaschine. Sie besteht aus zwei Baugruppen: der Plastifizier- oder Spritzeinheit und der Werkzeugschließeinheit; Bild 2.4-7. Die Aufgaben der Spritzeinheit sind: Fördern, Aufschmelzen (Plastifizieren), Komprimieren und Spritzen der Formmasse in das in der Schließeinheit befindliche Werkzeug. Die Schließeinheit nimmt die Werkzeughälften auf, schließt sie und hält sie gegen den Einspritz- und Nachdruck geschlossen, öffnet das Werkzeug und besorgt das Auswerfen des fertigen Formteils. Verfahrensschritte sind folgende: 1) Die meist nicht rotierende Schnecke drückt als Spritzkolben die plastifizierte Masse in das an der Spritzdüse anliegende Werkzeug. 2) Die eingespritzte, sich abkühlende Masse erstarrt unter dem Nachdruck der in vorderster Stellung stehenden Schnecke zum Formteil. 3) Nachdem die Spritzeinheit von der Schließeinheit zurückgezogen worden ist, wird das Formteil aus dem geöffneten Werkzeug ausgeworfen. Zugleich läuft die nun rotierende Schnecke bis zum rechten Endschalter zurück, zieht dabei Formmasse aus dem Trichter in den Spritzgießzylinder ein und fördert aufgeschmolzene Masse für den nächsten Spritzvorgang („Schuß") in den Sammelraum vor der Schneckenspitze.

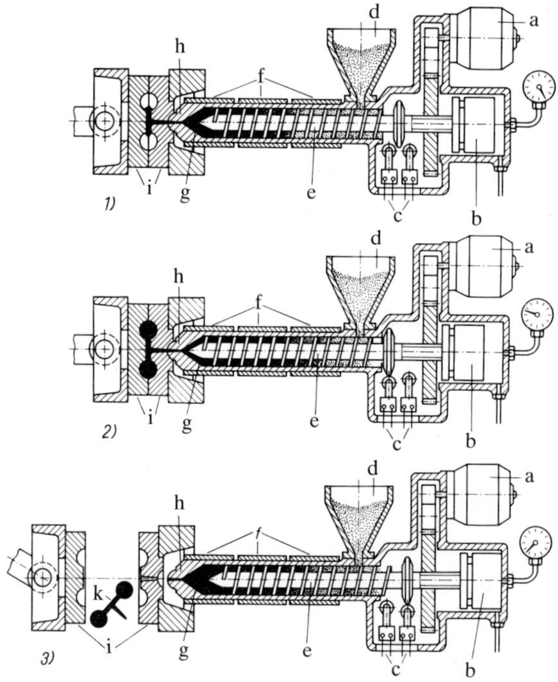

Bild 2.4-7:
Arbeitsschritte der Schneckenspritzgießmaschine.
Bauteile der Spritzeinheit:
a – Antriebsmotor für die Drehbewegung der Schnecke,
b – hydraulischer Antrieb für die axiale Schneckenbewegung,
c – linker Endschalter für Nachdruck-Stellung, rechter Endschalter für Dosierwegbegrenzung der Schnecke,
d – Fülltrichter mit Formmasse,
e – Förder-, Plastifizier-, Spritzschnecke,
f – Zylinder mit Heizbändern,
g – Dosierraum für plastifizierte Masse,
h – beheizte Spritzdüse
i – Spritzgießwerkzeug mit Angußbuchse
k – Formteil

Blasformen

Hierbei wird mittels eines Extruders ein heißer Thermoplast-Schlauch extrudiert, der von einem sich schließenden Hohlwerkzeug abgequetscht und mit einem Blasdorn mittels Druckluft an die Innenflächen des Werkzeugs gelegt und dort ausgeformt und abgekühlt wird; Bild 2.4-8. Das Verfahren dient vor allem der Herstellung von Hohlkörpern, wie Flaschen, Kanistern, Autotanks (vgl. Bild 1.3-1), Gießkannen, Heizölbehältern.

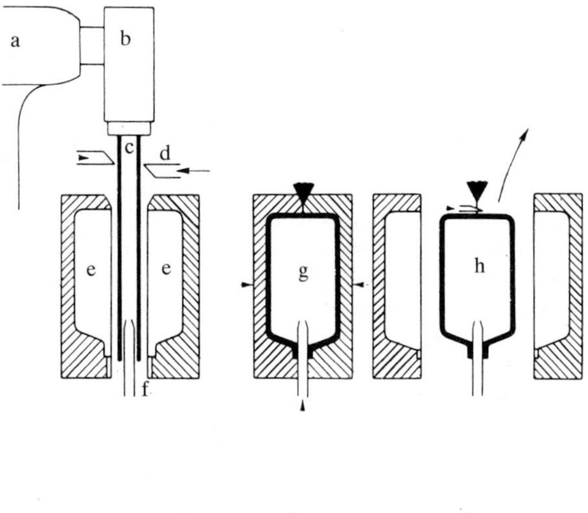

Bild 2.4-8:
Ablauf des Blasformens (Schema).
a – Extruder, b – Spritzkopf mit Ringschlitzdüse,
c – extrudierter Schlauch,
d – Trennvorrichtung,
e – geteiltes Werkzeug,
f – Druckluftzufuhr,
g – geschlossenes Werkzeug, mit geblasenem Hohlkörper,
h – geöffnetes Werkzeug und Entnahme des Blasformteils

Formpressen

Duroplast-Formmasse in Pulverform oder tablettiert, kalt oder vorgewärmt, wird in ein geöffnetes beheiztes Werkzeug gebracht. Mit Hilfe von Druck und Wärme wird ein Formteil geformt, ausgehärtet und schließlich ausgeworfen; Bild 2.4-9. Das Werkzeug ist dabei auf den Druckplatten einer hydraulischen Presse (Bild 2.4-10) aufgespannt.

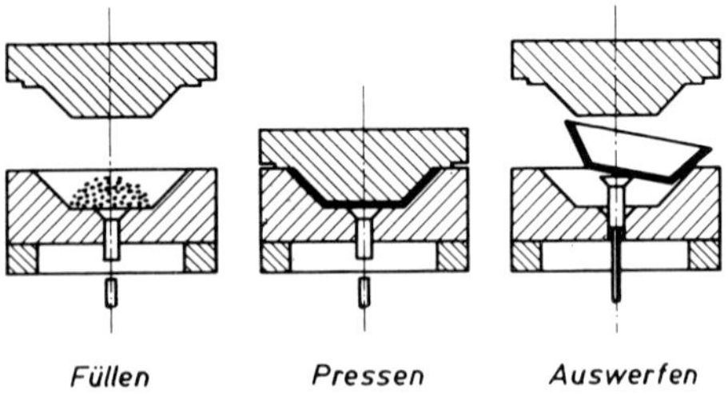

Bild 2.4-9:
Prinzip des Formpressens

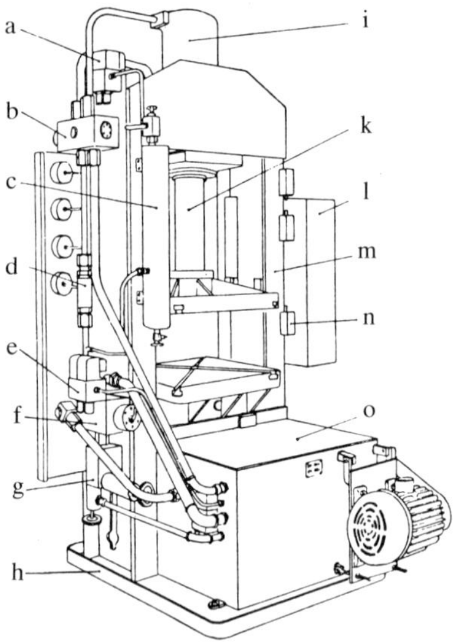

Bild 2.4-10:
Hydraulische Presse.
a – Magnetventil, b – oberer Steuerschieber, c – Druckspeicher, d – Rückschlagventil, e – Magnetdoppelventil, f – unterer Steuerschieber, g – Druckregelventil, h – Grundplatte, i – oberer Preßzylinder, k – Oberkolben, l – Schaltschrank, m – Pressenrahmen, n – Endschalter, o – Pumpenkasten mit Antrieb

Spritzpressen (Transferpressen)

Beim Spritzpressen wird die duroplastische Formmasse in einem beheizten Zylinder vorgewärmt und vorverdichtet und aus diesem mit einem Kolben durch einen engen Spritzkanal in die beheizte Werkzeughöhlung gespritzt. Dort härtet die Masse zum Formteil aus, das schließlich ausgeworfen wird; Bild 2.4-11.

Thermoformen (Warmumformen)

Das Thermoformen ist nur möglich bei thermoplastischen Kunststoffen. Es wird hauptsächlich zur Weiterverarbeitung von Halbzeug, wie Folien, Tafeln und Rohren, ange-

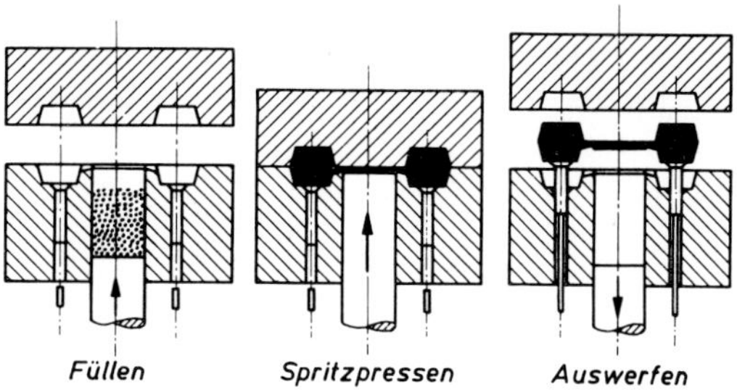

Bild 2.4-11:
Prinzip des Spritzpressens

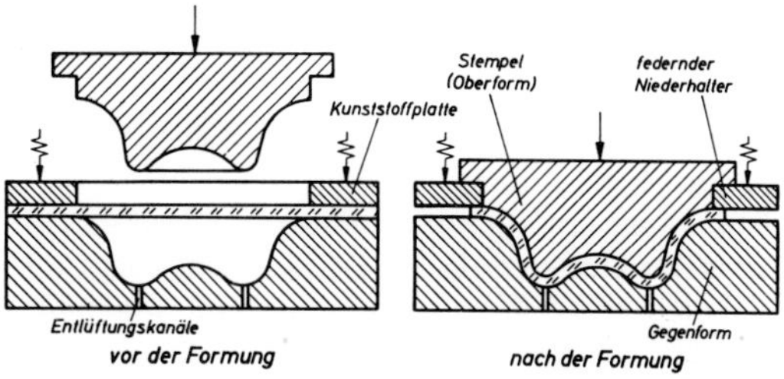

Bild 2.4-12:
Prinzip des Druckformens

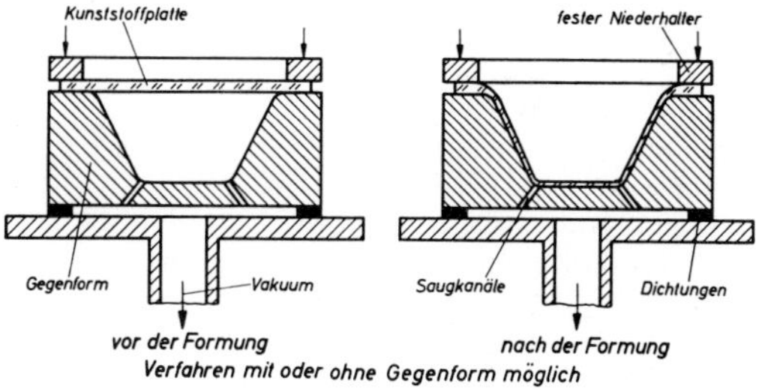

Bild 2.4-13:
Prinzip des Vakuumformens

wendet. Hierfür gibt es zahlreiche handwerkliche wie maschinelle Verfahren, so daß hier nur zwei wichtige kurz beschrieben werden können. Bei allen Varianten ist der Arbeitsablauf aber etwa der gleiche: Einspannen eines Halbzeugzuschnitts, Erwärmen auf Formungstemperatur, Aufbringen der Formungskraft (mechanisch, mit Druckluft oder „Vakuum"), Abkühlen des Formteils, Entfernen der Formungskraft, Ausspannen des Formteils sowie ggf. Abschneiden eines Überstands. Bild 2.4-12 zeigt das Druckumformen einer auf Formungstemperatur vorgewärmten Kunststoffplatte oder -folie. Aus Bild 2.4-13 geht das Prinzip des Vakuumtiefziehens hervor, wobei ebenfalls eine z. B. mit Infrarotstrahlern erwärmte Kunststoffplatte oder -folie thermogeformt wird. Auf diesem Wege entstehen vor allem Lebensmittelverpackungen (für Margarine, Frischkäse, Yoghurt), Trinkbecher, Einsätze für Pralinenpackungen aus PVC- oder Polystyrolkunststoff-Folien, aber auch Kühlschrankgehäuseteile, Fassadenelemente, Lichtdecken, Schubkasteneinsätze und andere großflächige Teile.

3 Thermoplaste

3.1 Polyolefine

Geschichtliches

Schon in den Jahren 1869 bis 1879 wurde von verschiedenen Naturforschern über ölartige Polymerisate der Olefine[1] Ethylen, Propylen und Isobutylen berichtet. Unter dem Namen Olefine werden einfache, ungesättigte Kohlenwasserstoffe zusammengefaßt, die entsprechend diesem Namen nur aus den Elementen Kohlenstoff und Wasserstoff bestehen und C-C-Doppelbindungen enthalten. Wegen der geringen Neigung dieser gasförmigen Stoffe zur Polymerisation bei normalem Druck und ohne Katalysatoren gelang es jedoch erst etwa 50 Jahre später, aus ihnen brauchbare Kunststoffe herzustellen.

Die Polymerisation von Isobutylen bei tiefen Temperaturen wurde 1931 in Deutschland patentiert. Der Kunststoff Polyisobutylen wird seit 1935 produziert.

Ethylen wurde 1935 in England von den Chemikern und Ingenieuren W. Fawcett, O. Gibson, G. Paton, W. Perrin und G. Williams bei höherer Temperatur und ungewöhnlich hohen Drücken polymerisiert. Diese Entdeckung führte 1938, nachdem die verfahrenstechnischen Voraussetzungen für Reaktionen bei hohen Drücken geschaffen waren, zur technischen Herstellung von Polyethylen nach dem Hochdruckverfahren bei der ICI[2].

1952 entwickelte K. Ziegler im Institut für Kohleforschung in Mülheim/Ruhr ein Verfahren, bei dem Ethylen ohne Anwendung von Druck mit Hilfe von Mischkatalysatoren in flüssigen Kohlenwasserstoffen, meist Dieselöl, polymerisiert werden kann. 1954 wurde die Produktion von Polyethylen nach diesem Verfahren bei der Hoechst AG[3] aufgenommen. Um die gleiche Zeit (1951 bzw. 1953) wurden in den USA zwei weitere Verfahren zur Herstellung von Polyethylen unter Verwendung von Katalysatoren patentiert, die bei mittleren Drücken arbeiten: das Standard-Oil-Verfahren[4] und das Phillips-Verfahren[5]. G. Natta fand 1953 in Italien, daß mit den von K. Ziegler entdeckten Katalysatorsystemen auch höhere Olefine wie Propylen bei niedrigem Druck polymerisiert werden können und die dabei entstehenden Makromoleküle einen hohen räumlichen Ordnungszustand besitzen („stereospezifische Polymerisation", s. S. 51). Polypropylen wird so seit 1956 großtechnisch hergestellt. Bis heute haben noch weitere Polyolefine praktische Bedeutung erlangt.

1) Olefine: „Ölbildende Substanz" wegen der Beobachtung, daß sich die gasförmigen Stoffe dieser Substanzreihe mit Chlor zu flüssigen, öligen Verbindungen vereinigen. Polyolefine: Polymere aus Olefinen.
2) Imperial Chemical Industries Ltd., London, Großbrit.
3) Hoechst AG, Frankfurt/Main-Hoechst.
4) Standard Oil Company of Indiana, Cleveland, USA.
5) Phillips Petroleum Company, Bartlesville, Oklahoma, USA.

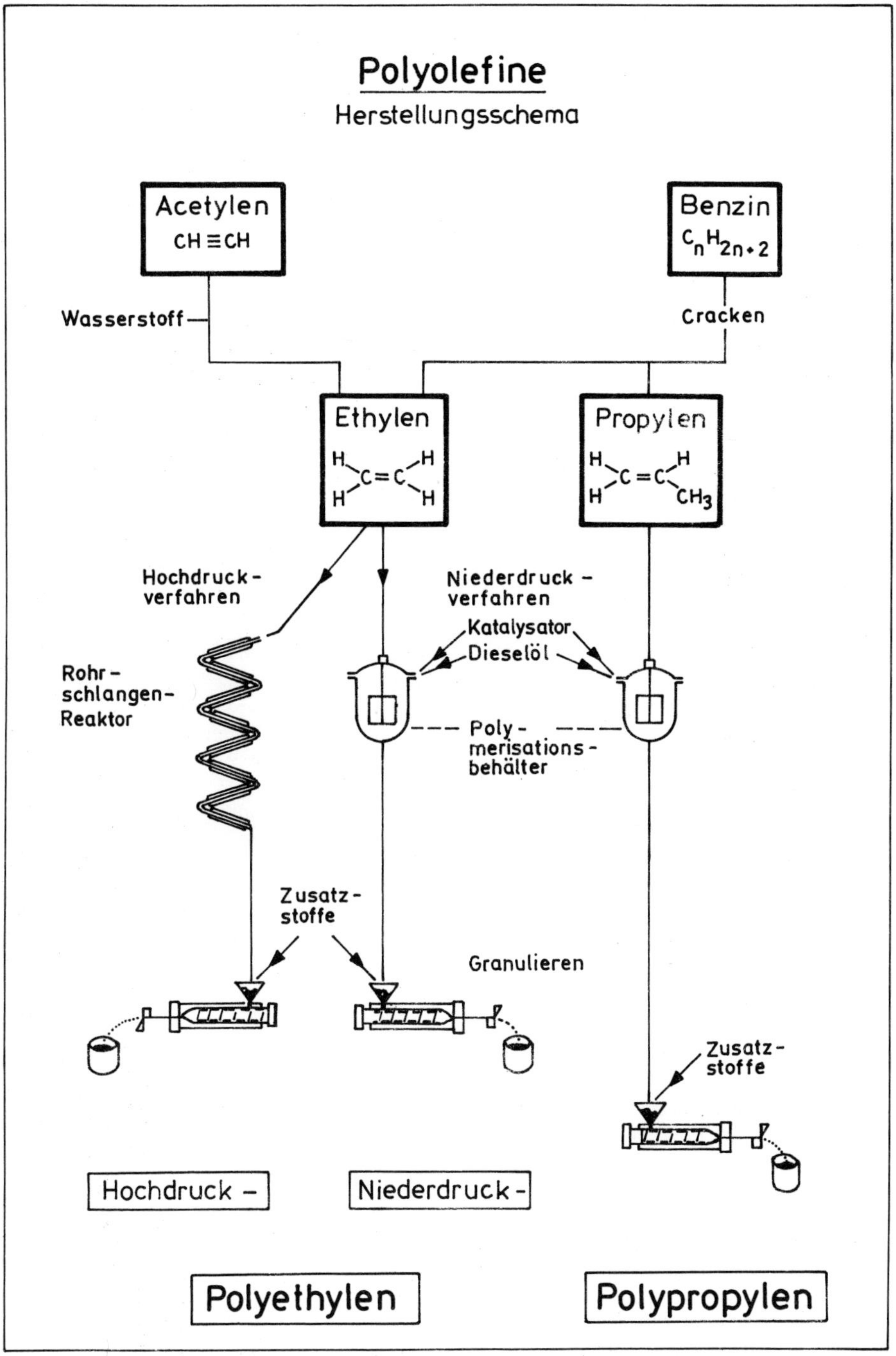
Polyolefine
Herstellungsschema
Acetylen
CH≡CH
Benzin
C_nH_{2n+2}
Wasserstoff
Cracken
Ethylen
Propylen
CH_3
Hochdruck-verfahren
Niederdruck-verfahren
Katalysator
Dieselöl
Rohr-schlangen-Reaktor
Poly-merisations-behälter
Zusatz-stoffe
Granulieren
Zusatz-stoffe
Hochdruck-
Niederdruck-
Polyethylen
Polypropylen

Infolge ihrer sehr guten Gebrauchseigenschaften und einer wesentlichen Verbilligung durch Wechsel der Rohstoffbasis von der Kohlechemie zur Petrochemie sind Polyethylen und Polypropylen die Kunststoffe mit der dynamischsten Entwicklung. Polyolefine bilden mengenmäßig die größte Kunststoff-Einzelgruppe überhaupt.

3.1.1 Polyethylen (PE)

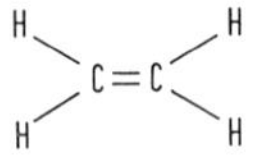

Ethylen-Formel

Ethylen

Chem. Verbindung; chem. Bezeichnung auch: Ethen; chem. Formel: C_2H_4; farbloses Gas, das bei −104 °C flüssig wird; Gewinnung aus Erdgas oder Rohbenzin (Naphtha), das bei der Erdölaufbereitung (s. S. 25) durch Cracken bzw. Pyrolyse neben anderen Produkten anfällt, oder durch Reaktion von Wasserstoff (Hydrierung) mit Acetylen.

Der Weg zum Polyethylen

Die häufigsten Verfahren zur Herstellung von Polyethylen sind heute das Hochdruckverfahren der ICI und die gemeinsam als Niederdruckverfahren bezeichneten Herstellungsarten nach Ziegler, Phillips und Standard Oil.

Hochdruckverfahren. Sehr reines, gasförmiges Ethylen wird in Gegenwart von Spuren Sauerstoff als Initiator (radikalischer Mechanismus) bei Drücken von 1500 bis 2000 bar und Temperaturen um 200 °C zu Polyethylen umgesetzt.

Polymerisationen werden durch Aktivierung (Anregung) der C-C-Doppelbindungen der monomeren Ausgangsstoffe eingeleitet. Diese Aktivierung kann durch Wärme- oder Strahlungsenergie allein, durch bestimmte Katalysatoren, durch Öffnung der C-C-Doppelbindungen mit Hilfe von Initiatoren (s. S. 20) unter Bildung von Radikalen[6] („radikalischer Mechanismus") oder durch Verschiebung von Elektronen der C-C-Doppelbindungen unter Bildung von Ionen[7] („ionischer Mechanismus") bewirkt werden.

Als Initiatoren werden bei der Polymerisation nach dem radikalischen Mechanismus (sog. Radikalketten-Polymerisation) meist organische Peroxide (s. S. 164) verwendet. Sie werden in Mengen zwischen 0,05 bis über 1% im Monomeren gelöst und spalten unter der Einwirkung von Wärme- oder Strahlungsenergie in äußerst reaktionsfähige Teilstücke, die Radikale, auf:

$$\underset{\text{Initiator}}{I-I} \xrightarrow{\text{Energiezufuhr}} \underset{\text{Radikale}}{I\bullet + \bullet I}$$

Diese Radikale reagieren mit den C-C-Doppelbindungen der Monomeren (Start-Reaktion, Kettenstart) und öffnen sie unter erneuter Bildung von Radikalen („Monomer-Radikale"):

$$\underset{\text{Radikal}}{I\bullet} + \underset{\text{Monomeres}}{CH_2{=}CH_2} \longrightarrow \underset{\text{Monomer-Radikal}}{I-CH_2-CH_2\bullet} \qquad \text{Kettenstart}$$

6) radix (lat.), Wurzel; stark reaktionsfähige Atome bzw. Atomgruppen mit ungepaarten Elektronen.

7) positiv oder negativ geladene Atome, Moleküle oder Molekülteile, die im elektrischen Feld zur entgegengesetzt geladenen Elektrode wandern können; ion (gr.), wandernd.

Die Aktivierung der Doppelbindungen bleibt also bestehen und überträgt sich in fortlaufender Reaktion auf jedes neu hinzukommende Monomer-Molekül (Ketten-Wachstum), bis – beispielsweise durch erneute Reaktion mit einem Radikal – die Reaktion abbricht (Ketten-Abbruch):

$$\underset{\text{Monomer-Radikal}}{I-CH_2-CH_2\bullet} + \underset{\text{Monomere}}{n\ CH_2{=}CH_2} \longrightarrow \underset{\text{Polymer-Radikal}}{I-CH_2-(CH_2-CH_2)_n-CH_2\bullet} \quad \text{Kettenwachstum}$$

$$\underset{\text{Polymer-Radikal}}{I-CH_2-(CH_2-CH_2)_n-CH_2\bullet} + \underset{\text{Radikal}}{\bullet I} \longrightarrow \underset{\text{Polymer-Molekül}}{I-CH_2-(CH_2-CH_2)_n-CH_2-I} \quad \text{Kettenabbruch}$$

Bei Polymerisationen nach dem ionischen Mechanismus (sog. Ionenketten-Polymerisation) werden Säuren oder Basen zur Anregung der C-C-Doppelbindungen verwendet. Diese Verbindungen bewirken eine Verschiebung der C-C-Doppelbindungen unter Bildung von Ionen:

$$\underset{\text{Säure}}{H-X} \xrightarrow[\text{in Wasser}]{\text{Aufspaltung}} \underset{\text{Säure-Ionen}}{H^+ + X^-}$$

$$\underset{\text{Wasserstoffion}}{H^+} + \underset{\text{Monomeres}}{CH_2{=}CH_2} \longrightarrow \underset{\text{Monomer-Ion}}{H-CH_2-CH_2^+}$$

Wie bei der Radikalketten-Polymerisation überträgt sich die Aktivierung auf das jeweils neu hinzutretende Monomer-Molekül; es bilden sich Makromoleküle.

Diese spezielle Art der Massepolymerisation (s. Abschnitt 2.2) wird auch Gasphasen-Polymerisation genannt. Die Reaktion erfolgt kontinuierlich in Rührautoklaven[8] oder doppelwandigen röhrenförmigen Druck-Reaktionsgefäßen (Rohrschlangen-Reaktoren). Die im Laufe der Polymerisation entstehende Wärme muß, beispielsweise über die Reaktorwand durch Druckwasserkühlung, abgeführt werden, um eine Zersetzung des Reaktionsgemisches zu verhindern. Der Bau von Apparaturen, die diesen hohen Beanspruchungen gewachsen sind, stellt eine großartige Ingenieurleistung dar. Das Polymerisat wird mit einer Temperatur von etwa 200 °C als zähe Masse aus dem Druckbehälter in einen Extruder abgelassen. Hier wird es mit Zusatzstoffen gemischt, zu dünnen Strängen oder Bändern geformt, abgekühlt und in Abschlagmaschinen zu Granulat zerkleinert.

Niederdruckverfahren. Ethylengas wird unter Rühren und strengem Ausschluß von Luft, Sauerstoff und Feuchtigkeit in die Aufschlämmung eines Katalysators in Dieselöl oder anderen Kohlenwasserstoffen eingeleitet.

Das *Ziegler-Verfahren* wird meist als Fällungspolymerisation (s. Abschnitt 2.2) durchgeführt. Als Katalysator werden Gemische von anorganischen Salzen – meist Titantetrachlorid – mit sogenannten metallorganischen Verbindungen – meist Triethylaluminium – verwendet.

Bei Normal- oder geringem Überdruck und Temperaturen zwischen 40 und 70 °C löst sich Ethylen in Dieselöl und reagiert an der Grenzfläche des suspendierten Katalysators. Weitere Monomere schieben sich zwischen Katalysator und reagiertes Ethylen, so daß die wachsende Kette sich immer weiter schiebt und nur mit dem reagierenden Ende am Katalysator hängt. Das entstehende Polyethylen ist unter den genannten Bedingungen in Dieselöl unlöslich und fällt in Flockenform aus. Es bildet sich schließlich ein Brei, der abge-

8) Autoklav: beheizbares Druckgefäß; auto (gr.), selbst; claudere (lat.), schließen.

trennt und von den darin verbliebenen Resten des Katalysators befreit wird. Das gereinigte und getrocknete Polyethylen ist pulverförmig.

Bei Temperaturen oberhalb 120 °C löst sich auch das gebildete Polyethylen im Dieselöl. Die Ziegler-Polymerisation wird dann als Lösungspolymerisation (s. Abschnitt 2.2) durchgeführt.

Das *Phillips-Verfahren* wird vorwiegend als Lösungs-Polymerisation durchgeführt. Als Katalysator werden Chromoxide auf anderen Metalloxiden, meist Aluminiumoxid, als Träger verwendet. Bei Drücken zwischen 30 und 50 bar und Temperaturen um 150 °C lösen sich Ethylen und das entstehende Polyethylen in den als Dispersionsmittel verwendeten gesättigten Kohlenwasserstoffen. Die fertige Polymerisatlösung wird vom Katalysator befreit und das Polymere durch Abdestillieren des Lösungsmittels oder Ausfällen durch Abkühlen der Lösung gewonnen. Das gereinigte und getrocknete Polyethylen fällt in feinkörniger Form an.

Bei Temperaturen unter 110 °C löst sich das entstehende Polyethylen nicht in den für die Katalysator-Aufschlämmung verwendeten Kohlenwasserstoffen (Durchführung als Fällungspolymerisation).

Das *Standard-Oil-Verfahren* wird ähnlich dem Phillips-Verfahren durchgeführt. Als Katalysatoren werden Molybdänoxide auf Aluminiumoxid als Trägermaterial verwendet. Die Reaktion wird bei 70 bar und ca. 200 °C durchgeführt. Als Dispersionsmittel dienen aromatische Kohlenwasserstoffe.

Durch Niederdruckverfahren erzeugtes Polyethylen wird, wie beim Hochdruckverfahren beschrieben, nach der Herstellung und Reinigung mit den erforderlichen Zusatzmitteln versehen und granuliert.

Der molekulare Aufbau des Polyethylens

Reine Ethylenpolymerisate sind gesättigte, hochmolekulare Kohlenwasserstoffe. Sie entsprechen deshalb in ihrem chemischen Verhalten den Paraffinen[9]. Die Makromoleküle sind mit Ausnahme der vernetzten Produkte untereinander chemisch nicht verbunden. Wegen seines symmetrischen Molekülaufbaues hat Polyethylen eine große Kristallisationsneigung (s. Abschnitt 2.3). Polyethylen gehört deshalb zu den teilkristallinen Thermoplasten.

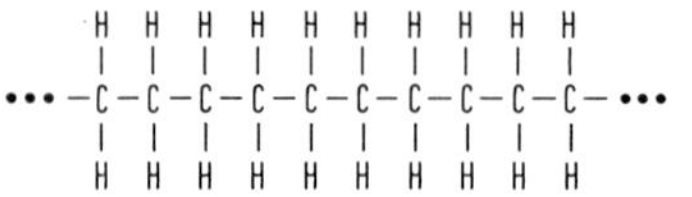

Formelschema des Polyethylen-Makromoleküls

$\bar{P}$: 700 ... 230 000

$\bar{M}$: 20 000 ... 6,5 Millionen

Je nach Herstellungsbedingungen (Druck, Temperatur, Verwendung von Initiatoren oder Katalysatoren) entstehen bei der Polymerisation von Ethylen entweder weitgehend lineare, also nicht oder nur wenig verzweigte, oder stärker verzweigte Makromoleküle (s. Bild 3.1-1). Die Verzweigungshäufigkeit wird als Verzweigungsgrad angegeben.

Diese unterschiedliche Molekülstruktur hat voneinander abweichende physikalische Eigenschaften zur Folge (s. Tabelle 3.1-1). Polyethylen mit wenig verzweigten Makro-

9) Paraffine: chem. Verbindungen mit geringer Reaktionsbereitschaft; parum (lat.), wenig; affinis (lat.), beteiligt, verwandt.

molekülen hat wegen der dicht gepackten Struktur eine höhere Kristallinität, d.h. der Anteil des Kunststoffes, der in kristallisierter Form vorliegt, ist relativ hoch. Wegen der höheren Kristallinität und des dadurch verursachten geringeren Abstandes benachbarter Makromoleküle hat dieses Polyethylen eine höhere Dichte (Bezeichnung daher „High-Density-Poly-Ethylen"[10], Polyethylen hoher Dichte, Kurzzeichen HDPE) und eine größere Festigkeit (Bezeichnung daher auch Hart-Polyethylen, Hart-PE).

Bild 3.1-1: Molekülstruktur von Polyethylen niederer Dichte (LDPE) und hoher Dichte (HDPE)
HDPE-Makromolekül (wenig verzweigt) – LDPE-Makromolekül (stärker verzweigt)

Polyethylen mit stärker verzweigten Makromolekülen hat wegen der sperrigen Molekülstruktur eine geringere Kristallinität als Polyethylen mit unverzweigten Makromolekülen. Wegen des dadurch hervorgerufenen größeren Molekülabstandes haben diese Polyethylene eine geringere Dichte (Bezeichnung daher Low-Density-Poly-Ethylen"[11], Polyethylen niederer Dichte, Kurzzeichen LDPE) und eine geringere Festigkeit (Bezeichnung daher auch Weich-Polyethylen, Weich-PE).

Tab. 3.1-1: Einfluß der Molekülstruktur (Verzweigungsgrad, Kristallinität) auf Eigenschaften von PE

Polyethylen-Art	Verzweigungsgrad (Zahl der Verzweigungen auf 1000 C-Atome)	Kristallinität (in %)	Rohdichte (in g/ml)	Festigkeit (Zugfestigkeit in N/mm^2)	Dehnbarkeit, Schlagzähigkeit	Schmelztemperatur (in °C)	maximale Einsatztemperatur (in °C)	Gasdurchlässigkeit
Weich-PE	hoch (ca. 30)	niedrig (ca. 40%)	niedriger (ca. 0,92)	geringer (ca. 10)	höher	niedriger (ca. 110°)	niedriger (ca. 80°)	höher
Hart-PE	gering (ca. 3)	hoch (ca. 70%)	höher (ca. 0,95)	höher (ca. 30)	geringer	höher (ca. 130°)	höher (ca. 100°)	niedriger

Neben dem Verzweigungsgrad hat die relative Molekülmasse Einfluß auf die physikalischen Eigenschaften von Polyethylen. Unter anderem steigt die Viskosität geschmolzener Kunststoffe mit wachsender relativer Molekülmasse. Daher kann man aus Viskositätsmessungen auf die relative Molekülmasse von thermoplastischen Kunststoffen schließen. Eine einfache Bestimmungsmethode für die Schmelzen-Viskosität besteht in der Ermittlung des Schmelzindex[12].

10) high density (engl.), hohe Dichte.
11) low density (engl.), niedrige Dichte.
12) Schmelzindex, melt flow index (engl.), MFI.

Er gibt diejenige Masse (in Gramm) an schmelzflüssigem Kunststoff (Thermoplasten) an, die während 10 Minuten bei einer bestimmten Temperatur und unter einer bestimmten auf die Schmelze wirkenden Kraft durch eine Düse (von 2,095 mm Durchmesser) gedrückt wird. Je nach Größe der Schmelzenviskosität werden Prüftemperatur und Kraft gewählt. Angaben über den MFI-Wert müssen daher beide Prüfgrößen enthalten; Beispiel: MFI 190/2,16 = 5 g/10 min bedeutet, daß der Schmelzindex bei 190 °C und der Prüfkraft von 2,16 kp zu 5 g/10 min ermittelt wurde. Der MFI-Wert ist also eine von vereinbarten Prüfbedingungen abhängige technologische Kenngröße zur Abschätzung des Fließverhaltens der Kunststoffschmelze. Unter verschiedenen Bedingungen ermittelte MFI-Werte können aber nicht ineinander umgerechnet werden. Mit steigendem MFI-Wert verbessert sich die Fließfähigkeit und nimmt die relative Molekülmasse beim gleichen Kunststoff ab.

Die relative Molekülmasse der beiden Polyethylen-Arten kann in weiten Grenzen variiert werden durch Zugabe von Wasserstoff oder anderen Verbindungen, die beim Hochdruckverfahren als Regler-Substanzen wirken (s. Abschnitt 2.2) bzw. bei den Niederdruckverfahren die Katalysatorwirkung aufheben. Allgemein können durch Niederdruckverfahren höhere relative Molekülmassen erreicht werden als bei dem Hochdruckverfahren. Polyethylen mit besonders hoher relativer Molekülmasse wird als „Ultra-High-Molecular-Weight-Poly-Ethylen[13]", Kurzzeichen UHMWPE, bezeichnet. Wegen der sehr großen Kettenlänge gehört dieses PE zur Gruppe der Thermoelaste (s. Abschnitt 2.3).

Die üblichen relativen Molekülmassen liegen bei LDPE zwischen etwa 20 und $50 \cdot 10^3$, für HDPE betragen sie über $100 \cdot 10^3$ bis 10^6 und für UHMWPE bis hinauf zu $6{,}5 \cdot 10^6$. Je höher die relative Molekülmasse ist, um so geringer ist die Neigung zur Kristallisation innerhalb der beiden PE-Gruppen. Mit steigender relativer Molekülmasse nehmen allgemein die Festigkeitseigenschaften, wie Streckspannung, Steifigkeit (E-Modul) ab. Dagegen erhöhen sich die Reißfestigkeit, Dehnung, Schlagzähigkeit, Verschleißfestigkeit sowie die Formbeständigkeit in der Wärme; ebenso verbessern sich die Beständigkeiten gegen Lösungsmittel und gegen Spannungsrißbildung[14]. Indessen nimmt mit steigender relativer Molekülmasse die Verarbeitbarkeit so stark ab, daß z.B. UHMWPE unter den üblichen Bedingungen nicht mehr spritzgießfähig ist.

Allgemeine Eigenschaften von Polyethylen

Im Vergleich zu den meisten anderen Kunststoffen besitzt Polyethylen niedrige Festigkeit, Härte und Steifigkeit, jedoch hohe Dehnbarkeit und sehr hohe Schlagzähigkeit (auch in der Kälte). Bei Langzeitbelastung kann starke Kriechverformung auftreten, der durch Zusatz von Kurzglasfasern (Werkstoff-Kurzzeichen dann: GF-PE) entgegengewirkt werden kann. PE hat einen wachsartigen Griff.

Die Einsatzgrenzen liegen für Weich-PE etwa zwischen −50 und +60 °C Dauertemperatur, für Hart-PE bis 80 °C; kurzfristig werden bis 80 bzw. 100 °C ausgehalten (s. Tabelle 3.1-1). PE besitzt eine große Wärmedehnung, besonders Weich-PE.

Je nach Schichtdicke, die zwischen der einer Folie oder einem mehrere Zentimeter dicken Block liegen kann, ist PE schwach bis stark milchig-getrübt („transparent" bis „transluzent") oder sogar undurchsichtig („opak"). Weich-PE hat dabei eine etwas bessere Transparenz als Hart-PE. PE hat häufig matte, unruhige Oberflächen.

13) ultra high molecular weight (engl.), überhohes Molekulargewicht (dt. Norm: ultrahohe relative Molekülmasse).

14) Spannungsrisse treten auf, wenn zu hohe mechanische Spannungen auf Kunststoffteile einwirken. Ihre Bildung wird durch Einwirkung bestimmter Flüssigkeiten begünstigt.

Alle beiden PE-Sorten haben ausgezeichnete elektrische Isoliereigenschaften und eignen sich auch für den Einsatz in der Hochfrequenztechnik. Sie weisen gute Kriechstrombeständigkeit auf, jedoch starke Neigung zur elektrostatischen Aufladung, der durch Zusätze von Graphit, Ruß oder Antistatika[15)] entgegengewirkt werden kann.

PE besitzt ausgezeichnete Beständigkeit gegen Säuren, Basen, polare organische Flüssigkeiten sowie Öle und Fette. Es ist nur mäßig oder unbeständig gegenüber Kohlenwasserstoffen, chlorierten Kohlenwasserstoffen und Oxidationsmitteln. Hart-PE ist dabei etwas beständiger als Weich-PE. Sehr gering sind Wasseraufnahme und Wasserdampfdurchlässigkeit, dagegen ziemlich hoch die Durchlässigkeiten gegenüber N_2, O_2 und CO_2. Beträchtlich ist die Empfindlichkeit gegenüber Spannungsrißbildung, vor allem bei Einwirkung von Tensiden[16)], Alkoholen, organischen Säuren, Silicon- und ätherischen Ölen sowie wäßrigen Alkalien. Am besten bewähren sich in diesen Fällen hochmolekulare Typen des Hart-PE bzw. Weich-PE. PE ist nicht witterungsbeständig; Abhilfe besteht im Zusatz von ca. 2,5% Ruß oder von bestimmten Pigmenten und Antioxidantien[17)] sowie UV-Absorbern. PE ist brennbar; Abhilfe: Zusatz von Flammschutzmitteln.

PE ist der wichtigste Massenkunststoff mit der größten Produktionsmenge.

Verarbeitung von Polyethylen

Die Schwerpunkte dieser leicht verarbeitbaren Thermoplastgruppe liegen für Weich-PE beim Extrudieren, Extrusionsbeschichten und bei der Kabelummantelung, für Hart-PE beim Extrusionsblasen (Blasformen), Spritzgießen, Rotations- und Wirbelsintern. PE wird ferner durch Thermoformen und Schweißen (außer HF-Schweißen) weiterverarbeitet. Kleben gelingt nur nach Vorbehandlung (Oxidation durch Abflammen oder Behandlung mit Chromschwefelsäure o. ä.). Aus PE werden auch Schaumstoffe hergestellt.

Verwendung von Polyethylen

Schlauch- und Flachfolien, Tafeln, Rohre, Voll- und Hohlprofile, Monofile, Netze und Netzschläuche, Blöcke; Schweißzusatzstäbe.

Draht- und Kabelummantelung (Bild 3.1-2), Schutzrohre für Kabel, elektrische Isolierteile. Pumpen-, Lüftergehäuse, Filter. Treibstoffkanister und -tanks (s. Bild 1.3-1), Scheibenwaschwasser- und Bremsölbehälter. Flaschen und Flaschenkästen, Dosen, Fässer, Säcke, Schrumpffolien, Schraubkappen, Verschlüsse; beschichtete Verpackungspapiere. Mörtelkübel, Heizöltanks, Abflußrohre, Toilettensitze.

Eimer, Schüsseln, Becher, Siebe; Kinderbadewannen, Mülltonnen. Tragetaschen, Einkaufsbeutel, Netze, Seile. Kunstrasen, Torfsäcke, Garten-Abdeckfolien. Sportplatzbeläge; Kinderspielzeug.

Injektionsspritzen.

15) Antistatikum: Wirkt durch hygroskopisches (wasseranziehendes) Verhalten, wodurch höhere elektrische Leitfähigkeit an der Oberfläche des Kunststoffs bewirkt wird. Elektrostatische Aufladung kann zum Verstauben, zur Funkenbildung und zu anderen Störungen führen.

16) Tenside: Stoffe, welche die Oberflächenspannung (tensio, lat.; Spannung) von Flüssigkeiten herabsetzen, z. B. Seifen, Waschmittel, Emulgatoren.

17) Antioxidantien wirken gegen den Angriff von Oxidationsmitteln (wie Sauerstoff, Ozon) am Kunststoff unter Wärmeeinfluß besonders bei der Verarbeitung, z. T. auch gegen Oxidation bei Lichteinwirkung.

Bild 3.1-2:
Fernsprechkabel mit PE-Adernisolierung und PE-Aluminium-PE-Schichtenmantel

Das Wichtigste in Kürze über Polyethylen

Polyethylen ist ein teilkristalliner, durch Polymerisation herstellbarer thermoplastischer Massenkunststoff. Zwei Haupttypen sind zu unterscheiden: 1. Das durch Hochdruckverfahren hergestellte PE niedriger Dichte (LDPE), das relativ biegsam und weich ist („Weich"-PE) und maximal bis 80 °C einsetzbar ist; 2. Das durch Niederdruckverfahren gewonnene PE hoher Dichte (HDPE), das fester und härter ist („Hart"-PE) und bis maximal 100 °C verwendet werden kann. Beide PE-Typen sind elektrisch hochwertige Isolierstoffe und chemisch sehr gut beständig. Wichtigste Verarbeitungsverfahren für LDPE sind Extrudieren, Beschichten und Ummanteln; für HDPE Blasformen, Spritzgießen und Extrudieren. Schwerpunkte der Anwendung sind Verpackungsmaterialien (besonders Folien) und -hohlkörper sowie Behälter, Chemieapparate- und Rohrleitungsbau, Kabel- und Drahtisolierungen, Haushaltsformteile (Eimer, Schüsseln und dergl.).

Modifizierte Ethylenpolymerisate

Polyethylen kann auf vielfältige Weise durch Mischen mit anderen fertigen Polymeren, durch Copolymerisation, durch Vernetzung oder durch chemische Reaktion am fertigen Kunststoff abgewandelt werden (s. Tabelle 3.1-2). Ziel ist dabei stets die Veränderung bestimmter Eigenschaften.

Mischungen (Polyblends) von Polyethylen werden meist untereinander oder mit anderen Polyolefinen durchgeführt, also beispielsweise LDPE mit HDPE oder PE mit PP bzw. PIB; PE-Copolymerisate werden auch mit Bitumen gemischt.

Als Copolymerisate des Ethylens haben sich besonders solche mit Propylen (Formel s. Abschnitt 3.1.2) oder Butylen (Formel von Buten-1 s. Abschnitt 3.1.3) sowie mit Vinylacetat, Ethylacrylat oder Acrylsäure technisch bewährt. Die Copolymerisate mit Tetrafluorethylen werden im Abschnitt 3.3.4 besprochen.

Tabelle 3.1-2: Modifizierte Ethylenpolymerisate

Chemische Reaktion bzw. Modifizierung	Verwendete Monomere bzw. Polymere	Kunststoff-Kurzzeichen
Copolymerisieren	Ethylen mit Propylen	PEP
	Ethylen mit Butylen	–
	Ethylen mit Vinylacetat	EVA
	Ethylen mit Ethylacrylat	EEA
	Ethylen mit Acrylsäure	–
	Ethylen mit Acrylsäure und Acrylsäuresalzen	–
Mischen (Polyblends)	Weich-Polyethylen mit Hart-Polyethylen	–
	Polyethylen mit Polypropylen	–
	Polyethylen mit Polyisobutylen	–
	Ethylen-Copolymerisate mit Bitumen	–
Chemisches Abwandeln:		
Vernetzen	Ethylen-Homo- und Copolymerisate	VPE
Chlorieren	Polyethylen	PEC

Copolymerisate mit anderen Olefinen

Die Copolymerisate von Ethylen mit Propylen bzw. Butylen werden meist im Niederdruckverfahren hergestellt. Diese Kunststoffe zeigen gegenüber Ethylen-Homopolymerisaten keine veränderten chemischen oder elektrischen Eigenschaften. Dagegen wird mit steigender Menge an Comonomeren die Zahl der Seitengruppen (der Verzweigungsgrad) erhöht und dadurch Kristallinität und Festigkeit herabgesetzt. Die physikalischen Eigenschaften dieser Kunststoffe liegen also zwischen LDPE und HDPE. Ethylen-Propylen-Copolymerisate (PEP) werden anschließend häufig noch vernetzt.

Eigenschaften, Verarbeitung und Verwendung dieser Olefin-Copolymerisate entsprechen weitgehend denen der Ethylen-Homopolymerisate.

Copolymerisate mit ungesättigten Estern

Copolymerisate von Ethylen mit Vinylacetat (Kurzzeichen EVA) oder Ethylacrylat (Kurzzeichen EEA), gegebenenfalls auch mit beiden Verbindungen, werden entweder nach dem Hochdruckverfahren oder nach neueren Lösungs- bzw. Emulsions-Polymerisationsverfahren (s. Abschnitt 2.2) hergestellt.

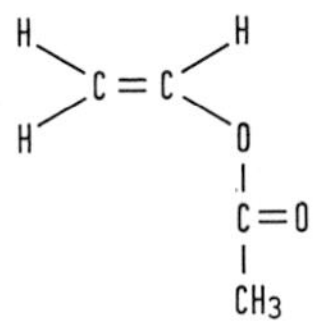

Vinylacetat-Formel

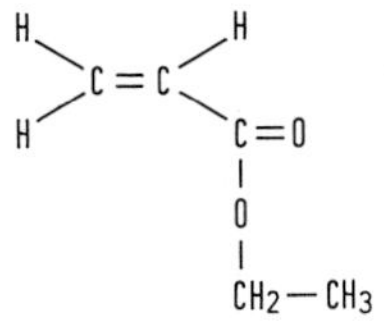

Ethylacrylat-Formel

Auch bei diesen Copolymerisaten kommt es mit zunehmender Menge an Comonomeren zur Erhöhung des Verzweigungsgrades und dadurch zu den beschriebenen physikalischen Veränderungen. Es entstehen schließlich kautschukelastische Thermoplaste (thermoplastische Elastomere, s. Abschnitt 2.3.1). Zusätzlich sind bei diesen Kunststoffen wegen der polaren[18)] Seitengruppen die chemischen Eigenschaften und damit auch die Beständigkeit gegenüber Licht, Witterung und ähnlichen Einwirkungen stark verändert.

Die Copolymerisate von Ethylen und Ethylacrylat (EEA) ähneln sehr denen mit Vinylacetat (EVA). Es wird daher nachfolgend nur über EVA berichtet. EEA ist von geringerer Festigkeit und Lichtdurchlässigkeit, aber dafür thermisch etwas beständiger.

Eigenschaften von Ethylen-Vinylacetat

Copolymerisate aus Ethylen und Vinylacetat werden in jedem Verhältnis der beiden Monomeren hergestellt. Bei Anwendung von mehr als 40% Vinylacetat (VAC) erhält man weichgummiartige Produkte, die entweder bei der Formgebung ähnlich wie Kautschuk vernetzt werden und daher als Elastomere anzusehen sind, oder die Zusatzstoffe zu Kautschuk, Bitumen, Kunststoffen oder Wachsen sind. Daher werden hier nur die Copolymerisate mit Anteilen von Vinylacetat bis zu 40% behandelt. Die Eigenschaften dieser Produkte werden auch nur insofern beschrieben, als sie erheblich von denen des PE abweichen.

Im Vergleich zu PE nehmen mit steigendem VAC-Gehalt die Steifigkeit und Härte ab. Dafür steigen Reiß- und Stoßfestigkeit, Biegsamkeit und Dehnvermögen.

Mit steigendem VAC-Gehalt nimmt die Formbeständigkeit in der Wärme ab; die Einsatzgrenzen betragen etwa −60 bis + 60 °C Dauertemperatur, kurzzeitig bis 70 °C.

Mit Zunahme des VAC-Gehalts nehmen Lichtdurchlässigkeit („Transparenz") und Glanz zu.

Erhöhung des VAC-Gehalts führt zu Verschlechterung der elektrischen Isolierwerte; EVA ist daher für die HF-Technik als Isolierwerkstoff ungeeignet. Allerdings nimmt entsprechend die Neigung zur elektrostatischen Aufladung und damit z. B. zur Staubanziehung ab.

Mit steigendem VAC-Gehalt verbessern sich die Spannungsriß- und die Witterungsbeständigkeit. Die allgemeine Chemikalienbeständigkeit wird jedoch schlechter und die Wasseraufnahme höher.

Die Kristallisation nimmt mit steigendem VAC-Gehalt ab; zugleich steigt die Rohdichte – im Gegensatz zu den PE-Homopolymerisaten – weil der Sauerstoffgehalt wächst.

Die EVA-Kunststoffe sind als Spezialkunststoffe einzuordnen. Sie lassen sich mit großen Anteilen an Füllstoffen versetzen und stehen z. T. in Konkurrenz zu Weich-PVC.

Verarbeitung und Anwendung von Ethylen-Vinylacetat

Die Verarbeitung entspricht weitgehend der von PE. Bei VAC-Gehalten über etwa 12% sind die Produkte auch HF-schweißbar. Sie sind besser zu verkleben als PE.

Anwendung: Folien, Schrumpffolien, Verbundfolien, Rohre bzw. Schläuche, Profile. Kabelummantelungen (auch stark mit Ruß gefüllte). Dichtungen (z. B. auch magnetische Haftdichtungen mit Gehalt an 90% magnetischem Ba-Ferrit), Verschlüsse, Faltenbälge.

18) Polar sind organische Verbindungen mit Gruppierungen, die außer Kohlenstoff und Wasserstoff noch Atome anderer Elemente, insbesondere Stickstoff, Sauerstoff, Fluor, Schwefel oder Chlor, enthalten bzw. die unsymmetrisch aufgebaut sind.

Tiefkühl-, Schrumpffolienverpackungen (z. B. für Brot), Beutel, Tragetaschen, Flaschen. Schalldämmende Platten (mit 40% Glimmer gefüllt).

Badesandalen, Haftsauger. Gewächshausfolien, Gartenschläuche. Bälle, Puppen (durch Zusatz von 60% Kreide lederartig).

Röntgenkontrastschläuche (mit 25% Ba-Sulfat als Kontrastmittel gefüllt).

Copolymerisate mit ungesättigten Säuren bzw. ihren Salzen

Auch Copolymerisate von Ethylen mit Acrylsäure oder mit Gemischen von Acrylsäure mit Salzen dieser Säure zeigen wegen der polaren Seitengruppen stark geänderte Eigen-

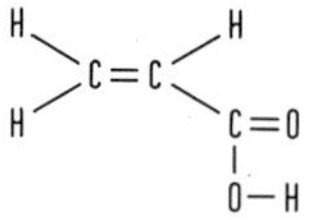

Acrylsäure-Formel

schaften. Die zuletzt genannten Copolymerisate sind amorphe, glasklare Thermoplaste, deren Makromoleküle infolge der eingebauten Ladungen (Ionen s. S. 40) besonders starke Kräfte aufeinander ausüben. Diese als „Ionomere" bezeichneten Kunststoffe zeigen daher erst bei relativ hohen Temperaturen thermoplastisches Verhalten.

Eigenschaften, Verarbeitung, Anwendung von Ethylen-Acrylsäure-Copolymeren

Durch den Einbau von Acrylsäure (AS) in die PE-Kette sind diese Copolymerisate (EAS) durch hohe Haftung auf Metallen ausgezeichnet, aber erheblich gegenüber Wärme und Oxidation empfindlicher als PE. Verarbeitet werden sie durch Extrusion, Beschichtung und durch Schaumstoff-Herstellung. Sie finden überall dort als Verbindungsschichten („Haftvermittler") Verwendung, wo unterschiedliche Werkstoffe oder Kunststoffe gemeinsam als „Verbundwerkstoffe" eingesetzt werden sollen. Beispiele sind Schichtenmantelkabel aus PE-EAS-Al-EAS-PE oder Verbundplatten aus Al-EAS-Al oder Verbundfolien PE-EAS-PA oder EAS-Al-Folie-EAS.

Eigenschaften, Verarbeitung, Anwendung von Ionomeren

Diese amorphen Copolymerisate zeichnen sich durch hohe Haftung auf Metallen und anderen Trägermaterialien bei hoher Abriebbeständigkeit aus. Sie sind für Dauertemperaturen von etwa -100 bis $+70$ °C geeignet, glasklar durchsichtig und besitzen mäßige elektrische Isoliereigenschaften. Im Vergleich zu PE sind sie gegen Säuren weniger, aber gut gegen Spannungsrißbildung beständig. Sie weisen eine ziemlich hohe Wasseraufnahme auf. Die Verarbeitungsmöglichkeiten entsprechen denen von PE, wobei auch sehr dünne Folien (bis 12 µm Dicke) extrudiert werden können.

Erhältlich sind Folien, Tafeln und Verbundfolien.

Verwendung: für Werkzeugstiele, Hammerköpfe, Lebensmittel-, Getränke- und Pharmaverpackungen sowie Ölflaschen, ferner für Schuhabsätze und -sohlen.

Chemisch abgewandeltes Polyethylen

Das Vernetzen von Homo- oder Copolymerisaten des Ethylens kann durch Einwirken energiereicher Strahlung oder durch Reaktion von zugegebenen Peroxiden bei höherer Temperatur erfolgen. Eine andere Vernetzungsmöglichkeit ist der Einbau reaktionsfähiger Gruppen in die Polymeren. Dies kann durch Copolymerisation mit Verbindungen, die zwei C-C-Doppelbindungen enthalten (sog. Diene; besonders bekannt geworden sind die Ethylen-Propylen-Dien-Copolymerisate, Kurzzeichen EPDM) oder durch chemische Reaktion des fertigen Polymeren mit Schwefeldioxid und Chlor („Sulfochlorierung") erreicht werden. So hergestellte bzw. behandelte Polymere können nach Zusatz geeigneter Chemikalien ähnlich wie Kautschuk „vulkanisiert", d. h. vernetzt werden.

Sehr lose, d. h. sehr weitmaschige Vernetzung von Polyethylen erhöht lediglich das Molekulargewicht um ein Vielfaches. Die neu gebildeten Riesenmoleküle sind jedoch untereinander nicht chemisch verbunden. Diese Kunststoffe verhalten sich ähnlich dem Polyethylen mit ultrahoher relativer Molekülmasse; es sind Thermoelaste.

Bei stärkerer, aber immer noch weitmaschiger Vernetzung sind schließlich alle Polyethylen-Makromoleküle untereinander verbunden. Diese Kunststoffe (Kurzzeichen VPE) zeigen gummielastisches Verhalten. Es sind Elastomere (s. Abschnitt 2.3.1), die nicht mehr durch Schmelzen geformt werden können. Vernetzt wird daher stets das Halbzeug bzw. das fertige Formteil.

Durch chemische Reaktion am fertigen Polymeren erhält man abgewandelte Polyethylene durch das bereits erwähnte Sulfochlorieren mit anschließender Vernetzung oder durch Chlorieren. Chloriertes Polyethylen (Kurzzeichen PEC) wird weniger zur Herstellung von Formteilen verwendet, sondern dient als Zusatzmittel zu Polyethylen zur Herabsetzung der Entflammbarkeit und zu Polyvinylchlorid zur Erhöhung der Schlagzähigkeit dieses Kunststoffs (s. Abschnitt 3.3).

Eigenschaften, Verarbeitung und Anwendung von vernetztem Polyethylen

Im Vergleich zu unvernetztem, thermoplastischem PE besitzen die vernetzten Materialien kautschukelastisches Verhalten, d. h. geringere Steifigkeit, bei höherer Zug- und Abriebfestigkeit und geringerer Kriechneigung. Je nach Vernetzungsverfahren sind sie langzeitig bis 130 - 200 °C, kurzzeitig zwischen 200 und 250 °C einsetzbar. Sie weisen bessere Beständigkeit gegen organische Flüssigkeiten und Spannungsrißbildung auf, haben aber höhere Gasdurchlässigkeit. Oft werden die vernetzbaren Produkte stark mit Ruß versetzt und durch Extrusion, Spritzgießen sowie Form- und Spritzpressen verarbeitet. Hierbei erfolgt die Vernetzung bei oder kurz nach der Formgebung. Sie sind nicht schweißbar, aber thermoformbar. An Halbzeugen sind verfügbar Rohre, Folien, Schläuche sowie Schrumpffolien und -schläuche.

Überwiegend werden VPE-Produkte verwendet als Drahtisolierung, für Kabelmäntel und elektrische Isolierschläuche; ferner im chemischen Apparatebau für Rohrleitungen, Behälter, Pumpen, Filter, Dichtungen, Membranen, für Unterbodenheizungen von Räumen und Sportplätzen sowie für Ummantelungen von Rollen und Walzen beim Fördern heißer Güter.

3.1.2 Polypropylen

Propylen

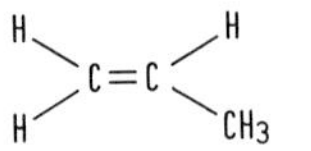

Propylen-Formel

Chem. Verbindung; chem. Bezeichnung auch: Propen; chem. Formel: C_3H_6; farbloses Gas, das bei −48 °C flüssig wird; Gewinnung als Nebenprodukt in Crackanlagen der Erdölindustrie (s. S. 25).

Der Weg zum Polypropylen

Polypropylen wird unter Verwendung von Ziegler-Natta-Katalysatoren (s. Abschnitt 3.1.1) vorwiegend durch Niederdruckverfahren in gesättigten Kohlenwasserstoffen bei Drücken von 1 bis 5 bar und Temperaturen von 30 bis 80 °C hergestellt. Daneben ist es auch möglich, die Polymerisation im verflüssigten Monomeren selber (Massepolymerisation) oder mit Hilfe spezieller Katalysatoren in der Gasphase durchzuführen.

Die Abtrennung vom Katalysator und von den als Dispersionsmittel für den Katalysator verwendeten Kohlenwasserstoffen sowie die Trocknung und Weiterverarbeitung zum Granulat erfolgt wie bei Polyethylen.

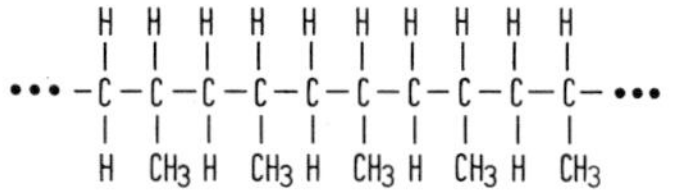

Formelschema des Polypropylen-Makromoleküls

$\bar{P}$: 3 500 ... 35 000

$\bar{M}$: 150 000 ... 1,5 Millionen

Der molekulare Aufbau des Polypropylens

Die Makromoleküle von Polypropylen entstehen durch die Verwendung von Ziegler-Natta-Katalysatoren (stereospezifische Polymerisation[19]) weitgehend in einem bestimmten hohen räumlichen Ordnungszustand als sog. isotaktisches Polypropylen.

Im Gegensatz zu Ethylen gibt es für Propylen wegen seiner seitenständigen CH_3-Gruppe (Methyl-Seitengruppe) mehrere Möglichkeiten zur räumlichen (sterischen) Einordnung in die Polymerkette (s. Bild 3.1-3). Die Seitengruppen können räumlich ungeordnet sein (ataktisch) oder von der Kohlenstoff-Hauptkette räumlich geordnet in gleicher Richtung (isotaktisch) bzw. regelmäßig abwechselnd in entgegengesetzter Richtung (syndiotaktisch) abzweigen[20].

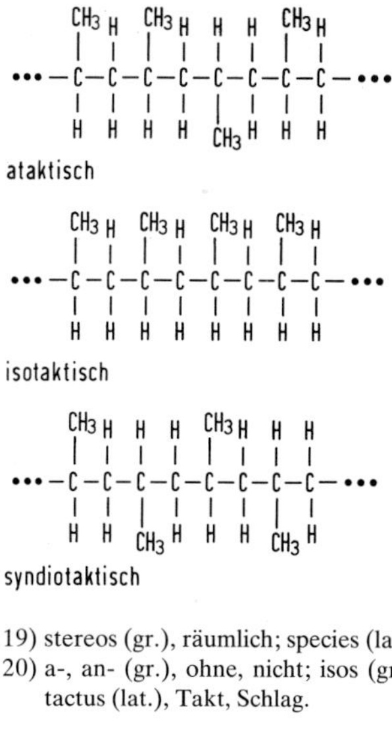

Bild 3.1-3:
Molekularer Aufbau von Polypropylen

19) stereos (gr.), räumlich; species (lat.), Aussehen, Gestalt.

20) a-, an- (gr.), ohne, nicht; isos (gr.), gleich; syn (gr.), zusammen, gemeinsam; diadochos (gr.), abwechselnd; tactus (lat.), Takt, Schlag.

Ähnliche Unterschiede im Molekülaufbau können auch bei den Polymerisaten anderer höherer Olefine (s. Abschnitt 3.1.3) sowie einiger Vinylverbindungen (s. S. 20) auftreten.

Technisches isotaktisches Polypropylen enthält ca. 10% ataktische Makromoleküle bzw. Kettenabschnitte als Nebenprodukt. Die isotaktischen Anteile können durch die erwähnte Gasphasenpolymerisation noch weiter erhöht werden. Durch Änderung des Gehalts an ataktisch gebautem Polypropylen können einige Eigenschaften dieses Kunststoffs beeinflußt werden.

Isotaktisches Polypropylen

Wegen des regelmäßigen räumlichen Aufbaues ist isotaktisches Polypropylen in hohem Grade zur Kristallisation befähigt (teilkristalliner Thermoplast). Daraus ergibt sich für diesen Kunststoff eine im Vergleich zu HDPE höhere Festigkeit sowie höhere Schmelz- und Erweichungstemperatur-Bereiche. Dagegen ist die Dichte von isotaktischem Polypropylen wegen der zahlreichen Methyl-Seitengruppen niedriger als die von LDPE.

Eigenschaften von isotaktischem Polypropylen

Polypropylen ähnelt Hart-PE; es ist jedoch fester, biegesteifer und härter, aber schlagempfindlicher unterhalb 0 °C. Seine mechanischen und thermischen Eigenschaften werden durch Orientierung (Recken von Folien) oder durch Zusatz von Asbest- oder Glasfasern (Kurzzeichen dann: AF-PP bzw. GF-PP) verbessert. PP zeigt ausgeprägt den sog. „Filmscharnier-Effekt"[21)].

Einsatzgrenzen von 0 bis 100 °C Dauertemperatur, kurzfristig bis 150 °C; Spezialtypen (mit Zusätzen von ataktischem PP bzw. PEP-Copolymerisaten) auch bis −30 °C, biaxial gereckte (orientierte) Materialien sogar bis −50 °C. Große Wärmedehnung, die aber etwas geringer als die von PE ist.

PP-Formteile sind meist undurchsichtig-weiß. Dünnwandige Teile bzw. Folien sind durchscheinend bis lichtdurchlässig bei milchiger Trübung. Biaxial gereckte PP-Folien sind fast glasklar.

Die elektrischen Eigenschaften von PP ähneln denjenigen von PE.

Auch die Beständigkeit von PP entspricht weitgehend der von PE. PP ist aber oxidationsempfindlicher an Luft, aber weniger spannungsrißempfindlich als PE. Gegenüber Witterungseinflüssen ist PP noch weniger beständig als PE.

PP ist ein technischer Thermoplast, dessen Anwendung sich stark ausweitet, so daß PP bald ein Massenkunststoff werden könnte.

Verarbeitung von Polypropylen

Im Vordergrund stehen Spritzgießen und Extrudieren von Platten und Rohren, Folienblasen, ferner auch Extrusionsblasen. PP kann durch Thermoformen und Kaltumformen weiterverarbeitet werden. PP ist nicht HF-schweißbar und kann nur nach Vorbehandlung (s. S. 45) geklebt werden. Die galvanische Metallisierung ist mit Spezialtypen, die meist TiO_2 enthalten, möglich.

Verwendung von isotaktischem Polypropylen

Blas- und Flachfolien, Tafeln, Rohre, Monofile; Schweißzusatzstäbe.

21) Filmscharnier: Durch Recken oder Prägen verfestigte, dünne filmartige Stege, die dickere Formteilbereiche beweglich, aber unlösbar verbinden. Z. B. Etui, dessen Boden und Deckel mit Filmscharnier aus einem „Stück" gespritzt sind.

Elektrotechnische Teile; Rohrleitungen und Fittings, Armaturen, Filterplatten, Färbespulen, Laugenpumpen, Siebe; Luftfiltergehäuse, Autoheizkanäle (Bild 3.1-4), Batteriekästen, Gaspedale; Säcke, Hohlkörper, Verpackungsbänder, Seile, Taue; Klosettdeckel; Gehäuse für Staubsauger, Teile für Tischrührmaschinen, Waschmaschinentrommeln.

Bild 3.1-4:
Beheizungs- und Lüftungsteile für PKW aus PP bzw. Talkum-verstärktem PP

Teppichgewebe, Möbelscharniere, Sitzschalen, Verpackungshohlkörper z.B. Quetschflaschen für Puder; Etuis, Koffer, Schuhabsätze, Schnallen, Haushaltwaren, Bindfaden; künstlicher Rasen, Erntebindegarn; Skipisten, Sportplatzböden, Spielzeug wie Puppenteile.

Sterilisierbare medizinische Geräte, Infusionsbehälter.

Das Wichtigste in Kürze über isotaktisches Polypropylen

Das hochkristalline PP wird durch Polymerisation hergestellt. Es ist isotaktisch aufgebaut und ein thermoplastisches Polyolefin. PP ist fester, härter und belastbarer als PE sowie bis max. 150 °C einsetzbar. Es besitzt eine geringere Dichte als LDPE. PP ist wie PE ein sehr guter elektrischer Isolierwerkstoff und chemisch sehr gut beständig. Wichtigste Verarbeitungsverfahren sind Spritzgießen und Extrudieren. Schwerpunkte der Anwendung sind Spritzgießteile für die Elektrotechnik, Automobile, Chemieapparate, Haushaltsgeräte, sowie Teile mit Filmscharnier und Platten bzw. Rohre für die Chemietechnik und den Rohrleitungsbau.

Ataktisches Polypropylen

Die Makromoleküle von ataktischem Polypropylen kristallisieren im Gegensatz zu isotaktischem PP wegen des fehlenden räumlichen Ordnungszustandes kaum (amorpher Thermoplast). Dieser Kunststoff hat deshalb eine geringere Dichte und Festigkeit sowie niedrigere Schmelz- und Erweichungstemperaturen und ist bei Raumtemperatur klebrig und kautschukelastisch.

Eigenschaften, Verarbeitung und Anwendung von ataktischem Polypropylen

Dieses überwiegend amorphe Material ist klebrig-weich bis weichgummiartig. Seine Einsatzgrenzen liegen etwa von −15 bis +120 °C. Es ist farblos, aber etwas getrübt. Häufig wird es nach Zusatz großer Mengen an mineralischen Füllstoffen (Kalksteinmehl, Asbest,

Kaolin oder Schwerspat) durch Beschichten anderer Materialien oder durch Gießen verarbeitet. Es findet Verwendung in der Elektrotechnik als Vergußmasse, im Apparatebau als Dichtungsmasse, für Fahrbahnmarkierungsmassen und PKW-Dämmstoffe, beschichtete Verpackungspapiere, Baudichtungs- und -dachbahnen sowie für die Teppichrückseiten-Beschichtung. Ferner dient ataktisches Polypropylen als Zusatzstoff zu Bitumen, Kautschuk, Mineralöl und Klebstoffen.

Modifizierte Propylenpolymerisate

Polypropylen kann wie Polyethylen durch verschiedene Maßnahmen in seinen Eigenschaften verändert werden.

Mischungen von Polypropylen mit Polyethylen wurden bereits im Abschnitt 3.1.1 erwähnt.

Die Copolymerisation von Propylen mit geringen Mengen Ethylen an Ziegler-Natta-Katalysatoren (Niederdruckverfahren) führt zu Kunststoffen mit geordnetem, isotaktischem Aufbau, deren Eigenschaften zwischen denen von PP und PE liegen.

Copolymerisate von Propylen mit größeren Ethylenanteilen (Kurzzeichen PEP) wurden bei Polyethylen (Abschnitt 3.1.1) abgehandelt.

3.1.3 Weitere Polyolefine

Polyisobutylen

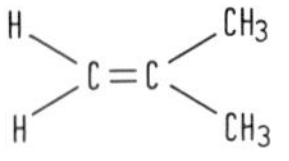

Isobutylen-Formel

Isobutylen

Chem. Bezeichnung auch: Isobuten; chem. Formel: C_4H_8; Gas, das bei −7 °C flüssig wird; Gewinnung aus Erdöl-Crackgasen.

Polyisobutylen wird bei tiefen Temperaturen zwischen −10 und −80 °C mit Borfluorid oder Aluminiumchlorid als Katalysator durch Lösungspolymerisation (s. Abschnitt 2.2) hergestellt. Die verwendeten niedrigsiedenden Lösungsmittel, beispielsweise Propan oder Methylchlorid, verdampfen durch die entstehende Polymerisationswärme und werden wiedergewonnen.

Die Makromoleküle von Polyisobutylen sind wegen der beiden seitenständigen Methylgruppen des Monomeren nicht kristallin geordnet (amorpher Thermoplast).

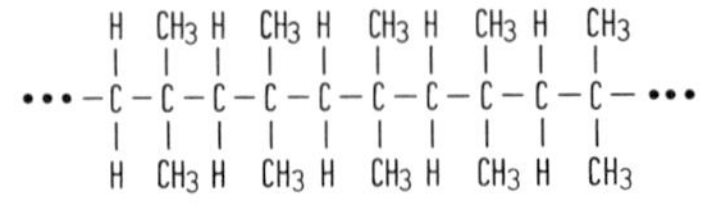

Formelschema des Polyisobutylen-Makromoleküls

$\bar{P}$: 7 000 ... 90 000

$\bar{M}$: 400 000 ... 5 Millionen

Technisch eingesetzt werden Mischungen von Polyisobutylen mit LDPE und HDPE (s. Abschnitt 3.1.1) sowie mit PP.

Als Copolymerisate sind solche mit 1 bis 5% Methylbutadien-1,3 (Isopren) im Einsatz, die wegen der C-C-Doppelbindungen des Diens nachträglich noch vernetzt werden können. Solche Copolymerisate stellen also einen synthetischen Kautschuk (Butylkautschuk) dar, der zu einem Synthesegummi (Elastomer) umgewandelt werden kann.

Eigenschaften von Polyisobutylen

Auf dem Markt sind Produkte unterschiedlicher relativer Molekülmasse (Molgewicht, $\overline{M}$). So liegen vor: viskose Öle ($\overline{M}$ 820), klebrige bis weichpastische Massen ($\overline{M}$ 50 000 bis 400 000) und rohgummiartige Materialien ($\overline{M}$ 1 300 000 bis 4 700 000). Hier wird nur über das zuletzt genannte thermoplastische PIB berichtet.

Das weichgummiartige, wie Rohkautschuk leicht klebrige Polyisobutylen hat starke Neigung zur Kriechverformung bei Dauerbelastung, sehr geringe Festigkeit und Steifigkeit sowie hohe Dehnung. Es wird deshalb mit Ruß und Graphit oder Talkum versetzt.

Es ist langzeitig einsetzbar von −30 bis +65 °C, kurzzeitig von −50 bis +80 °C, wobei oberhalb 50 °C ein mechanischer Schutz (z. B. durch Vormauerung von PIB-Behälterauskleidungen) erforderlich ist. Es weist mittlere Wärmedehnung auf.

PIB ist glasklar und farblos, infolge von Graphit- und Rußzusätzen natürlich dann schwarz und undurchsichtig.

Es hat ausgezeichnete elektrische Isoliereigenschaften und dielektrische Werte, außer den mit Ruß bzw. Graphit gefüllten Typen.

Seine Beständigkeit gegen Säuren, Alkalien, Salzlösungen ist mit Ausnahme von Oxidationsmitteln (z. B. konz. Salpetersäure) sehr gut. Es ist unlöslich in polaren organischen Lösungsmitteln (niederen Estern, Ketonen, Alkoholen), wird aber von Kohlenwasserstoffen und Halogenkohlenwasserstoffen, Fetten und Ölen angegriffen. Die Wasserdampf- und Gasdurchlässigkeiten sind gering. Die Alterungsbeständigkeit ist schlecht, durch Zusatz von Ruß aber ausgezeichnet.

Verarbeitung von Polyisobutylen

PIB wird durch Kalandrieren, Extrudieren, Beschichten von Lösungen oder Dispersionen verarbeitet. Es kann geklebt und durch Warmgasschweißen verbunden werden.

Verwendung von Polyisobutylen

Folien und Platten.

Behälterauskleidung, korrosionsbeständige Rohrummantelung, Dichtungen; Bau-, Dach-, Tunnel- und Brückendichtungsbahnen, Fugendichtungen.

Schwimmbadabdichtungen.

Polybuten-1

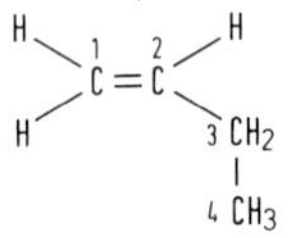

Butylen-1-Formel

Butylen-1[22)]

Chem. Bezeichnung auch: Buten-1; chem. Formel: C_4H_8; Gas, das bei −6 °C flüssig wird; Gewinnung aus Erdöl-Crack-Gasen.

Polybuten-1 wird mit Ziegler-Natta-Katalysatoren nach einem Niederdruckverfahren (s. Abschnitt 3.1.1) hergestellt. Es hat weitgehend isotaktischen Aufbau (s. Abschnitt 3.1.2) und ist ein teilkristalliner Thermoplast.

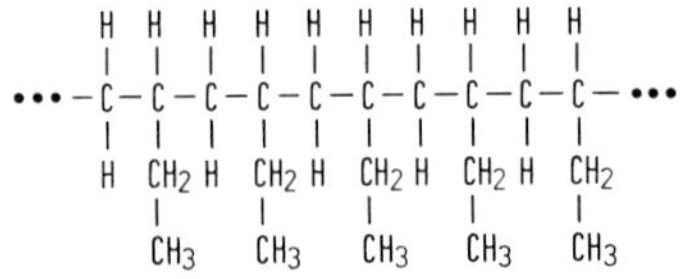

Formelschema des Polybuten-1-Makromoleküls

$\bar{P}$: 9 000 ... 25 000

$\bar{M}$: 750 000 ... 2 Millionen

Copolymerisate von Buten-1 mit Ethylen wurden bereits im Abschnitt 3.1.1 behandelt. Außerdem wird Polybuten-1 mit 1 bis 5% den Kunststoffen PE, PP und PS zur Verbesserung der Schlagzähigkeit zugesetzt.

Eigenschaften, Verarbeitung und Verwendung von Polybuten-1

PB besitzt Festigkeiten und Steifigkeiten zwischen Hart-PE und Weich-PE, aber geringere Kriechverformung als PE und PP besonders bei höheren Temperaturen. Dauereinsatztemperaturen liegen im Bereich von 0 bis 100 °C, kurzzeitiger Einsatz bis 130 °C. Die Wärmedehnung ist groß, etwa wie PP. Die elektrischen und Beständigkeitseigenschaften ähneln sehr denen von PE und PP, es ist aber hervorragend spannungsrißbeständig.

Es wird vor allem durch Extrusion zu Fußbodenheizungsrohren für Temperaturen bis etwa 100 °C verarbeitet.

Poly-4-methylpenten-1

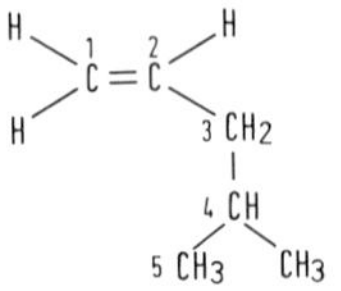

4-Methylpenten-1-Formel

4-Methylpenten-1[23)]

Chem. Formel: C_6H_{12}; Flüssigkeit, die bei ca. 54°C siedet; Gewinnung in Crackanlagen der Erdölindustrie.

22) Die Zahl gibt die Stellung der C-C-Doppelbindung (-en-1: Doppelbindung am Kohlenstoffatom Nr. 1) wieder.

Auch Poly-4-methylpenten-1 wird in Niederdruckverfahren mit Ziegler-Natta-Katalysatoren hergestellt. Es entstehen räumlich geordnete, isotaktische (s. Abschnitt 3.1.2) Makromoleküle; der Kunststoff ist ein teilkristalliner Thermoplast.

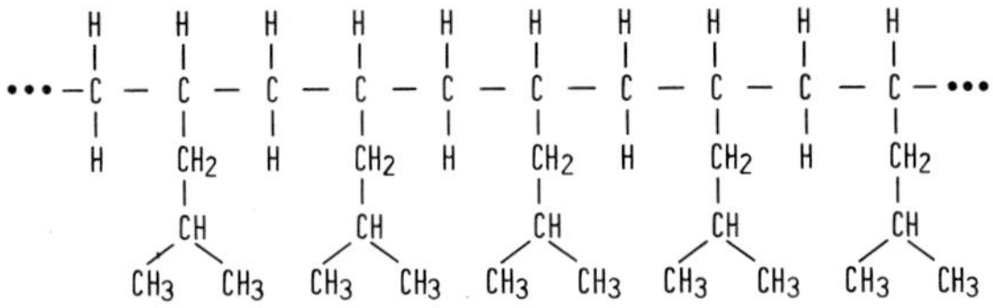

Formelschema des Poly-4-methylpenten-1-Makromoleküls

$\bar{P}$: 5 000 ... 10 000

$\bar{M}$: 500 000 ... 800 000

Eigenschaften von Poly-4-methylpenten-1

Unter den Polyolefinen ist PMP derjenige mit der höchsten Steifigkeit, der geringsten Dehnung und dem besten Zeitstandverhalten; es besitzt aber nur geringe Kerbschlagzähigkeit.

Dauereinsatztemperatur: 0 bis 120 °C, kurzzeitiger Einsatz bis 180 °C. Die Wärmedehnung ist groß.

PMP ist weitgehend glasklar, z. T. aber auch leicht milchig getrübt.

Es hat sehr gute elektrische Isoliereigenschaften und ist auch für den Einsatz im HF-Gebiet geeignet.

PMP ist beständig gegen Säuren (außer oxidierende Säuren), Alkalien und Salzlösungen, Fette und Öle. Es wird angegriffen von Kohlenwasserstoffen, Halogen-Kohlenwasserstoffen, Estern, Ketonen und Alkoholen und neigt zur Spannungsrißbildung. Es ist nicht witterungsbeständig und ist brennbar.

Verarbeitung von Poly-4-methylpenten-1

Diese erfolgt vor allem durch Spritzgießen, aber auch Blasformen; die Extrusion ist schwierig. PMP kann warmgeformt und geschweißt werden. Es ist allerdings nicht HF-schweißbar und kann nur nach Vorbehandlung geklebt werden.

Verwendung von Poly-4-methylpenten-1

Verfügbar sind Rohre, Profile, Stäbe, Tafeln und Folien. Hergestellt werden: durchsichtige Gehäuse, Sichtgläser; Lampenabdeckungen. Geschirr, Folien für aufzuwärmende Fertiggerichte. Besonders auch medizinische und chemische Laborgeräte.

23) Die Zahlen geben die Stellung der C-C-Doppelbindung (-en-1: Doppelbindung am Kohlenstoffatom Nr. 1) bzw. seitenständiger Methylgruppen (4-Methyl: Methylgruppe am Kohlenstoffatom Nr. 4) am Monomeren wieder.

3.2 Polystyrol-Kunststoffe

Geschichtliches

Der Berliner Apotheker E. Simon gab 1839 einer leicht beweglichen Flüssigkeit, die er durch Destillation aus Styrax-Balsam[24)] erhalten hatte, den Namen Styrol. Er beobachtete auch bereits die allmähliche Umwandlung des wasserklaren, flüssigen Styrols in eine durchsichtige, zähe Masse. Die Chemiker J. Blyth und A. W. Hofmann gingen 1845 in London dieser Beobachtung nach und erhielten bei höherer Temperatur aus Styrol feste, glasartige Produkte. Da die Bruttozusammensetzung an Kohlenstoff und Wasserstoff dabei unverändert blieb, nannte M. Berthelot (Paris) 1866 diesen Vorgang Polymerisation. Berthelot beschrieb 1868 auch die erste künstliche Bildung von Styrol durch Wasserstoffabspaltung aus Ethylbenzol, die heute noch Grundlage aller großtechnischen Styrolsynthesen ist.

1922 berichteten C. Moureu und C. Dufraisse in Frankreich über eine wirksame Verhinderung (Inhibierung) der von selbst einsetzenden Polymerisation[25)] des Styrols. In den folgenden Jahren wurde in Deutschland und den USA an der technischen Synthese von Styrol und Styrolpolymerisaten gearbeitet. Die Produktion von Polystyrol wurde 1930 im Werk Ludwigshafen der damaligen I. G. Farbenindustrie AG, heute BASF AG, Ludwigshafen/Rhein, aufgenommen. Polystyrol ist damit der erste technisch hergestellte vollsynthetische Thermoplast. Bereits im gleichen Jahr (1930) konnte H. Staudinger (Freiburg), zehn Jahre nach seinen grundlegenden Arbeiten über die makromolekulare Chemie, das Strukturmodell für Polystyrol vorlegen.

Von der jährlich steigenden Produktion an Monostyrol wurden bis zur Mitte der vierziger Jahre nur etwa 10% für die Herstellung von Polystyrol verwendet. Der überwiegende Anteil wurde zur Herstellung von Synthesekautschuk, insbesondere Butadien-Styrol-Kautschuk, verarbeitet.

Nach 1945 wurden neue Polystyrol-Kunststoffe zunächst hauptsächlich in den USA hergestellt. Die Entwicklung begann mit der Modifizierung von Polystyrol durch Kautschukelastomere zu schlagzähem Polystyrol (Styrol-Butadien, SB). 1948 folgten Polymerenmischungen von Styrol-Acrylnitril-Copolymeren mit Butadien-Acrylnitril-Kautschukelastomeren unter dem Kurzzeichen ABS. Die 1951 nach dem „Styropor-Verfahren" der BASF AG hergestellten Polystyrol-Schaumstoffe kamen 1955 auf den deutschen Markt. Im gleichen Jahr wurde die Produktion von Styrol-Acrylnitril-Kunststoffen (SAN) wieder aufgenommen. Nach 1962 setzte sich die Gruppe der schlagzähen Polystyrole an die Spitze des Verbrauchs unter den Polystyrol-Kunststoffen. Zur Entwicklung der jüngsten Zeit gehören neue hochschlagzähe Polystyrol-Typen, beispielsweise Pfropfcopolymerisate zum Aufgalvanisieren von metallischen Überzügen sowie licht- und witterungsbeständige Modifizierungen (ASA, 1969; AES[26)], 1976). Neue Herstellungs- und Verarbeitungsverfahren brachten die Polystyrol-Schaumstoffe in eine führende Position unter den sogenannten harten Kunststoff-Schaumstoffen. Zusätzlich sind Mischungen von ABS mit anderen Thermoplasten (z. B. Polyvinylchlorid oder Polycarbonat) zur Anwendung gekommen.

Bereits 1967 waren zwei Drittel aller erzeugten Polystyrol-Kunststoffe modifizierte Produkte. Wegen ihrer großen Anwendungsbreite sind Polystyrol-Kunststoffe nach den Polyolefinen und Polyvinylchlorid die drittgrößte Kunststoffgruppe.

24) auch Storax liquidus, flüssiges Storax; gewonnen aus der Rinde einer vorderasiatischen Baumart.

25) Selbstpolymerisation, Autopolymerisation.

26) AES: Acrylnitril-EPDM-Styrol-Copolymere; EPDM s. S. 50.

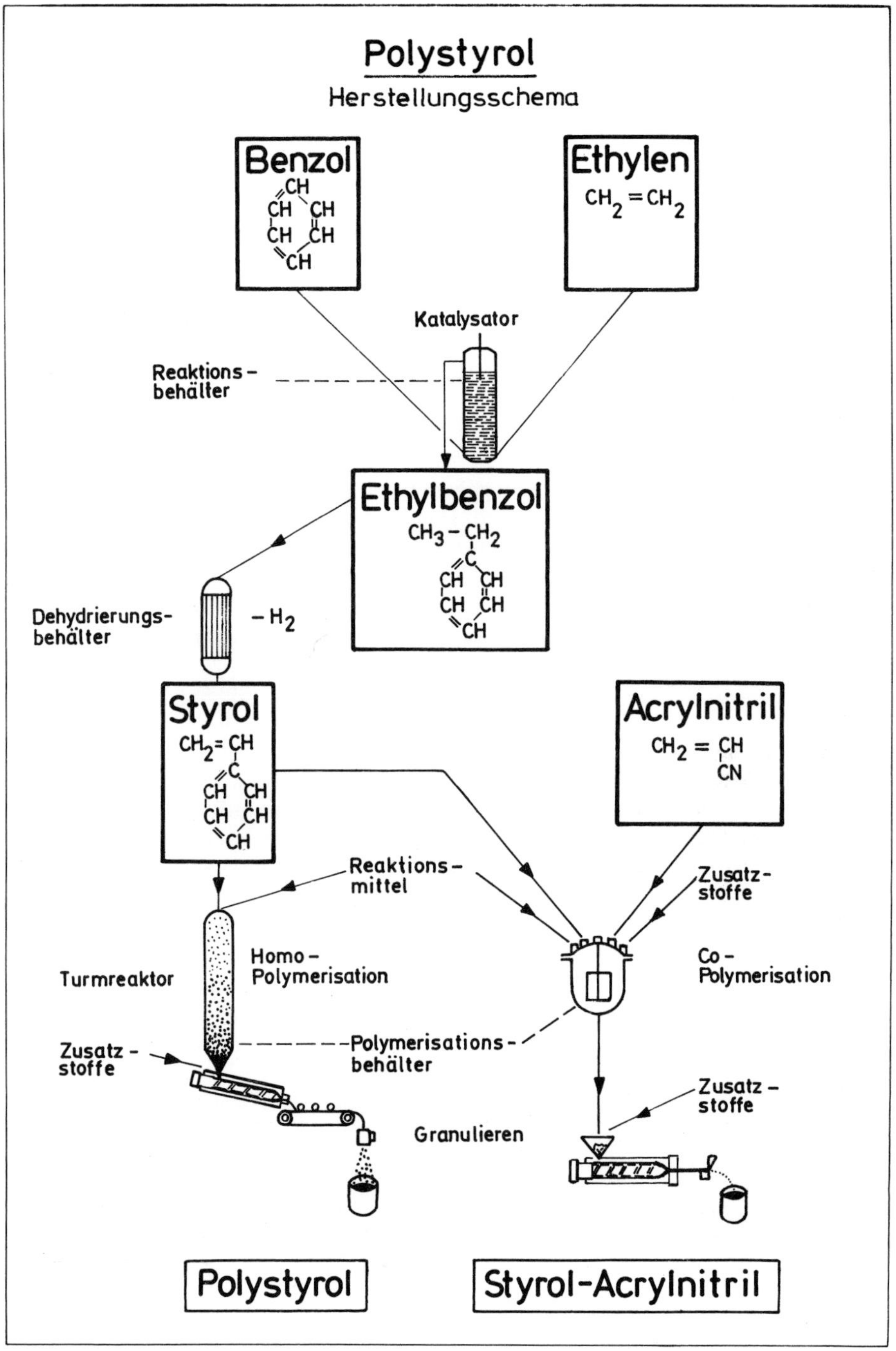
Polystyrol
Herstellungsschema
Benzol
Ethylen
$CH_2=CH_2$
Katalysator
Reaktions-behälter
Ethylbenzol
CH_3-CH_2
Dehydrierungs-behälter
$-H_2$
Styrol
$CH_2=CH$
Acrylnitril
$CH_2=CH$
CN
Reaktions-mittel
Zusatz-stoffe
Turmreaktor
Homo-Polymerisation
Co-Polymerisation
Zusatz-stoffe
Polymerisations-behälter
Granulieren
Zusatz-stoffe
Polystyrol
Styrol-Acrylnitril

3.2.1 Polystyrol (PS)

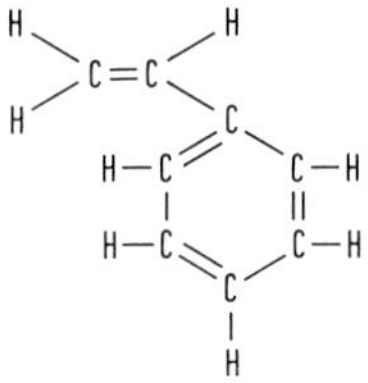

Styrol-Formel

Styrol

Chem. Bezeichnung auch: Vinylbenzol; engl.: styrene; chem. Formel: C_8H_8; wasserklare, leicht bewegliche Flüssigkeit von süßlichem, leuchtgasähnlichem Geruch; Siedepunkt 145 °C; Herstellung aus Benzol und Ethylen über Ethylbenzol; Aufbewahrung mit Polymerisations-Inhibitoren.

Der Weg zum Polystyrol

Monostyrol ist sehr reaktionsfähig und polymerisiert bereits bei Raumtemperatur unter dem Einfluß von Licht und Luftsauerstoff. Den Monomeren werden zur Lagerung daher stets Inhibitoren zugesetzt, die vor der Polymerisation durch Auswaschen oder Destillieren entfernt werden.

Die Herstellung der Styrol-Homopolymerisate erfolgt meist durch Masse- oder Suspensionspolymerisation. Daneben sind Lösungs- und Fällungspolymerisationsverfahren möglich.

Bei der Massepolymerisation wird Styrol rein thermisch durch erhöhte Temperatur oder zusätzlich durch Zugabe von Initiatoren (radikalische Polymerisation, s. Abschnitt 3.1.1) zur Reaktion angeregt. Besonders bewährt haben sich kontinuierliche Verfahren in Turm- oder Rührkesselreaktoren. Beide Durchführungsarten der Massepolymerisation führen zu sehr reinen Polymerisaten. Beim Turmverfahren wird Styrol zunächst bei 80 °C zu etwa 30% anpolymerisiert. Die sirupartig fließende Masse polymerisiert dann im eigentlichen Turmreaktor bei von oben nach unten steigenden Temperaturen zwischen 110 und 180 °C aus. Das fertige Polystyrol wird bei etwa 220 °C als zähe Schmelze mit einer starken Förderschnecke am unteren Ende des Reaktors ausgetragen, zu Strängen oder Bändern geformt, abgekühlt und granuliert.

Bei der Massepolymerisation in Rührkesselreaktoren wird mit höheren Polymerisationstemperaturen gearbeitet. Der dadurch höhere Restmonomerengehalt muß in speziellen Entgasungsvorrichtungen aus dem Polymeren entfernt werden. Nach diesem Verfahren hergestelltes Polystyrol besitzt bei gleicher mittlerer relativer Molekülmasse eine gegenüber dem Turmreaktor-Polystyrol engere Verteilung der relativen Molekülmasse.

Bei der Suspensionspolymerisation (s. Abschnitt 2.2) wird mit Peroxid-Initiatoren versetztes Styrol zu kleinen Tröpfchen in Wasser verteilt, bei 70 bis 90 °C anpolymerisiert und bei 90 bis 120 °C und ca. 5 bar Druck auspolymerisiert. Das in Form kleiner Perlen anfallende Polystyrol wird durch Schleudern oder Filtrieren vom Wasser getrennt, gewaschen und getrocknet. Der Arbeitsgang des Granulierens kann entfallen.

Polystyrol besteht aus weitgehend unverzweigten Makromolekül-Ketten. Die Benzol-Seitengruppen stehen räumlich ungeordnet (ataktisch, s.S. 51) an den Makromolekülen; Polystyrol ist ein amorpher Thermoplast.

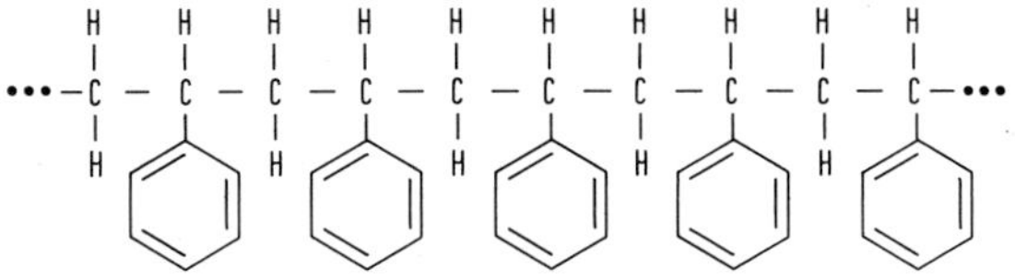

Formelschema des Polystyrol-Makromoleküls

$\bar{P}$: 1 500 ... 4 000

$\bar{M}$: 160 000 ... 400 000

Neben Styrol-Homopolymerisaten mit unterschiedlicher relativer Molekülmasse und unterschiedlicher Verteilung der relativen Molekülmasse zählen zu den sogenannten „Standard-Polystyrolen" auch Copolymerisate von Styrol mit α-Methylstyrol. Diese Copolymerisate (Kurzzeichen SMS) können nach den gleichen Verfahren hergestellt werden wie Styrol-Homopolymerisat.

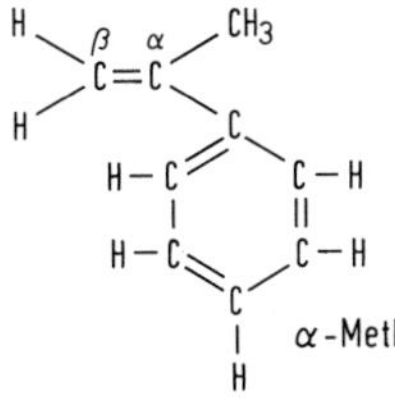

α-Methylstyrol-Formel

Eigenschaften von Polystyrol

Polystyrol besitzt mittlere Festigkeit, hohe Steifigkeit, mittlere Härte und nur geringe Schlagzähigkeit. Seine Einsatzgrenzen liegen von −10 °C bis ca. +50/70 °C Dauertemperatur, kurzfristig bis 60/80 °C (höhere Temperaturen gelten für Styrol/α-Methylstyrol-Copolymerisate). PS hat mittlere Wärmedehnung.

PS ist glasklar, besitzt brillante Oberfläche und hohe Lichtdurchlässigkeit.

Es weist sehr gute elektrische Isoliereigenschaften auf, die nur wenig schlechter sind als z. B. die von PE. Es ist für den HF-Einsatz geeignet. Die Kriechstromfestigkeit ist schlecht. Es neigt stark zu elektrostatischer Aufladung (Abhilfe: antistatische Zusätze).

Es ist chemisch beständig gegen Basen, Säuren (außer konzentrierten bzw. oxidierenden Säuren), Alkohole, Fette und Öle. Gegenüber allen Kohlenwasserstoffen, Halogen-Kohlenwasserstoffen, Estern und Ketonen ist es unbeständig. Seine Feuchteaufnahme ist gering, es ist nicht witterungsbeständig. Polystyrol neigt stark zur Spannungsrißbildung und brennt unter starkem Rußen (Verringerung der Entzündbarkeit durch Zusatz von Flammschutzmitteln).

Polystyrol ist zusammen mit seinen Verwandten den Massenkunststoffen zuzuordnen.

Verarbeitung von Polystyrol

Polystyrol gilt als optimaler Spritzgießwerkstoff. Es wird außerdem durch Spritzblasen, Extrudieren, Blasformen und Thermoformen verarbeitet. Diese Verfahren (außer Spritzblasen) sind auch für Polystyrol-Schaumstoffe anwendbar. PS ist nicht HF-schweißbar, aber nach allen anderen Schweißverfahren und durch Kleben zu verbinden.

Verwendung von Polystyrol

Folien, Tafeln.

Bauteile für Radio-, Fernseh- und andere Elektronik- und Nachrichtengeräte; Schaugläser; Einwegverpackungen für Lebensmittel (Yoghurt, Backwaren), Kaffee, Kosmetika, Arzneimittel, Klarsichtverpackungen für Textilien, Spielzeug, Werkzeuge und Eisenwaren, Becher (Bild 3.2-1), Flaschen; Leuchtenabdeckungen und -gehäuse.

Schüsseln, Eierbecher, Butterdosen, Zucker-/Salz-Streuer, Sahnespritzen, Tortenhauben, Schmuck-Etuis, Stein- und Kristallimitationen, Modeschmuck; Wäscheklammern und -bügel, Bürstenkörper, Einmalbestecke, Kugelschreiberhülsen, Etuis für Schreibwaren, Sortierkästen, Zeichengeräte, Spielkartenschachteln.

Einmalspritzen, Tablettenröhrchen und -schachteln, Pipetten.

Bild 3.2-1:
Gespritzte Trink-, Probier-, Dessert- und Meßbecher aus Polystyrol-Homopolymerisat sowie zugehöriges Granulat

3.2.2 bis 3.2.5 Modifizierte Styrol-Polymerisate

Von den thermoplastischen Styrol-Polymerisaten haben folgende Produkte Bedeutung erlangt: Das Styrol-Homopolymerisat (PS), die Styrol-Copolymerisate mit α-Methylstyrol (SMS) und Acrylnitril (SAN), das mit Butadien-Styrol-Kautschuk schlagfest eingestellte Polystyrol (SB) und die mit Butadien-Acrylnitril-Kautschuk („Nitril-Kautschuk") bzw. Acrylester-Kautschuk modifizierten Styrol-Acrylnitril-Copolymerisate (ABS bzw. ASA). Bild 3.2-2 gibt eine Übersicht über Einteilung und Herstellung dieser Kunststoffe.

Eine vergleichende Gegenüberstellung einiger wichtiger Auswahleigenschaften der Polystyrol-Kunststoffe PS, SAN, SB, ABS und ASA bietet Tabelle 3.2-1. Die dort aufgeführten Angaben sollen nur zum Vergleich innerhalb der Gruppe der Polystyrol-Kunststoffe dienen. Das Copolymerisat Styrol-α-Methylstyrol (SMS) wird nicht im einzelnen betrachtet, weil es nur wenig von Polystyrol selbst abweicht.

Tabelle 3.2-1: Vergleich der Eigenschaften von PS, SAN, SB, ABS und ASA

Die Abstufung der Symbole versteht sich von „++" gleich sehr günstiges Verhalten bis „−−" gleich ziemlich ungünstiges Verhalten.

„++" bedeutet: hohe Festigkeit, Steifigkeit, Kerbschlagzähigkeit bzw. Dauergebrauchstemperatur; Kältesprödigkeit bis zu tiefen Temperaturen (ca. −40 °C), geringe Wärmedehnung, sehr gute Transparenz, elektrische Isoliereigenschaften und Kriechstromfestigkeit, geringe Wasser-Aufnahme bzw. Spannungsrißempfindlichkeit, gute Benzin-Beständigkeit bzw. Alterungsbeständigkeit im Freien sowie geringer Preis im Vergleich zu den anderen aufgeführten Produkten.

Eigenschaft	PS	SAN	SB	ABS	ASA
Festigkeit	+	++	○, –	○	–
Steifigkeit (E-Modul)	+	++	–	○	–
Kerbschlagzähigkeit	––	–	+	++	++
Dauergebrauchstemperatur	–	++	–	+	+
Kältesprödigkeit	–	○	+	++	++
Wärmedehnung	+	○	+	–	–
Transparenz	++	+	–	––	–
elektrische Isoliereigenschaften	++	○	+	–	––
Kriechstromfestigkeit	––	–	+	++	++
Wasser-Aufnahme	++	○	+	–	–
Benzin-Beständigkeit	––	○	––	○	○
Spannungsrißempfindlichkeit	–	+	–	++	++
Alterung im Freien	–	+	––	–	+
Mischbarkeit mit	SB	ABS ASA	PS	SAN ASA	SAN ABS
Preis	++	○	+	–	––

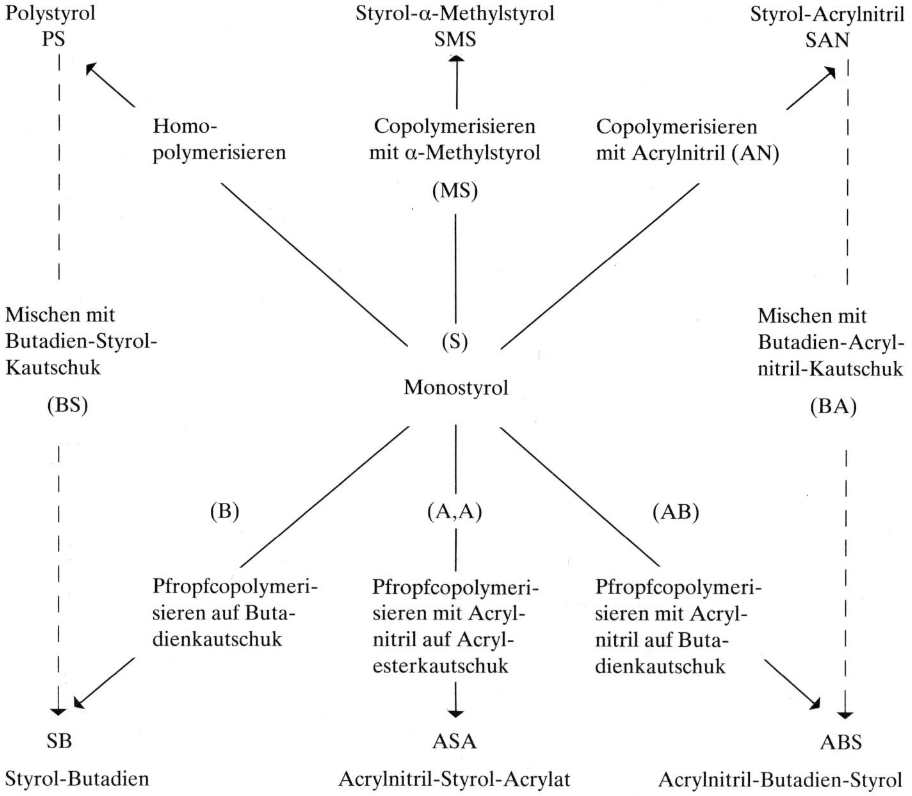

Bild 3.2-2: Übersicht Polystyrol-Kunststoffe

3.2.2 Styrol-Acrylnitril (SAN)

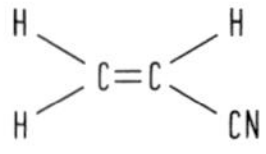

Acrylnitril-Formel

Acrylnitril

Chem. Bezeichnung auch: Acrylsäurenitril; chem. Formel: C_3H_3N; farblose, charakteristisch riechende, giftige Flüssigkeit; Siedepunkt 77 °C; Herstellung aus Acetylen oder Ethylenoxid und Cyanwasserstoff oder aus Propylen, Sauerstoff und Ammoniak (s. Abschnitt 3.6.2, Polyacrylnitril); Aufbewahrung mit Polymerisations-Inhibitoren.

Der Weg zum Styrol-Acrylnitril

Styrol-Acrylnitril-Kunststoffe sind die wichtigsten Copolymerisate des Styrols. Das Mischungsverhältnis liegt im Schnitt bei 76% Styrol und 24% Acrylnitril. Daneben werden auch Copolymerisate mit geringerem und höherem Acrylnitril-Anteil hergestellt. Die in letzter Zeit entwickelten SAN-Kunststoffe mit 70 bis 80% Acrylnitril werden im Abschnitt 3.6.2, Polyacrylnitril, besprochen. Die Herstellung (s. Abschnitt 2.2) der Styrol-Acrylnitril-Copolymerisate erfolgt nach Zugabe von Initiatoren im allgemeinen durch Fällungspolymerisation in Methanol oder durch Suspensionspolymerisation. Daneben sind spezielle Verfahren der Lösungspolymerisation möglich. Als Mischungskomponente für ABS- oder ASA-Kunststoffe (s. Abschnitte 3.2.4 und 3.2.5) wird SAN meist durch Emulsionspolymerisation hergestellt. Die durch die Emulgatoren verursachte Trübung der Produkte stört bei dieser Verwendung im allgemeinen nicht.

Acrylnitril wird auch mit Gemischen von Styrol und α-Methylstyrol zu SAN copolymerisiert.

Die Monomeren-Bausteine sind in den Makromolekülen statistisch (s. Abschnitt 2.2) angeordnet. Die Benzol- und Nitril-(CN-)Seitengruppen sind räumlich ungeordnet (ataktisch). Styrol-Acrylnitril ist ein amorpher Thermoplast. Die Polymerisationsgrade liegen bei denen der Styrol-Homopolymerisate.

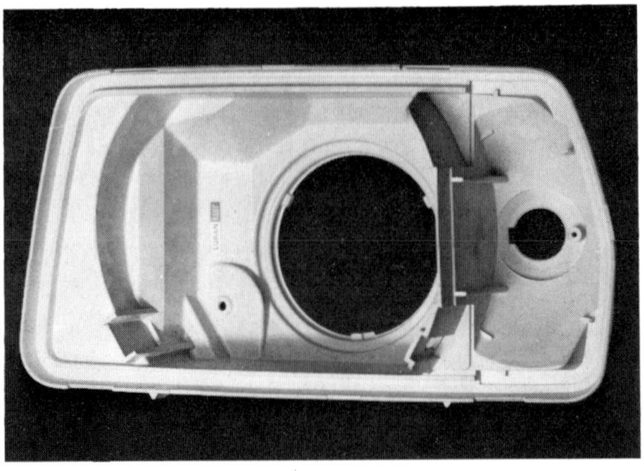

Bild 3.2-3:
PKW-Lampengehäuse aus GF-SAN

Eigenschaften und Verarbeitung von Styrol-Acrylnitril

Styrol-Acrylnitril ähnelt dem Polystyrol-Homopolymerisat, charakteristische Unterschiede sind der Tabelle 3.2-1 zu entnehmen. Seine Einsatzgrenzen liegen von etwa −20 °C bis +85 °C Dauertemperatur, kurzfristig bis 95 °C. Es ist wie PS zwar glasklar, besitzt jedoch einen leichten Gelbstich, dem oft durch Zusatz von Blaufarbstoff entgegengewirkt wird. SAN ist dann etwas blau/grünstichig.

Für den Einsatz als HF-Isolierstoff ist SAN nicht geeignet. Im Gegensatz zu PS ist SAN gegen aliphatische Kohlenwasserstoffe und Mineralöl beständig, aber unbeständig gegen aromatische und Halogen-Kohlenwasserstoffe.

Es wird wie PS verarbeitet.

Verwendung von Styrol-Acrylnitril

Tafeln, Folien, Profile, Rohre.

Röhrensockel, Isolierfolien für Kondensatoren, Gehäuse für Fernseh-, Radio-, Phonogeräte, Zählwerke, Wasserzähler, Bedienungsknöpfe, PKW-Lampengehäuse (Bild 3.2-3); Rückstrahler, Warndreiecke.

Haushaltmaschinen, Kaffeefilter; Kugelschreiber, Geschirr; Tonband- und Filmspulen und -kassetten, Diaschachteln.

3.2.3 Schlagzähes Polystyrol (Styrol-Butadien, SB)

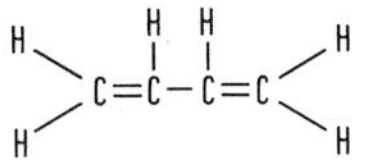

Butadien-1,3-Formel

Butadien-1,3

Chem. Formel: C_4H_6; farbloses Gas von charakteristischem Geruch, das bei −4,4 °C flüssig wird; Gewinnung aus der C_4-Fraktion der Erdöl-Crackprozesse oder aus Erdgas bzw. Rohbenzin (Naphtha) über Butan durch Dehydrierung (Wasserstoffentzug).

Polybutadien und eine Reihe von Butadien-Copolymerisaten mit hohem Butadiengehalt gehören zur Gruppe der Synthesekautschuke, die sich wie Naturkautschuk z. B. mit Schwefel zu Elastomeren (Synthesegummi bzw. Naturgummi) vernetzen lassen. Diese Stoffe werden nicht zu den Kunststoffen gerechnet.

In der Kunststoffchemie haben Butadien und Butadien-Styrol-Kautschuk große Bedeutung zur Herstellung von schlagzähem Polystyrol (SB) und Acrylnitril-Butadien-Styrol-Kunststoffen (ABS, s. Abschnitt 3.2.4).

Der Weg zum schlagzähen Polystyrol

Schlagzähe Polystyrole sind Zweiphasensysteme (Bild 3.2-4) aus einer zusammenhängenden harten Polystyrolphase (Polystyrol-„Matrix"[27]) mit darin fein und gleichmäßig eingelagerten (dispergierten) Kautschukpartikeln, die dem Kunststoff seine charakeristische Zähigkeit verleihen.

Polystyrol und Polybutadien lassen sich nicht einfach durch Vermischen zu solchen Systemen verarbeiten, da diese Homopolymerisate – wie übrigens die meisten anderen Homo-

27) Matrix: Mutterboden, Keimschicht von mater (lat.), Mutter; hier: zusammenhängendes Grundgerüst.

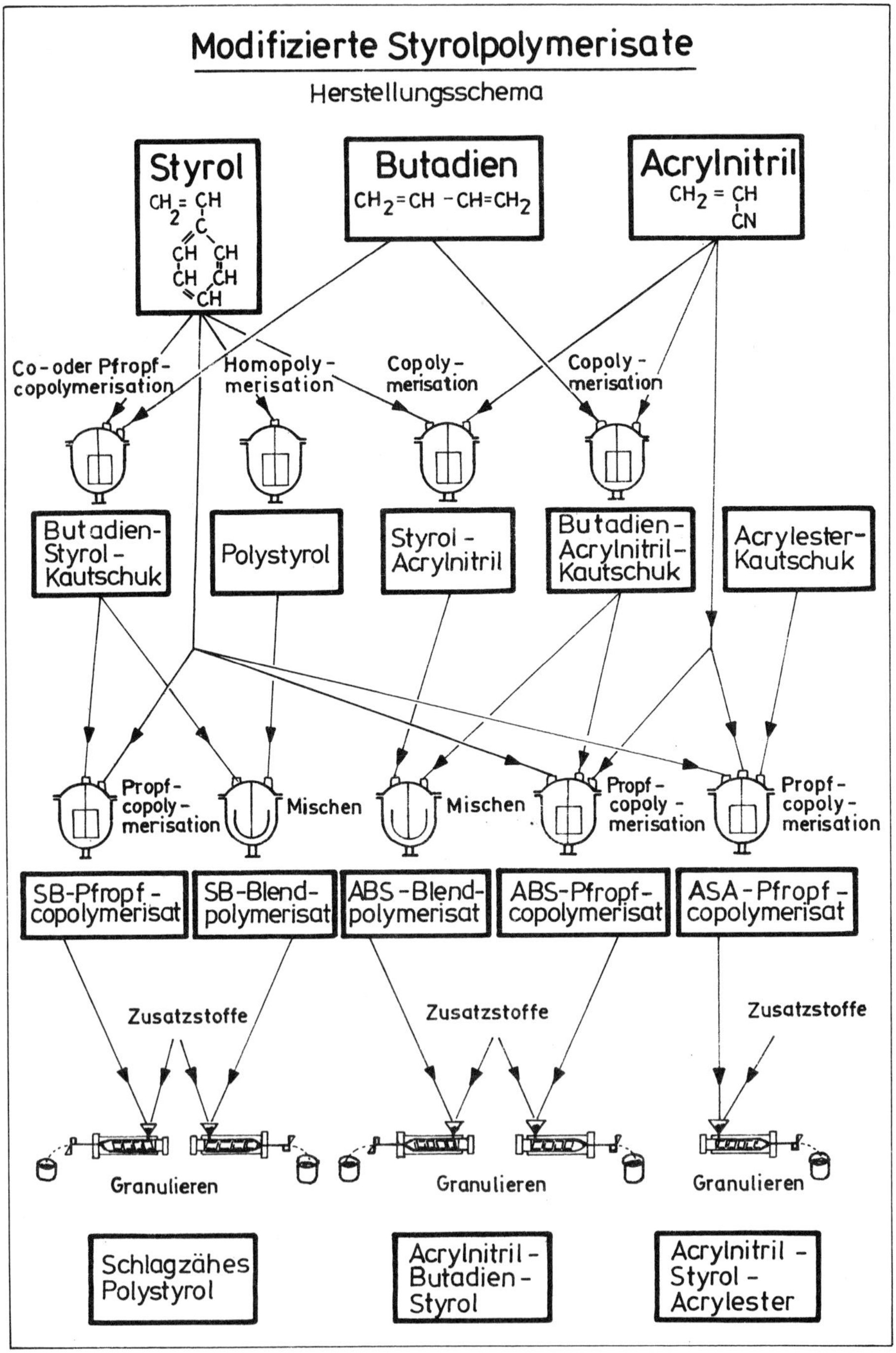
Modifizierte Styrolpolymerisate
Herstellungsschema
Styrol
CH2=CH
C
CH CH
CH CH
CH
Butadien
CH2=CH-CH=CH2
Acrylnitril
CH2=CH
CN
Co-oder Pfropf-copolymerisation
Homopoly-merisation
Copoly-merisation
Copoly-merisation
Butadien-Styrol-Kautschuk
Polystyrol
Styrol-Acrylnitril
Butadien-Acrylnitril-Kautschuk
Acrylester-Kautschuk
Propf-copoly-merisation
Mischen
Mischen
Propf-copoly-merisation
Propf-copoly-merisation
SB-Pfropf-copolymerisat
SB-Blend-polymerisat
ABS-Blend-polymerisat
ABS-Pfropf-copolymerisat
ASA-Pfropf-copolymerisat
Zusatzstoffe
Zusatzstoffe
Zusatzstoffe
Granulieren
Granulieren
Granulieren
Schlagzähes Polystyrol
Acrylnitril-Butadien-Styrol
Acrylnitril-Styrol-Acrylester

polymerisate auch – nicht miteinander verträglich sind und deshalb keine genügend gleichmäßige Verteilung beim Mischen ergeben. Als kautschukelastisches Ausgangsmaterial für schlagzähe Polystyrole werden lineare Butadien-Styrol-Copolymerisate (Styrol- und Butadienmoleküle befinden sich in der Hauptkette) oder Butadien-Styrol-Pfropfcopolymerisate (Styrol-Seitenzweige sind auf eine Polybutadien-Hauptkette aufgepfropft, s. Abschnitt 2.2) verwendet. Die chemisch gebundenen Styrolanteile dieser Kautschuksorten (Styrolgehalt 25 bis 30%) erhöhen die Verträglichkeit gegenüber Polystyrol, mit dem sie nach verschiedenen Verfahren zu schlagzähem Polystyrol kombiniert werden können.

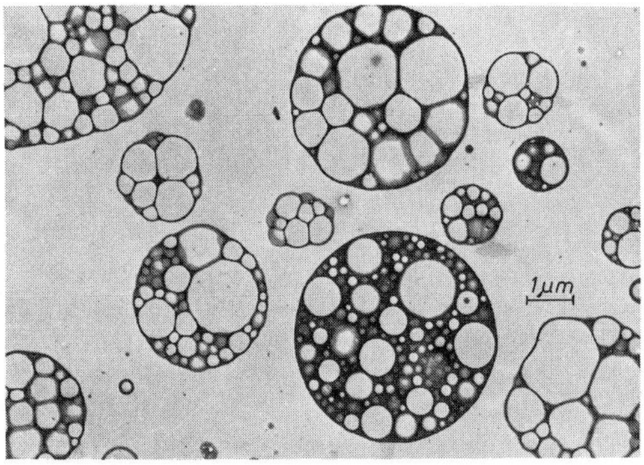

Bild 3.2-4:
Styrol-Butadien-Zweiphasensystem (elektronenmikroskopische Aufnahme)

Bei den durch einfaches Mischen hergestellten Kunststoffen („Blend-Polymerisate") wird entweder die Synthesekautschuk-Komponente bei für Polystyrol üblichen Verarbeitungstemperaturen thermoplastisch in die Polystyrol-Grundkomponente eingearbeitet oder wäßrige Suspensionen von Polystyrol und Synthesekautschuk, deren Herstellung meist durch Emulsionspolymerisation erfolgt, werden gemischt, ausgefällt, getrocknet und weiterverarbeitet.

Bei den neueren chemischen Verfahren entstehen Pfropfcopolymerisate aus Lösungen von Synthesekautschuk in Monostyrol bei Abwesenheit (Lösungspolymerisation) oder nach Zugabe von Wasser (Suspensionspolymerisation). Durch geeignete Initiatoren wird erreicht, daß gleichzeitig eine Homopolymerisation von Styrol zu Polystyrol und eine Pfropf-Copolymerisation von Styrol auf den Makromolekülen des Synthesekautschuks erfolgen. Diese Pfropfcopolymerisate weisen bei tiefen Temperaturen gegenüber den Blendpolymerisaten eine verstärkte und bei höheren Temperaturen eine etwas geringere Schlagzähigkeit auf.

Die Eigenschaften von schlagzähem Polystyrol können verändert werden durch Mischen mit Styrol-Homopolymerisat zu sogenannten halbschlagfesten Typen, durch Variation der Synthesekautschukmenge zwischen etwa 2 und 10% zu hochschlagfesten bzw. superschlagfesten Polystyrolen und durch Ersatz des Polybutadien-Kautschuks durch besser licht- und witterungsbeständige Kautschuksorten, beispielsweise den Polyolefin-Kautschuk EPDM, s. S. 50. Außerdem durch die Mitverwendung von α-Methylstyrol bei der Herstellung der Polystyrol-Matrix und schließlich durch die Größe der in das Gerüst eingebetteten Kautschukteilchen sowie Zahl, Länge und gegenseitigen Abstand der aufgepfropften Seitenzweige.

Eigenschaften von schlagzähem Polystyrol (Styrol-Butadien)

Dieser auch „schlagfestes Polystyrol" genannte Polystyrol-Kunststoff hat je nach Zusammensetzung eine zwei- bis viermal höhere Schlagzähigkeit als das Homopolymerisat. Seine Einsatzgrenzen liegen von etwa −25 bis +50/70 °C Dauertemperatur, kurzfristig bis 60/80 °C (höhere Temperaturen gelten für die Mischtypen auf Basis von Styrol/α-Methylstyrol).

SB ist undurchsichtig (opak).

Weitere charakteristische Eigenschaftsunterschiede zu den anderen Polystyrol-Kunststoffen sind Tabelle 3.2-1 zu entnehmen.

SB ist mengenmäßig der bedeutendste Polystyrol-Kunststoff.

Verarbeitung von schlagzähem Polystyrol

Sie erfolgt vorwiegend durch Spritzgießen, aber auch durch Extrusion und die anderen beim Homopolymerisat erwähnten Verfahren.

Verwendung von schlagzähem Polystyrol

Tafeln, Flachfolien, Monofile.

Maschinenabdeckungen und -verkleidungen; Gehäuse für Staubsauger, Lüfter, Gehäuse und Chassis für Radio- und Fernsehgeräte, Gehäuse und andere Teile für Kameras, Trockenhauben, Projektoren, Kühlschrankinnenteile; Kfz-Armaturenbretter, Handschuhfächer, Lenkradverkleidungen; Einwegverpackungen für Lebensmittel, Pharmazeutika, Kosmetika und technische Artikel (Bild 3.2-5), Stapelbehälter; Spülkästen, Toilettensitze.

Bild 3.2-5:
Verpackungen aus schlagzähem Polystyrol mit farbiger Außenschicht

Kleinmöbel, Badezimmerschränke, Schubkästen, Möbeleinsätze, Koffer, Einweggeschirr, Besteck- und Brotkästen, Ordnungskästen, Kugelschreiberteile; Schuhabsätze; Leichtsteigen für Obst und Gemüse; Diakästen und -rähmchen, Spielbausteine.

3.2.4 Acrylnitril-Butadien-Styrol (ABS)

Ähnlich dem schlagzähen Polystyrol sind ABS-Kunststoffe Zweiphasensysteme. In ein zusammenhängendes hartes Gerüst aus Styrol-Acrylnitril-Copolymerisat sind Partikel aus Butadien-Acrylnitril-Kautschuk eingelagert.

Der Weg zum Acrylnitril-Butadien-Styrol

Die Herstellung der *„ABS-Blend-Polymerisate"* erfolgt durch mechanisches Vermischen von SAN mit Butadien-Acrylnitril-Copolymerisaten oder durch gemeinsames Ausfällen der beiden Komponenten aus einer wäßrigen Suspension.

Die heute bevorzugt verwendeten *„ABS-Pfropfcopolymerisate"* zeigen eine wesentlich bessere Verträglichkeit und gleichmäßigere Feinverteilung der beiden Phasen. Sie werden durch Copolymerisation von Styrol und Acrylnitril in Gegenwart von synthetischem Kautschuk (Polybutadien oder Butadien-Acrylnitril-Copolymerisat) nach dem Verfahren der Emulsionspolymerisation hergestellt. Dabei bilden sich gleichzeitig das SAN-Gerüst und – darin eingelagert – ein Pfropfcopolymerisat von Styrol und Acrylnitril auf dem verwendeten Kautschuk. ABS-Kunststoffe enthalten in der Regel 20 bis 35% Acrylnitril in der Gerüstphase. Bei kleineren Acrylnitrilanteilen erhält man Kunststoffe, die mehr dem schlagzähen Polystyrol (SB) ähneln. Weitere Veränderungen der Eigenschaften von ABS erreicht man durch die unterschiedlichen Herstellungsbedingungen, durch Variation der Synthesekautschukart (s. Abschnitt 3.2.5) und -menge (bis zu 40%) sowie durch teilweisen Austausch des Styrols durch α-Methylstyrol in der SAN-Gerüstphase. ABS ist gut verträglich mit vielen anderen thermoplastischen Kunststoffen. Mischungen mit PVC, PC bzw. PMMA sind seit einiger Zeit auf dem Markt.

Eigenschaften von Acrylnitril-Butadien-Styrol

Die als ABS kurz bezeichnete Kunststoffgruppe zeichnet sich besonders durch hohe Schlagzähigkeit aus, die etwa fünf- bis zehnmal höher ist als die von Homopolystyrol. Die anderen Eigenschaften ergeben sich oft als Kombination aus denen von SAN und SB.

Die Einsatzgrenzen von ABS liegen zwischen −45 und + 85 °C Dauertemperatur, kurzfristig bis 100 °C. Die Wärmedehnung ist mittel bis groß.

ABS ist wie SB undurchsichtig und wie SAN als HF-Isolierstoff ungeeignet.

Die Chemikalienbeständigkeit von ABS entspricht weitgehend derjenigen von SAN. Es ist aber wenig witterungsbeständig (Abhilfe durch Lackieren oder Metallisieren).

Weitere Eigenschaftsunterschiede zu anderen Polystyrol-Kunststoffen siehe Tab. 3.2-1.

ABS ist der Gruppe der technischen Kunststoffe zuzuordnen.

Bild 3.2-6:
Beistellschränke aus ABS-Profilen

Verarbeitung von Acrylnitril-Butadien-Styrol

ABS wird wie Polystyrol-Homopolymerisat verarbeitet. Es ist aber nach allen Verfahren schweißbar. Besonders hervorzuheben ist seine günstige Metallisierbarkeit, insbesondere durch Galvanisierung; auf dem Gebiet der metallisierten Kunststoffteile hat ABS weitaus die größte Bedeutung. ABS wird auch mit Glasfaserverstärkung verarbeitet.

Verwendung von Acrylnitril-Butadien-Styrol

Gehäuse für Haushaltgeräte (z. B. Mixer), Tonband-, Fernseh-, Radiogeräte-, Rechner-, Telefon-, Kamera-, Schreibmaschinen- und Uhrengehäuse sowie Bedienungsknöpfe für diese Geräte; PKW-Armaturenträger, Heizungsabdeckungen, Lüftergrills, Signallampen, Zierleisten, Radkappen; Türgriffe; Dusch-, Badewannen- und Küchenarmaturen in galvanisierter Ausführung, Rasierer; Staubsaugergehäuse, Küchenmaschinen- und Möbelteile (Bild 3.2-6). Sitzmöbel, Trockenhaubenabdeckungen, elektrische Zahnbürsten; Sicherheitshelme, Koffer; Spielbausteine, Sportgeräte.

3.2.5 Acrylnitril-Styrol-Acrylester (ASA)

Acrylnitril-Styrol-Acrylester-Polymerisate ähneln in ihrem Aufbau den ABS-Kunststoffen. Sie enthalten jedoch anstelle der ungesättigten Butadienkautschuk-Komponente einen gesättigten (doppelbindungsfreien) Acrylester-Elastomeren („Acrylat-Kautschuk") im Styrol-Acrylnitril-Gerüst fein dispergiert.

Der Weg zum Acrylnitril-Styrol-Acrylat

Die Herstellung der ASA-Kunststoffe erfolgt durch Pfropfcopolymerisation von Styrol und Acrylnitril auf Acrylester-Elastomeren, beispielsweise Polybutylacrylat oder Butylacrylat-Acrylnitril-Copolymerisaten, nach dem Verfahren der Emulsionspolymerisation. Dabei entstehen nebeneinander durch Copolymerisation ein Styrol-Acrylnitril-Gerüst und durch Pfropfcopolymerisation der mit Styrol und Acrylnitril gepfropfte Acrylesterkautschuk.

Da ASA-Polymerisate keine C-C-Doppelbindungen enthalten, sind sie besonders witterungs- und lichtbeständig.

Eigenschaften, Verarbeitung und Verwendung von Acrylnitril-Styrol-Acrylester

Da die ASA-Kunststoffe wegen ihrer im Vergleich zu den ABS-Materialien besseren Witterungsbeständigkeit eingesetzt werden, sollen hier ihre Eigenschaften nur mit denen von ABS verglichen werden; weitere Angaben siehe Tab. 3.2-1. Die Einsatzgrenzen liegen etwa zwischen -30 und $+85$ °C Dauertemperatur, kurzfristig bis 100 °C. ASA ist durchscheinend (transluzent) bis undurchsichtig. Es hat eine relativ geringe Neigung zur elektrostatischen Aufladung. ASA kann als Spezialkunststoff für den Einsatz im Freien eingeordnet werden.

Die Verarbeitung von ASA entspricht derjenigen von PS bzw. SAN.

Verwendung: Tafeln, Profile, Rohre, Folien.

Verkaufsautomaten; Verkehrsschilder; Boote, Wohnwagen, Gehäuse von LKW-Spiegeln; Heißwasserablaufrohre mit Fittings. Möbelbau, besonders Sitzmöbel; Schutzhelme.

Das Wichtigste in Kürze über Polystyrol-Kunststoffe

Die amorphen Polystyrol-Kunststoffe sind in zwei Gruppen einzuteilen: 1. PS und SAN, die durch Homo- bzw. Copolymerisation hergestellt werden und sprödhart, glasklar und elektrisch besonders hochwertig sind; 2. SB, ABS und ASA, die Pfropfcopolymerisate oder Kunststoff-Blends aus PS bzw. SAN und einer kautschukartigen Komponente darstellen und schlagzäh sowie undurchsichtig sind. Sämtliche Polystyrol-Kunststoffe werden vor allem durch Spritzgießen verarbeitet und sind preiswert. PS und SAN werden insbesondere verwendet für elektrische Teile, Verpackungen und billige Massenartikel; SB, ABS und ASA für Gehäuse technischer Geräte und andere technische Teile, Verpackungen und Kleinmöbel.

3.3 Halogen-Kunststoffe

3.3.1 Polyvinylchlorid (PVC)

Geschichtliches

Der Chemiker V. Regnault stellte 1835 in Gießen zum ersten Male das gasförmige Vinylchlorid im Laboratorium her und beobachtete, daß sich daraus bei längerer Einwirkung von Sonnenlicht ein weißes Pulver bildete, welches Polyvinylchlorid war. Die Aufklärung dieses Polymerisationsvorganges gelang 1912 den Chemikern F. Klatte und E. Zacharias in Frankfurt/M.-Griesheim. Sie schufen die Grundlage für die technische Herstellung von Vinylchlorid aus Acetylen und Chlorwasserstoff und von Polyvinylchlorid. Das erste Polymerisations-Patent für PVC, in dem auch schon Anwendungsmöglichkeiten für diesen Kunststoff als Werkstoff genannt werden, wurde Klatte 1913 erteilt.

1929 hatte das Werk Ludwigshafen der ehemaligen I. G. Farbenindustrie AG ein brauchbares Herstellungsverfahren für Vinylchlorid-Copolymerisate durch Emulsionspolymerisation entwickelt. Zwischen 1930 und 1935 lief in Deutschland die Produktion von PVC und von PVC-Copolymerisaten mit Acrylestern bzw. Vinylethern an, womit man bereits damals zum Prinzip der „inneren Weichmachung" von Polyvinylchlorid gekommen war. In den gleichen Jahren wurde das Problem der Wärme- und Lichtstabilisierung von PVC bearbeitet und die Herstellung von Weich-PVC aus PVC durch Weichmacherzusatz („äußere Weichmachung" von Polyvinylchlorid) sowie von nachchloriertem PVC (PVCC) aufgenommen. Um 1940 wurde in Deutschland und den USA das Polyvinylidenchlorid (PVDC) entwickelt.

Nach dem zweiten Weltkrieg gelang es, die Palette durch weitere PVC-Copolymerisate sowie durch Pfropfcopolymerisate und Mischungen von PVC mit weichelastischen thermoplastischen Kunststoffen zu „besonders schlagzähem Polyvinylchlorid" noch zu erweitern. Neue Einsatzgebiete wurden durch die Herstellung von harten und weichen PVC-Schaumstoffen erschlossen.

Heute stellen PVC und die anderen Chlor-Kunststoffe wegen ihrer vielfältigen Abwandlungs- (Tab. 3.3-1), Verarbeitungs- und Anwendungsmöglichkeiten die zweitgrößte Kunststoffgruppe dar.

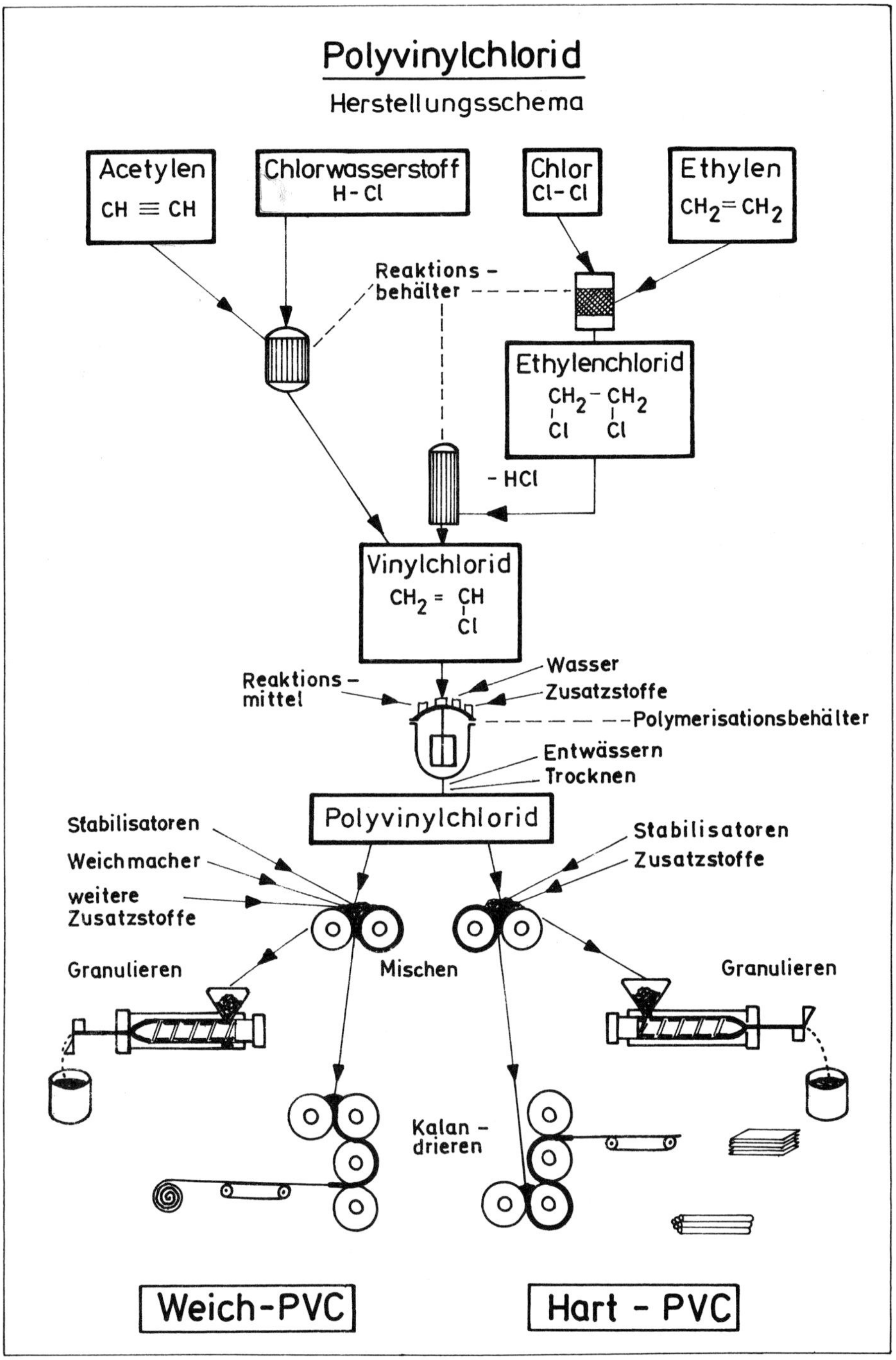
Polyvinylchlorid
Herstellungsschema
Acetylen
CH ≡ CH
Chlorwasserstoff
H-Cl
Chlor
Cl-Cl
Ethylen
CH2=CH2
Reaktions-behälter
Ethylenchlorid
CH2-CH2
Cl Cl
-HCl
Vinylchlorid
CH2=CH
Cl
Reaktions-mittel
Wasser
Zusatzstoffe
Polymerisationsbehälter
Entwässern
Trocknen
Polyvinylchlorid
Stabilisatoren
Weichmacher
weitere Zusatzstoffe
Stabilisatoren
Zusatzstoffe
Granulieren
Mischen
Granulieren
Kalan-drieren
Weich-PVC
Hart - PVC

Tabelle 3.3-1: Polyvinylchlorid-Kunststoffe

Chemische Reaktion bzw. Modifizierung	Verwendete Monomere bzw. Polymere	Kunststoff
Homopolymerisieren	Vinylchlorid	Hart-Polyvinylchlorid
Copolymerisieren	Vinylchlorid mit Vinylacetat oder Maleinsäure oder Propylen oder Vinylethern oder Acrylestern	„innerlich weichgemachtes" Polyvinylchlorid
	Vinylchlorid mit N-Cyclohexylmaleinimid oder Vinylidenchlorid und/oder Acrylnitril	erhöht wärmeformbeständiges Polyvinylchlorid
Pfropfcopolymerisieren	Vinylchlorid auf Butadien-Acrylnitril-Kautschuk oder Acrylat-Kautschuk oder Ethylen-Vinylacetat-Copolymerisaten	besonders schlagfestes Polyvinylchlorid
Mischen (Polyblends)	Polyvinylchlorid mit chloriertem Polyethylen oder Acrylnitril-Butadien-Styrol oder Acrylester-Kautschuk	
Chlorieren	Polyvinylchlorid	chloriertes Polyvinylchlorid
Mischen m. Weichmachern	Polyvinylchlorid	Weich-Polyvinylchlorid

Vinylchlorid

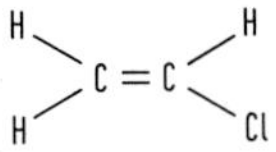

Vinylchlorid-Formel

Chem. Bezeichnung auch: Chlorethen; chem. Formel: C_2H_3Cl; farbloses Gas, das bei −14 °C flüssig wird; die Verflüssigung kann auch bei Raumtemperatur unter einem Druck von 2,5 bar erfolgen; Herstellung aus Acetylen durch Anlagerung von Chlorwasserstoff oder aus Ethylen und Chlor über 1,2-Dichlorethan durch Abspaltung von Chlorwasserstoff; Aufbewahrung in Druckkesseln bei tiefer Temperatur; Verarbeitung unter besonderen Sicherheitsvorkehrungen, da Vinylchlorid schwere Gesundheitsschäden hervorruft.

Der Weg zum Polyvinylchlorid

Vinylchlorid wird im verflüssigten Zustand in geschlossenen Druckapparaturen bei etwa 10 bar und Temperaturen zwischen 40 und 80 °C polymerisiert. Als Initiatoren werden vorwiegend anorganische oder organische Peroxide eingesetzt. Die für PVC am häufigsten verwendeten Polymerisationsverfahren sind die Emulsions-, Suspensions- und Massepolymerisation (s. auch Abschnitt 2.2). Das Herstellungsverfahren beeinflußt im Vergleich zu anderen Thermoplasten die Eigenschaften und damit auch die Anwendung von Polyvinylchlorid besonders stark.

Bei der kontinuierlich oder diskontinuierlich durchgeführten Emulsionspolymerisation wird verflüssigtes Vinylchlorid mit Hilfe von Emulgatoren unter Rühren fein in Wasser verteilt (emulgiert). Als Initiatoren verwendet man meist wasserlösliche Peroxide, wie Wasserstoffperoxid oder Kaliumpersulfat. Diese Stoffe wandeln bei erhöhter Temperatur die feinen Vinylchloridtröpfchen allmählich in sehr kleine Polyvinylchloridkörnchen mit einem Durchmesser von etwa 0,1 bis zu einigen µm um („Primärteilchen"). Die milchig aussehende, wäßrige Kunststoff-Dispersion wird sorgfältig bei Unterdruck von nicht umgesetztem monomerem Vinylchlorid befreit und kann für bestimmte Verwendungszwecke, beispielsweise als Klebstoff oder Anstrichs- bzw. Beschichtungsmittel, direkt verwendet werden.

Die Aufarbeitung zum Kunststoff (E-PVC) erfolgt durch Entfernen des Wassers mittels Sprühtrocknung, Walzentrocknung oder durch Ausfällen des Kunststoffes aus der Dispersion und Filtrieren. Bei der heute meist durchgeführten Sprühtrocknung wird die PVC-Dispersion in einen Heißluftstrom versprüht, der das Wasser verdampft und abführt. Diese E-PVC-Typen enthalten sämtliche zugegebenen Polymerisations-Hilfsstoffe, insbesondere die verwendeten Emulgatoren. Die bei dieser Trocknungsart entstehende Teilchengröße („Sekundärteilchen") kann durch Änderung der Trocknungsbedingungen auf wenige µm (feinste Pulver für die Pasten-Herstellung, s. S. 82) bis zu etwa 60 µm (rieselfähige, direkt zu verarbeitende Typen) eingestellt werden. Der Emulgator- und sonstige Fremdstoffgehalt, die Korngröße und Korngrößenverteilung sowie die Form der Körner haben großen Einfluß auf die Verarbeitbarkeit des PVC und die Qualität der Enderzeugnisse. Nähere Angaben dazu sind in der Tabelle 3.3-2 zu finden. Bei der Walzentrocknung wird die wäßrige PVC-Dispersion von einer Auftragswalze auf eine sich drehende, beheizte Walze aufgebracht, auf der das Wasser verdunstet. Das feste PVC wird mit einem Messer von der Walze abgenommen und fällt in Schuppenform an. Die Größe dieser Schuppen (Sekundärteilchen) liegt je nach Walzen-Geschwindigkeit und -Abstand zwischen 60 und etwa 300 µm. Wie bei der Sprühtrocknung verbleiben der Emulgator und alle anderen Polymerisations-Hilfsmittel im PVC. Bei der Aufarbeitung der E-PVC-Dispersion durch Ausfällen des Kunststoffes mit Salzen ist es dagegen möglich, Emulgatoren und andere wasserlösliche Hilfsmittel mit der Reaktionsflüssigkeit durch Schleudern oder Filtrieren abzutrennen. Das gewaschene und getrocknete feine Pulver entspricht dann in seiner Reinheit etwa dem S-PVC.

Bei der allgemeinen diskontinuierlich durchgeführten Suspensionspolymerisation wird verflüssigtes Vinylchlorid durch kräftiges Rühren in Wasser verteilt. Neben in Vinylchlorid löslichen Initiatoren, meist organischen Peroxiden, werden lediglich sehr kleine Mengen an Schutzkolloiden zugegeben, die ein Zusammenbacken der Tröpfchen beim Übergang vom flüssigen in den festen Zustand verhindern. Die relativ großen suspendierten Teilchen mit einem Durchmesser von etwa 20 bis 200 µm („Primärteilchen") lassen sich leicht durch Zentrifugieren, Sieben oder Filtrieren von der Flüssigkeit abtrennen.

Nach dem Waschen und Trocknen enthält S-PVC nur noch geringe Reste des verwendeten Schutzkolloids. Die Körner haben die Form kleiner massiver PVC-Kugeln. Weitere Einzelheiten s. Tabelle 3.3-2.

Tabelle 3.3-2: Kennzeichnende Eigenschaften von E-, S- und M-PVC

PVC-Typ	Korngröße der Primärteilchen	Gehalt an Verunreinigungen (Gew.% Sulfatasche)	Feuchte-aufnahme
E-PVC	1 bis 2 µm	hoch (bis über 1,6%)	hoch
S-PVC	0,02 bis 0,2 mm	mittel	mittel
M-PVC	0,06 bis 0,75 mm	gering (bis unter 0,2%)	gering

Sämtliche PVC-Rohstoffe werden durch Nachbehandlung auf einen Rest-Vinylchlorid-(VC-) Gehalt gebracht, der unter der gesetzlich festgelegten „Technischen Richtkonzentration" (TRK) liegt. Z. Z. gilt als TRK-Wert für VC 2 ppm. 1 ppm entspricht dem Gehalt von einem Milligramm im Kilogramm.

Die Massepolymerisation ist das jüngste großtechnische Herstellungsverfahren für Polyvinylchlorid. Die Schwierigkeiten des Verfahrens werden durch die teilweise Unlöslichkeit des Polyvinylchlorid im monomeren Vinylchlorid hervorgerufen. Der Kunststoff fällt daher während der Polymerisation aus. Seit 1963 wird die Massepolymerisation von Vinylchlorid nach dem Verfahren eines französischen Herstellers (Pechiney-Saint Gobain) in zwei Stufen durchgeführt. Als Initiatoren werden meist organische Peroxide verwendet. In der ersten Stufe erfolgt die Polymerisation in einem vertikalen Rührautoklaven mit sehr hoher Rührgeschwindigkeit bis zu einem Umsatz von etwa 10%. Das dann noch flüssige Vinylchlorid/Polyvinylchlorid-Gemisch wird anschließend in einem horizontalen Autoklaven zusammen mit weiterem Vinylchlorid und Initiator bis zu einem Endumsatz von etwa 80% polymerisiert. Das bei Unterdruck sorgfältig vom Monomeren befreite M-PVC hat gegenüber E- und S-PVC große Reinheit und ist im Vergleich zu S-PVC deutlich besser zu verarbeiten. M-PVC fällt mit einer einheitlichen Korngröße um 150 µm an (s. auch Tabelle 3.3-2).

Polyvinylchlorid besteht aus wenig verzweigten Makromolekül-Ketten. Die Chlor-Seitengruppen stehen räumlich ungeordnet (ataktisch, s. S. 51) an den Molekülfäden. Polyvinylchlorid ist ein amorpher Thermoplast.

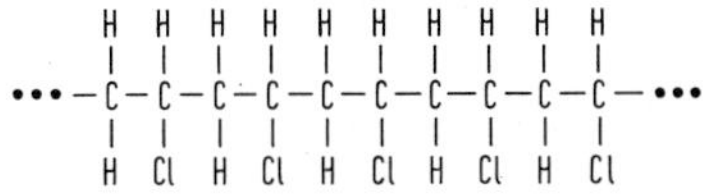

Formelschema des Polyvinylchlorid-Makromoleküls

$\bar{P}$: 650 ... 2 500

$\bar{M}$: 40 000 ... 150 000

Hart-Polyvinylchlorid (Hart-PVC)

PVC-Rohstoff (E-, S-, M-PVC) und andere Vinylchlorid-Polymerisate können ohne Stabilisatoren-Zusätze nicht verarbeitet werden. Denn reines Polyvinylchlorid ist sehr empfindlich gegen Einwirkung von Wärme, wodurch es Chlorwasserstoffabspaltung, Oxidation bzw. Dehydrierung, Molekülspaltung oder Vernetzung erleiden kann. Daher wird sofort nach der Polymerisation zunächst eine „Vorstabilisierung" (meist durch Zusatz von Soda) durchgeführt und vor der Verarbeitung müssen zur Vermeidung der genannten Wärmeschäden, die u. a. an Verfärbungen (Gelb-Braun-Schwarz) erkennbar sein können, „Wärme-Stabilisatoren" in den PVC-Rohstoff eingearbeitet werden. Außerdem werden regelmäßig, wie auch bei anderen Kunststoffen, Gleitmittel zugefügt, die das Fließverhalten der PVC-Schmelze verbessern bzw. die Reibung an Metallteilen der Verarbeitungsmaschinen verringern sollen. Ferner werden auch Farbmittel und Füllstoffe ggf. eingearbeitet. Das Einmischen solcher Zusatzstoffe gehört zu den sog. Aufbereitungsverfahren und wird in Spezialmischern und Knetern sowie auf Walzwerken durchgeführt. Hart-PVC besteht also aus PVC-Rohstoff und den vorstehenden Zusätzen, ist aber weichmacherfrei im Gegensatz zu Weich-PVC.

Eigenschaften von Hart-Polyvinylchlorid

Hart-PVC weist gute Festigkeit, gute bis hohe Steifigkeit und Härte auf. Seine Schlagzähigkeit ist im Vergleich zu vielen anderen Thermoplasten geringer, insbesondere unterhalb etwa 20 °C, was durch Zusatz von „Schlagzähmachern" (s. S. 79) verbessert werden kann.

Die Einsatzgrenzen liegen etwa zwischen −5 und +65 °C Dauertemperatur; kurzfristig bis etwa 75 °C. Hart-PVC besitzt eine mittlere Wärmedehnung.

Bei entsprechender Rohstoffauswahl und geeigneter Rezeptur sind glasklare Produkte herstellbar. Hart-PVC zeigt beim Biegen häufig „Weißbruch"[28]. Es ist ohne Schwierigkeiten einfärbbar.

Die elektrischen Isoliereigenschaften sind als „mittelmäßig" einzustufen. Es ist besonders geeignet für Einsatzzwecke im Niederspannungs- und im Niederfrequenzbereich (üblicher Wechselstrom von 220/380 V, 50 Hz). Ungeeignet ist es für die Hochfrequenzisolation. Hart-PVC besitzt gute Kriechstromfestigkeit.

Hart-PVC ist beständig gegen Säuren, Basen, aliphatische Kohlenwasserstoffe, Öle, Fette und Alkohole. Es ist unbeständig gegen aromatische und Chlor-Kohlenwasserstoffe, Ketone und Ester. Die Feuchteaufnahme ist abhängig von der PVC-Rohstofftype, sie steigt in der Folge M-, S-, E-PVC. Folien aus Hart-PVC sind wasserdampfdurchlässiger, aber gasdichter als solche aus Polyolefinen. Es zeigt kaum Neigung zur Bildung von Spannungsrissen. Wenn PVC sachgemäß stabilisiert ist, widersteht es Witterungseinflüssen; bei bestimmten Rezepturen, vor allem hellen Einfärbungen, muß es mit Lichtstabilisatoren („UV-Absorber") versetzt werden. Wegen des hohen Chlor-Gehaltes erlischt entflammtes Hart-PVC nach Entfernen einer Zündquelle (sog. „selbstverlöschendes" oder „schwerentflammbares" oder „flammwidriges" Verhalten). Man kann aus Hart-PVC ohne weitere Zusätze Erzeugnisse herstellen, die ein weniger brandgefährliches Verhalten zeigen als viele andere Kunststoffe. Bei Verwendung im Lebensmittelbereich und in anderen

28) Weißbruch, auch Weißverfärbung oder Crazing genannt, entsteht beim Kaltformen von Thermoplast-Folien, -Platten, -Profilen usw., ohne daß dabei ein Bruch auftritt. Z. B. beim Biegen tritt an der Knickstelle ein heller Streifen auf, der aus zahllosen sog. Mikrorissen (Crazes) besteht. Diese stellen orientierte Bündel von Makromolekülen mit einem Durchmesser von höchstens 0,1 µm dar. Der Weißbruch wird bei PVC-Prägefolien ausgenutzt, um helle Buchstaben, Zahlen oder andere Zeichen in eine dunkel eingefärbte Folie mit einer Prägezange sichbar zu machen. Bei PVC-Klarsichtfolien auftretender Weißbruch führt zu unschönem Aussehen.

Fällen, wo es auf „physiologische Unbedenklichkeit" ankommt (z. B. Kinderspielzeug, Bekleidung), sind – wie bei allen anderen Kunststoffen auch – die gesetzlichen Bestimmungen zu beachten.

PVC ist der Gruppe der Massenkunststoffe zuzurechnen mit vielen wichtigen Anwendungen auch im technischen Bereich.

Verarbeitung von Hart-Polyvinylchlorid

Die Verarbeitung von Hart-PVC, überwiegend auf Basis von S- und M-PVC, erfolgt durch Extrudieren, Kalandrieren, Spritzgießen (nur mit Schneckenspritzgießmaschinen), Blasformen, Schmelzwalzenverfahren, Sintern, Pressen, Thermoformen sowie durch spanende Bearbeitung. Hart-PVC ist nach allen Verfahren durch Schweißen und Kleben zu verbinden. Die Anwendung von Verstärkungsstoffen, wie z. B. Glasfasermaterialien, und Füllstoffen (z. B. Holzmehl) ist im Zunehmen begriffen.

Verwendung von Hart-Polyvinylchlorid

Flach- und Schlauchfolien, Tafeln, Voll- und Hohlprofile, Rohre, Spiralrohre, Monofile, Schweißzusatzstäbe.

Kabelschutzrohre, Elektroisolierrohre und anderes Elektroinstallationsmaterial (z. B. Unterputz-Abzweigdosen); Apparate und Rohrleitungen für die chemische und verwandte Industrie, Säurepumpen, Be- und Entlüftungskanäle (aus Spiralrohren), Ventilatoren; Rohrpostrohre, Flaschen, Verpackungsfolien und -becher; Rohre, Fittings, Hähne für Wasser- (Bild 3.3-1) und Gasversorgung, Hausentwässerung und Abwasserkanäle, Rollladenprofile, Dübel, Sockelleisten. Möbelfolien und -profile; Zeichengerät.

Bild 3.3-1:
Hausverteiler für Frischwasser aus Hart-PVC-Rohr mit Klebfittings und aufgeklebten Rohrverschraubungen

Das Wichtigste in Kürze über Hart-Polyvinylchlorid

Hart-PVC ist ein fester, harter und oberhalb etwa 15 °C schlagzäher Thermoplast mit sehr guter Säure- und Basenbeständigkeit. Entflammtes Hart-PVC erlischt nach Entfernen einer Zündquelle. Ohne Zusatz von Wärmestabilisatoren ist PVC nicht verarbeitbar, für den Einsatz unter Licht- und Wettereinwirkung sind weitere Stabilisatorzusätze nötig. Schwerpunkte der Anwendung von Hart-PVC sind elektrische Isolierungen, im Rohrleitungs- und chemischen Apparatebau, Verpackungsfolien und Flaschen.

Vinylchlorid-Copolymerisate

Der Weg zu den Vinylchlorid-Copolymerisaten

Die Copolymerisation von Vinylchlorid mit anderen Monomeren erfolgt meist nach dem Emulsions- oder Suspensionsverfahren mit Peroxiden als Initiatoren. Die Polymerisationstemperatur liegt wie bei der Herstellung von PVC-Homopolymerisaten zwischen 40 und 80 °C. Die Kunststoffe fallen pulverförmig oder körnig an und können in dieser Form oder nach einer Granulierung zu harten oder weichen Typen weiterverarbeitet werden.

Einteilung der Vinylchlorid-Copolymerisate

Die zahlreichen Copolymerisate des Vinylchlorids lassen sich stark vereinfachend nach dem Einfluß der verwendeten Comonomeren auf die mechanischen und thermischen Eigenschaften der Kunststoffe in zwei Gruppen einteilen.

Comonomere, die den regelmäßigen Aufbau der PVC-Kette unterbrechen und die Anziehungskräfte zwischen benachbarten Makromolekülen verringern, führen zu Kunststoffen, die im Vergleich zu Vinylchlorid-Homopolymerisaten weicher und flexibler und bei niedrigeren Temperaturen und damit schonender zu verarbeiten sind. Ihre Formbeständigkeit in der Wärme ist jedoch schlechter. Diese „innere Weichmachung" von PVC hat gegenüber der „äußeren Weichmachung" (Weich-PVC) den Vorteil, daß die weichmachende Komponente chemisch fest gebunden ist und daher nicht aus dem Kunststoff auswandern kann. Ein typisches Beispiel sind die Vinylchlorid-Vinylacetat-Copolymerisate (Kurzzeichen VCVAC) mit 5 bis 20% Vinylacetat (Formel s. S. 47). Vergleichbare Eigenschaften haben Copolymerisate mit Maleinsäure[29]. Zusätzlich glasklar sind solche mit geringen Mengen Propylen (Formel s. S. 50), Vinylethern (Formel: $CH_2 = CH\text{-}O\text{-}R$) oder Acrylestern (Formel s. S. 106).

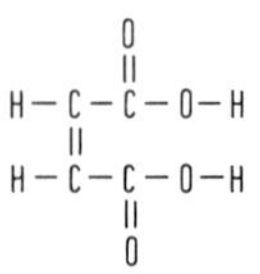

Maleinsäure-Formel

Bei der anderen Vinylchlorid-Copolymeren-Gruppe führen die Struktur und die besonderen Eigenschaften der verwendeten Comonomeren zu einer im Vergleich zu PVC-Homopolymerisaten erhöhten Formbeständigkeit in der Wärme. Die Verarbeitungstemperaturen sind dagegen höher und die Thermostabilität geringer als bei Hart-PVC. Die bekanntesten Kunststoffe dieser Gruppe sind die Vinylchlorid-N-Cyclohexylmaleinimid-Copolymerisate. Bei einem Gehalt an 5 bis 7% Comonomeren und hoher Stabilisierung sind die transparenten Produkte noch gut zu verarbeiten. Ein weiteres Beispiel für diese Gruppe sind die Vinylidenchlorid-Vinylchlorid-Acrylnitril-Copolymerisate, die bei Polyvinylidenchlorid (s. S. 86) behandelt werden.

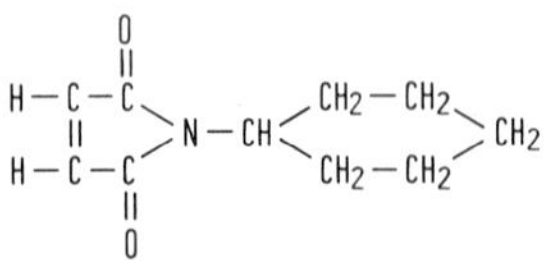

N-Cyclohexyl-maleinimid-Formel

29) sprich: ma-le-in.

Eigenschaften, Verarbeitung und Anwendung von Vinylchlorid-Copolymerisaten

Im Gesamtverhalten, in der Verarbeitung und in der Anwendung ähneln die meisten Vinylchlorid-Copolymerisate sehr dem Hart-PVC-Homopolymerisat.

Wegen besserer Formbeständigkeit in der Wärme im Vergleich zu Hart-PVC werden Copolymerisate von Vinylchlorid mit N-Cyclohexyl-maleinimid verwendet, die dauernd bis etwa +80 °C, kurzfristig bis fast +100 °C einsetzbar sind, und daher für Flaschen und Becher angewendet werden, in die Lebensmittel heiß abgefüllt werden. Sie erfordern aber höhere Verarbeitungstemperaturen und sind zudem weniger thermostabil, so daß diese Produkte höher als Hart-PVC stabilisiert werden müssen.

Copolymerisate von Vinylchlorid und Vinylacetat verwendet man besonders wegen ihrer besseren Verarbeitbarkeit, d.h. sie benötigen niedrigere Warmformtemperaturen, und wegen ihrer guten Löslichkeit in vielen organischen Lösungsmitteln. Daher wendet man sie einerseits für Büro- und Zeichenartikel sowie Schallplatten, andererseits zur Herstellung von Beschichtungsmitteln, Lacken und Klebstoffen an. Ähnlich werden auch Copolymere von Vinylchlorid und Maleinsäure zur Herstellung von Schallplatten verarbeitet.

Besonders schlagfestes Polyvinylchlorid

Der Weg zum besonders schlagfesten Polyvinylchlorid (HIPVC)[30)]

Das relativ spröde und schlagempfindliche Hart-PVC kann – ähnlich der Abwandlung von Polystyrol zu ABS – durch Mischen mit anderen makromolekularen weichelastischen Stoffen oder durch Pfropfcopolymerisation schlagzäh modifiziert werden. Da je nach Art, Menge und Verteilungsgrad des Modifiziermittels neben der Schlagzähigkeit noch andere physikalische Eigenschaften unterschiedlich beeinflußt werden, ist eine große Zahl verschiedener schlagzäher Polyvinylchlorid-Typen auf dem Markt. Bei allen Kunststoffen außer den Mischungen mit chloriertem Polyethylen handelt es sich um Zweiphasensysteme (s.S. 65) mit regelmäßiger, nicht zu feiner Verteilung der „Schlagzähkomponente" in der PVC-Matrix.

Für die Mischungen (Blend-Polymerisate) werden chlorierte Polyethylene (PEC, s.S. 85), weichelastische Butadien- bzw. Ethylen-Copolymerisate oder modifizierte Acrylate bzw. Methacrylate verwendet. Durch Zumischen von 11% eines chlorierten Polyethylens, meist HDPE mit einem Chlorgehalt unter dem des PVC (30 bis 42% gegenüber ca. 57% bei PVC), erhält man ein hochschlagzähes und in den übrigen Eigenschaften wenig verändertes PVC.

Durch Einarbeiten von ca. 6 bis maximal 50%, im Mittel 15%, ABS-Copolymerisaten (s.S. 68) oder EVA-Copolymerisaten (s.S. 47) werden schlagzähe bis hochschlagzähe Polyvinylchlorid-Sorten erzeugt. Die gegenüber Hart-PVC leichtere Verarbeitbarkeit kann durch den Zusatz von 5 bis 10% Weichmacher noch weiter verbessert werden. Die EVA-Typen zeigen gegenüber den ABS-Typen außerdem sehr gute Licht- und Witterungsbeständigkeit. Ebenfalls witterungsbeständig und außerdem transparent sind Mischungen mit Acrylester-Kautschuk.

Bei den schlagzähen PVC-Pfropftypen (Pfropfcopolymerisate) wird meist nach dem Suspensionsverfahren Vinylchlorid auf Butadien-Acrylnitril-Kautschuk, Acrylat-Kautschuk oder Ethylen-Vinylacetat-Copolymerisat aufpolymerisiert. Die Reaktionsbedingungen können so gewählt werden, daß der gewünschte Anteil an Modifizierkomponente (6 bis

30) HI: high (engl.), hoch, stark; impact (engl.), Stoß.

15%) und die Polyvinylchlorid-Matrix gleichzeitig entstehen. Daneben ist es möglich, den überwiegenden Anteil des Kunststoffs als Pfropf-Copolymerisat herzustellen und anschließend mit der gewünschten Menge an PVC-Homopolymerisat zu mischen.

Die Pfropfcopolymerisate weisen gegenüber den Blend-Polymerisaten eine gleichmäßigere Verteilung auf. Die mit Acrylnitril- bzw. mit Acrylat-Kautschuk modifizierten Produkte sind transparent.

Eigenschaften, Verarbeitung und Anwendung von besonders schlagfestem Polyvinylchlorid

Im Vergleich zu Hart-PVC besitzen die HIPVC-Sorten leicht verringerte Festigkeit, Steifigkeit und Härte, dafür aber etwa 2- bis 5fach höhere Schlagzähigkeit. Die Formbeständigkeit in der Wärme ist gegenüber Hart-PVC etwas schlechter, dafür liegt als wichtigster Vorteil gute Schlagzähigkeit auch bei tieferen Temperaturen vor. So liegen die Einsatzgrenzen, je nach Zusammensetzung, zwischen −40 bis −20 °C und +60 bis +80 °C Dauereinsatz, kurzfristig bis +70 bis +90 °C. Die Materialien sind meist undurchsichtig oder durchscheinend (transluzent), aber nicht transparent bzw. glasklar. Der Oberflächenglanz ist im Vergleich zu Hart-PVC schlechter. Zum Teil besitzen diese Werkstoffe auch schlechtere elektrische Isoliereigenschaften, aber meistens bessere Kriechstromfestigkeit. Besonders im Vergleich zu M- und S-PVC weist HIPVC eine etwas höhere Feuchteaufnahme auf und ist bei Gehalten unter 30% Chlor brennbar. Die Gasdichten sind geringer. Die Verarbeitungsverfahren entsprechen denen von Hart-PVC.

Verwendung findet HIPVC vor allem als Werkstoff für den Einsatz im Freien. Verfügbar sind: Folien, Tafeln, Blöcke, Rohre und Profile. Hergestellt werden: Autonummernschilder, Straßenleitpfähle, Fensterrahmenprofile (vgl. Bild 3.3-2), Fassaden- und Balkonverkleidungen, Dachrinnen, Fallrohre, Türen, Fußbodenbeläge, Wandkacheln. Ferner: Möbelbeläge, Tischumleimer, Koffer, Kinderwagenteile und Flaschen.

Bild 3.3-2:
Fensterrahmenprofil aus HIPVC
(HIPVC ist am Fenstermarkt zu 30% beteiligt)

Chloriertes Polyvinylchlorid (PVCC)

Der Weg zum chlorierten Polyvinylchlorid

Die Herstellung von chloriertem („nachchloriertem") PVC erfolgt heute vorwiegend durch 24- bis 40-stündiges Einleiten von Chlor in eine wäßrige Suspension von PVC, das vorher in Tetrachlorkohlenstoff angequollen wurde. Die Reaktion kann druckfrei bei etwa

50 °C unter UV-Licht zur Beschleunigung oder bei geringem Druck und ca. 90 bis 120 °C durchgeführt werden. Dabei wird Chlorwasserstoff abgespalten, der durch Entgasen entfernt wird. Der die Eigenschaften entscheidend beeinflussende Chlorgehalt wird auf durchschnittlich 62 bis 67% angehoben und liegt damit zwischen dem von PVC (ca. 56%) und PVDC (ca. 73%, s. S. 86).

Eigenschaften, Verarbeitung und Anwendung von chloriertem Polyvinylchlorid

Im Vergleich zu „normalem" PVC zeigt das „nachchlorierte" höhere Festigkeit und Härte. Wichtigste Eigenschaft ist die um etwa 30 K[31] höhere Wärmeformbeständigkeit; PVCC ist dauernd bis etwa 90 °C, kurzfristig bis 100 °C einsetzbar. Ferner ist seine Wärmedehnung etwas geringer als die von Hart-PVC. Es besitzt bessere chemische Beständigkeit gegenüber Säuren und Basen.

PVCC läßt sich nach allen Verarbeitungsverfahren wie PVC verarbeiten, jedoch besteht dabei erhöhte thermische Zersetzungsgefahr.

Verwendung findet PVCC vor allem als Rohrmaterial für Warmwasserleitungen und Fußbodenheizungen, ferner im chemischen Apparatebau (z. B. für Lagerung und Transport heißer flüssiger Chemikalien, heißer Gase und aggressiver Dämpfe, Bild 3.3-3), für Kfz-Beheizungssysteme sowie als Basis für PVC-Klebstoffe.

Bild 3.3-3:
Absorptionsturm aus PVCC

Weich-Polyvinylchlorid (Weich-PVC)

Der Weg zum Weich-Polyvinylchlorid

Weich-PVC wird aus PVC-Rohstoff (E-, S- oder M-PVC) durch Einarbeiten von Weichmachern (vgl. S. 82) gewonnen. Das Einmischen der Weichmacher wird mit der Zugabe von Stabilisatoren (vgl. S. 76), Farbmitteln, Füllstoffen und anderen Zusätzen verbunden.

31) K: Kelvin, Maßeinheit für Temperaturunterschied.

Weichmacher sind meist flüssige organische Stoffe, die durch ihr Löse- bzw. Quellvermögen mit PVC ein homogenes Stoffsystem, das Weich-PVC, ergeben. Der Vorgang des wechselseitigen Durchdringens und Lösens von PVC und Weichmacher wird Gelieren genannt. Die Gelierung[32] erfolgt in wenigen Minuten bei Temperaturen von 150 bis 190 °C. Die Weichmacherzugaben liegen zwischen 15 und 50%. Als Weichmacher werden vor allem Ester der Phthal-, Adipin-, Azelain-, Sebazin- und Phosphorsäure mit einwertigen Alkoholen bzw. Phenolen, sowie Polyester aus Dicarbonsäuren und 2-wertigen Alkoholen (Polymerweichmacher), epoxidierte Ester, Alkylarylsulfonsäureester und Chlorparaffine verwendet. Der am häufigsten eingesetzte Weichmacher ist Di-[2-ethylhexyl]-phthalat (Kurzzeichen: DOP, „Di-octyl-phthalat").

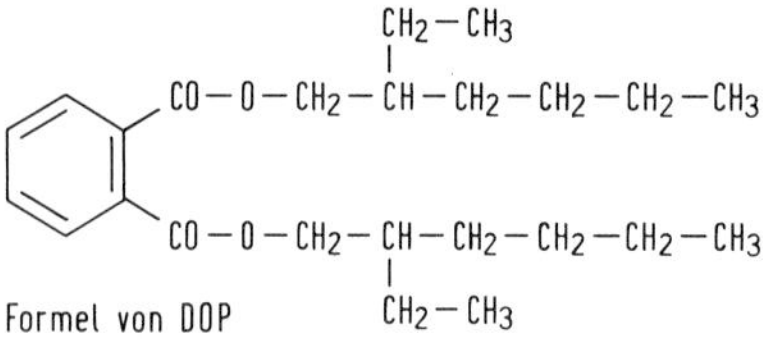

Formel von DOP

Die Einarbeitung von Weichmachern in PVC-Pulver kann auf zwei Wegen erfolgen:

Durch Herstellen von PVC-Heißmischungen (Trockenmischungen, „Dryblend"-Verfahren). Hierbei werden PVC-Pulver und Weichmacher sowie Stabilisatoren und ggf. andere Zusätze in einem hochtourig rotierenden Wirbelmischer (Bild 3.3-4) gemischt. Durch Entstehung von Reibungswärme im Gemisch erwärmt es sich innerhalb weniger Minuten auf etwa 100 bis 120 °C. Anschließend wird die Pulvermischung in einem Kühlmischer gekühlt. Die Weiterverarbeitung und Ausgelierung erfolgt auf Walzwerken oder Schneckenmaschinen, die entweder Kalander speisen oder Granulat bzw. extrudiertes Halbzeug (Schläuche, Folien, Profile) liefern.

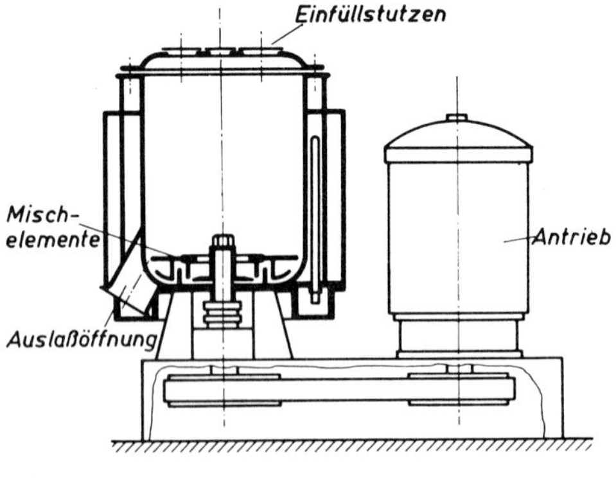

Bild 3.3-4:
Wirbelmischer

Durch Herstellen von PVC-Pasten. E-PVC-Typen mit zerklüftetem Korn verwandeln sich mit Weichmachern beim Mischen in gieß- oder streichfähige pastöse Dispersionen („Plastisole"). Streichfähige höherviskose Pasten werden zum Beschichten von Textilien, Papier, Vlies-Stoffen, Metallbändern durch maschinelles Auftragen mit Streichmesser

32) Gelierung: Übergang eines flüssigen Stoffs oder Stoffgemischs unter Viskositätserhöhung in gallertartig-erstarrte Masse (= Gel); gelare (lat.), zum Gefrieren bringen.

oder durch Walzenauftrag und Gelieren im Heißluft- oder Infrarot-Kanal verwendet. Niedrigviskos eingestellte Pasten werden als Tauchpasten zur Fertigung gummielastischer, dünnwandiger Formkörper (z. B. Schutzhandschuhe), zum Beschichten von Drahtwaren oder als Gießpasten zur Herstellung von Hohl- oder Vollkörpern (Puppen, Flaschenstopfen) eingesetzt.

Eigenschaften von Weich-Polyvinylchlorid

Die Eigenschaften von Weich-PVC sind stark abhängig von der Art und der Menge an zugesetztem Weichmacher. Deren Zusatzmengen liegen zwischen etwa 15 und 50%. Außerdem wird Weich-PVC in vielen Fällen mit Füllstoffen versetzt, die ebenfalls sämtliche physikalischen und chemischen Eigenschaften beeinflussen.

Dieser Kunststoff ist in den meisten Fällen weichgummiartig bis lederähnlich mit niedriger Festigkeit, aber hoher Flexibilität und Dehnbarkeit sowie sehr hoher Schlagzähigkeit. Bei Dauerbelastung treten erhebliche bleibende Deformationen auf.

Die Einsatzgrenzen liegen etwa zwischen −50 und +70 °C Dauertemperatur; kurzfristig bis 100 °C. Weich-PVC besitzt eine sehr große Wärmedehnung, die jedoch bei den meisten Verwendungsfällen kaum störend wirkt.

Die elektrischen Isoliereigenschaften sind wesentlich schlechter als die von Hart-PVC, es ist aber z. B. für Isolierzwecke für den im Haushalt verwendeten Wechselstrom sowie für Starkstromleitungen und Kabel bis 10 kV geeignet. Weich-PVC neigt nur wenig zur elektrostatischen Aufladung.

Es ist nur gegenüber verdünnten Säuren und Basen sowie wäßrigen Salzlösungen beständig, nicht dagegen gegenüber fast allen organischen Flüssigkeiten, weil diese Weichmacher (außer Polymer-Weichmacher) herauswaschen („extrahieren") können. Weich-PVC zeigt höhere Feuchteaufnahme, Wasserdampf- und Gasdurchlässigkeit als Hart-PVC. Im Gegensatz zu diesem Material brennt es nach Zündung weiter, wenn durch den Weichmachergehalt der Chlor-Anteil im PVC-Weichmacher-Gemisch 30% unterschreitet. Nicht weiterbrennende Weich-PVC-Typen sind jedoch bei geeigneter Auswahl von Weichmachern (z. B. Phosphat-Weichmacher oder Chlorparaffine), Füllstoffen (z. B. Tonerde-Hydrat) und Zusatz von flammhemmenden Mitteln herstellbar. Durch den Weichmachergehalt kann es bei Einsatz in warmfeuchter Atmosphäre zu mikrobiellem Angriff (Bildung von Stockflecken) kommen. Bei Verwendung im Lebensmittelbereich, für Kinderspielzeug, Bekleidung und ähnliches werden physiologisch unbedenkliche Weichmacher verwendet.

Weich-PVC gehört zur Gruppe der Massenkunststoffe.

Verarbeitung von Weich-Polyvinylchlorid

Wie die Verarbeitung von Hart-PVC erfordert diejenige von Weich-PVC die Anwendung von Aufbereitungsverfahren um so mehr, als auf jeden Fall dem PVC-Rohstoff Weichmacher zugemischt werden müssen, wobei überwiegend von S- und E-PVC ausgegangen wird. Weich-PVC wird verarbeitet durch: Extrudieren, Kalandrieren, Spritzgießen, Folienblasen, Blasformen, Pressen, nach Schmelzwalzen- und Sinterverfahren. Über die „Pastenverarbeitung" durch Beschichten, Tauchen und Gießen wird auf S. 82 berichtet. Weich-PVC ist – mit Ausnahme des Ultraschallverfahrens – gut schweißbar, besonders mit Hochfrequenz. An Füllstoffen werden vor allem Kreide, Kaolin, Quarzmehl, disperse Kieselsäure und Ruß verwendet. Weich-PVC wird auch zu Kunststoff-Schaumstoff verarbeitet.

Verwendung von Weich-Polyvinylchlorid

Schläuche (auch Schrumpfschläuche), Folien: Weichfolien und „halbharte" Folien (Weichmachergehalt 15 bis 20%), Klarsichtfolien; Weichprofile, Tafeln, Bahnen und Bänder; Kunstleder: Folien-, Faser-, Gewebe- und Schaumkunstleder.

Draht- und Kabelisolierung (auch für Hochspannungskabel bis etwa 10 kV), Kabelstecker, Stegleitungen, Isolierschläuche und -bänder; Behälterauskleidungsfolien, Stopfen, Pufferungselemente, Faltenbälge, Stanzunterlagen; Autoinnenverkleidungen, Cabrioletfenster, Fahrrad- und Motorradgriffe, Faltgaragen, Pkw-Armlehnen, Keder; Säcke, Tuben, Flaschen, Beutel, Verpackungsschläuche und Portionspackungen, Einlagen von Flaschenverschlüssen; beschichtete Planenstoffe, Förderbänder, Antriebs- und andere Schnüre; Traglufthallenstoffe, Dachfolien, Isolierfolien, Bautendichtungen, Fugen- und Fensterdichtungen, Dehn-, Gleit- und Abdeckprofile, Faltwände, Pendeltüren, Treppenhandläufe und -kanten, beschichtete Stahlbauelemente für Bungalows und für Ladenbau.

Fußboden-, Tisch- und Wandbeläge, Dekorationsfolien, Sitzmöbel- und Schonbezüge, Duschvorhänge, Tisch- und Türumrander, beschichtete Stahlmöbel, Haftsauger, Wäscheleinen; Schuhzeug (Stiefel, Galoschen, Sandalen) und Sohlen, Schutzhandschuhe, Regen- und Schutzbekleidung, Aufbügelstoffe, Koffer und Handtaschen, Ausweishüllen; Büroartikel, Organisationsmittel; Ummantelung von Zaunpfählen und Drahtmaschengittern, Gartenschläuche, Kunstrasen; beschichtete Zeltstoffe, Aufblasartikel, s. Bild 3.3-5 (Luftmatratzen, Kinderschwimmhilfen, Schwimmtiere), Schwimmbadfolien, Bälle, Spieltiere, Puppen. Beutel und Schläuche für Blutkonserven und Infusionslösungen.

Bild 3.3-5:
Badespielzeug (Aufblasartikel) aus HF-geschweißter Weich-PVC-Folie

Das Wichtigste in Kürze über Weich-PVC

Weich-PVC ist ein gummielastischer bis lederähnlicher Werkstoff. Er kann nur nach Zusatz von Stabilisatoren verarbeitet werden und wird häufig mit größeren Mengen an Füllstoffen versetzt. Wichtigste Anwendungsgebiete sind Drahtisolierungen, Kabelummantelungen, Verpackungs-, Dekorations- und Täschnerfolien, Kunstleder, Fußbodenbeläge.

3.3.2 Weitere chlorhaltige Polymere

Chloriertes Polyethylen (PEC)

Der Weg zum chlorierten Polyethylen

Die Chlorierung von Polyethylen kann in Lösung, in Suspension oder als „Direkt-Chlorierung" bei Abwesenheit von Lösungsmitteln und Wasser durchgeführt werden. Die Anlagerung des Chlors erfolgt wie bei nachchloriertem PVC. Die Reaktionswärme wird durch Außenkühlung abgeführt. Organische Peroxide und UV-Licht starten und beschleunigen die Reaktion.

Bei der Lösungs-Chlorierung wird gasförmiges Chlor in die Lösung von Polyethylen in chlorierten Kohlenwasserstoffen, z. B. Tetrachlorkohlenstoff, eingeleitet. Die Temperaturen liegen anfangs über 100 °C und können später wegen der steigenden Löslichkeit des Polymeren auf etwa 70 °C gesenkt werden. Nach Austreiben des abgespalteten Chlorwasserstoffs, Entfernen des Lösungsmittels und Trocknen entstehen Produkte, die das angelagerte Chlor unregelmäßig aber über die gesamte Kette verteilt (statistisch) enthalten („homogen chloriertes Polyethylen").

Bei der Suspensions-Chlorierung in Wasser oder chlorierten Kohlenwasserstoffen lagert sich dagegen das Chlor überwiegend an der Oberfläche der kleinen, suspendierten PE-Körnchen an. Das Chlor ist also gehäuft (blockartig) an bestimmte Molekülabschnitte des PE-Makromoleküls gebunden. Im Korninneren liegt über lange Zeit noch unchloriertes Polyethylen vor („heterogen chloriertes Polyethylen").

Ähnlich ist der Aufbau von PEC, das durch Einwirken von gasförmigem oder flüssigem Chlor auf pulverförmiges, meist aufgewirbeltes Polyethylen („Wirbelschicht-Chlorierung") entsteht.

Je nach Chlorierungsverfahren, Verzweigungsgrad (LDPE bzw. HDPE) und relativer Molekülmasse des verwendeten Polyethylen sowie Chlorgehalt entstehen unterschiedliche Produkte. Allgemein erhält man bei Verwendung von LDPE, Chlorierung nach dem Lösungsverfahren und höherem Chlorgehalt weichgummiartige bis klebrige Massen. Bei Verwendung von HDPE, Chlorierung nach dem Suspensionsverfahren und niedrigerem Chlorgehalt entstehen zähfeste, noch teilkristalline Thermoplaste. Bei allen Verfahren wird das Chlor nicht, wie bei PVC, gleichmäßig (alternierend) über die Makromolekül-Kette verteilt gebunden. Kettenabschnitte, die kein angelagertes Chlor enthalten, sind freier beweglich und der gebildete Kunststoff ist dadurch weicher und zäher als Hart-PVC.

Chloriertes Polyethylen spielt als selbständiger Kunststoff nur eine untergeordnete Rolle. Dagegen wird es als Mischungskomponente zu anderen thermoplastischen Kunststoffen in großem Umfang verwendet.

Eigenschaften von chloriertem Polyethylen

Chloriertes Polyethylen verhält sich gummiweich bis zähfest, auch bei Temperaturen unter 0 °C bis –50 °C. Es ist demnach Weich-PVC sehr ähnlich, aber weichmacherfrei. Zur Beeinflussung der mechanischen Eigenschaften können aber Weichmacher, z. B. Chlorparaffine, eingearbeitet werden. Auch die elektrischen und die Beständigkeitseigenschaften ähneln denen von Weich-PVC. So ist z. B. PEC auch thermisch sowie lichtempfindlich und muß entsprechend stabilisiert werden.

Verarbeitung von chloriertem Polyethylen

PEC wird durch Extrudieren, Kalandrieren und Spritzgießen verarbeitet. Es besitzt ein hohes Aufnahmevermögen für Füllstoffe und kann mit PE, PIB, ABS und PVC gemischt werden.

Anwendung von chloriertem Polyethylen

Wichtigstes Anwendungsgebiet ist als Zusatzstoff zu PVC (S. 79) zur Erzeugung von HIPVC sowie zu PE (S. 50), um dessen Entflammbarkeit zu verringern. Weitere Anwendungsgebiete sind Dichtungsfolien, Schläuche, Profile, Drahtisolierungen, Kabelummantelungen, Täschnerfolien.

Polyvinylidenchlorid (PVDC)

Vinylidenchlorid

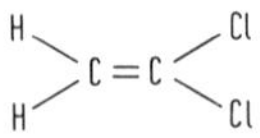

Vinylidenchlorid-Formel

Chem. Bezeichnung auch: 1,1-Dichlorethen; chem. Formel: $C_2H_2Cl_2$; flüchtige, bei 33 °C siedende Flüssigkeit; Herstellung aus Vinylchlorid und Chlor über Trichlorethan durch Abspaltung von Chlorwasserstoff; leicht polymerisierbar.

Polyvinylidenchlorid kann durch die bei Hart-PVC beschriebenen Verfahren der Emulsions- und Suspensionspolymerisation sowie durch Lösungspolymerisation hergestellt werden. Polyvinylidenchlorid-Homopolymerisate sind im Vergleich mit Hart-PVC wegen ihres symmetrischen Molekülaufbaues sehr harte, teilkristalline Thermoplaste. Sie haben jedoch praktisch keine Bedeutung erlangt, da sie sich bei den für ihre Verarbeitung notwendigen höheren Temperaturen (160 bis 170 °C) rasch zersetzen. Beständiger sind die Copolymerisate von Vinylidenchlorid.

Der Weg zu den Vinylidenchlorid-Copolymerisaten

Die Copolymerisation von Vinylidenchlorid wird meist nach dem Emulsions- oder Suspensionsverfahren durchgeführt. Die E- und S-Polymerisate werden nach dem Einmischen von Stabilisatoren und anderen Zusatzstoffen zu Pulver oder Granulat aufbereitet. Die bei der Emulsionspolymerisation entstehenden Dispersionen können auch direkt als Beschichtungsmassen verwendet werden.

Als Comonomere für Vinylidenchlorid haben sich 5 bis 15% Vinylchlorid, 10 bis 20% Acrylnitril, Mischungen von etwa 13% Vinylchlorid mit 2% Acrylnitril sowie ca. 15% Acrylester bewährt. Diese Monomeren-Einheiten unterbrechen den symmetrischen Aufbau der PVDC-Kette, verringern die Anziehungskräfte zwischen benachbarten Makromolekülen, erniedrigen damit die Erweichungstemperatur des Kunststoffes und gestatten niedrigere, schonendere Verarbeitungstemperaturen.

Eigenschaften, Verarbeitung und Verwendung von Vinylidenchlorid-Copolymerisaten

Vinylidenchlorid-Copolymerisate sind etwas weicher und flexibler, jedoch wärmeformbeständiger als Hart-PVC. Ihre Einsatzgrenzen liegen zwischen −20 und +100 °C, ab 160 °C tritt chemisch-thermische Zersetzung auf. PVDC ist noch lichtempfindlicher als PVC und muß entsprechend stärker stabilisiert werden. Es weist eine sehr geringe Wasserdampfdurchlässigkeit und eine sehr hohe Gasdichte (z. B. gegen H_2, N_2, O_2, CO_2) auf und ist verrottungsfest.

Verarbeitung: Besonders wichtig ist das Beschichten von PVDC-Dispersionen auf Papier und Folien sowie das Lackieren von Zellglas, um dessen hohe Wasserdampfdurchlässigkeit zu verringern. Ferner verarbeitet man PVDC durch Spritzgießen, Extrudieren und Blasformen.

Verwendung: Folien (besonders gereckte Folien) und Bänder, Fäden und andere textile Erzeugnisse, beschichtete Papiere und Pappe. Staubfilter, Taue, Geflechte für Polsterbezüge, Insektenschutznetze; Lebensmittelverpackungen.

3.3.3 und 3.3.4 Fluor-Kunststoffe

Geschichtliches

Der erste Fluorkunststoff Polychlortrifluorethylen (PCTFE) wurde 1934 von den deutschen Forschern F. Schloffer und O. Scherer im Werk Hoechst der ehemaligen IG Farbenindustrie AG hergestellt. 1938 beobachtete R. J. Plunkett bei DuPont[33)] in den USA die Bildung von Polytetrafluorethylen (PTFE) bei der Lagerung des Monomeren unter Druck.

Im zweiten Weltkrieg wurde in den USA die Produktion von PTFE sowie von Polyvinylidenfluorid (PVDF) aufgenommen. Diese Kunststoffe kamen zunächst nicht in den Handel, sondern wurden wegen ihrer außergewöhnlichen Chemikalienbeständigkeit als Dichtungsmaterial in Isotopen-Trennungsanlagen bei der Herstellung der ersten Atombomben und wegen ihrer sehr guten elektrischen Isoliereigenschaften in Radargeräten und Kampfflugzeugen eingesetzt.

1950 begann die Hoechst AG mit der Produktion von PCTFE. Seit diesem Jahr befindet sich auch PTFE allgemein im Handel. 1956 wurde von DuPont das Tetrafluorethylen-Hexafluorpropylen (FEP) als erstes fluorhaltiges Copolymerisat entwickelt. Anfang der sechziger Jahre kamen die homopolymeren Kunststoffe PVDF und Polyvinylfluorid (PVF) auf den amerikanischen Markt. Die neuere Entwicklung bei den Fluor-Kunststoffen ist einerseits gekennzeichnet durch Verbesserungen der Verarbeitungsverfahren für PTFE, auf das auch heute noch etwa 90% aller Fluorkunststoff-Anwendungen entfallen. Dadurch ist die Herstellung qualitativ hochwertiger Erzeugnisse bei relativ hohen Verarbeitungsgeschwindigkeiten möglich, obwohl PTFE nicht thermoplastisch verformbar ist. Andererseits wurden weitere copolymere Fluorkunststoffe entwickelt, die sich thermoplastisch und damit wirtschaftlicher verarbeiten lassen. Bewährt haben sich bisher neben den bereits vorher bekannten PVDF, PCTFE und FEP die 1971/72 von amerikanischen Firmen entwickelten Ethylen-Tetrafluorethylen- (ETFE), Ethylen-Chlortrifluorethylen- (ECTFE) und Perfluoralkoxy-Copolymerisate (PFA).

3.3.3 Polytetrafluorethylen (PTFE)

Tetrafluorethylen

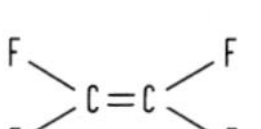

Tetrafluorethylen-Formel

Chem. Bezeichnung auch: Tetrafluorethen; chem. Formel: C_2F_4; farbloses Gas, das bei −76 °C flüssig wird; Herstellung aus Chloroform und Fluorwasserstoff über Difluor-

33) E. I. DuPont de Nemours & Co., Wilmington, USA.

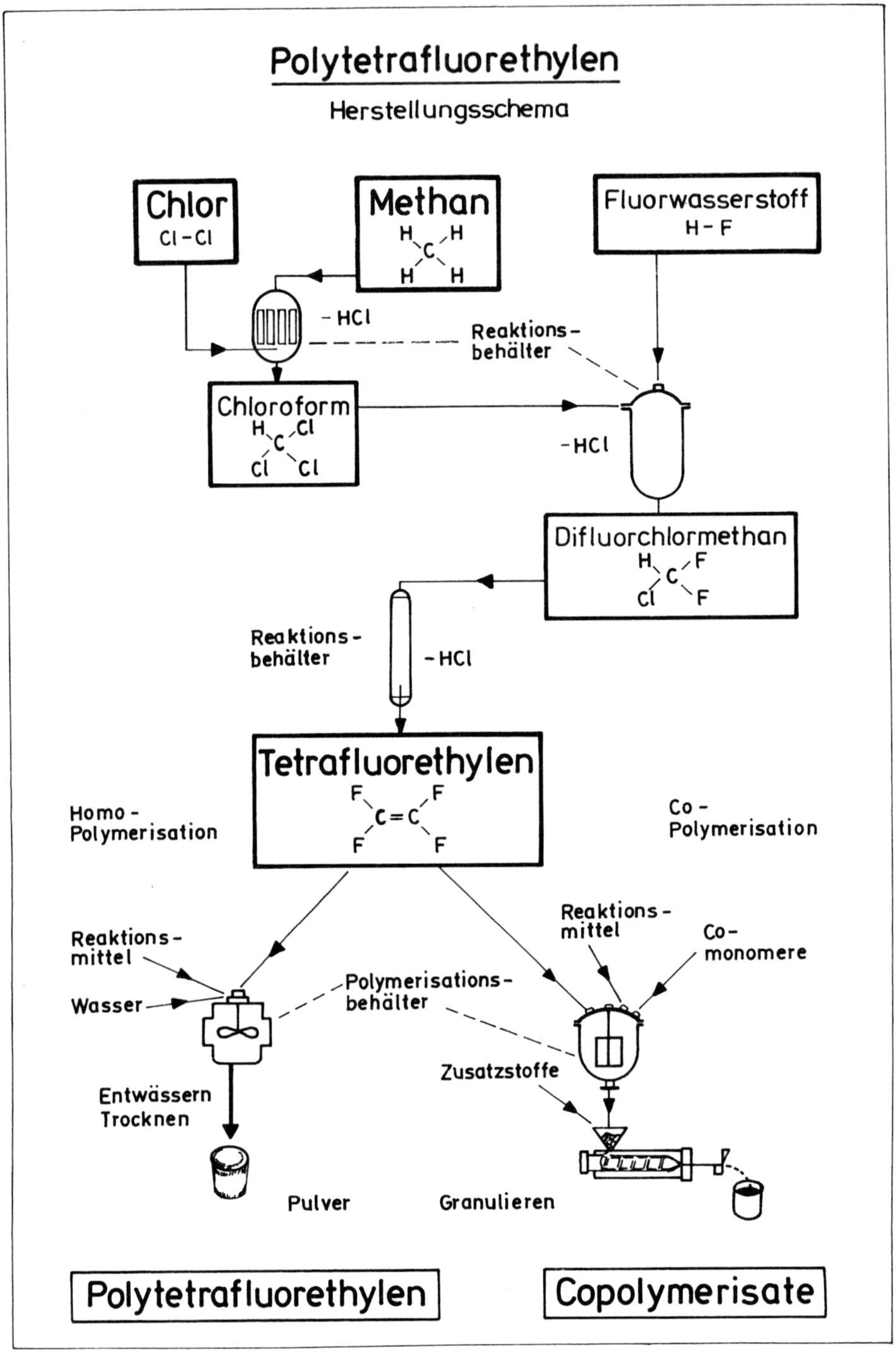
Polytetrafluorethylen
Herstellungsschema
Chlor
Cl-Cl
Methan
Fluorwasserstoff
H-F
-HCl
Reaktions-
behälter
Chloroform
-HCl
Difluorchlormethan
Reaktions-
behälter
-HCl
Tetrafluorethylen
Homo-
Polymerisation
Co-
Polymerisation
Reaktions-
mittel
Wasser
Polymerisations-
behälter
Reaktions-
mittel
Co-
monomere
Zusatzstoffe
Entwässern
Trocknen
Pulver
Granulieren
Polytetrafluorethylen
Copolymerisate

chlormethan durch Chlorwasserstoffabspaltung bei hohen Temperaturen (Pyrolyse); Lagerung unter besonderen Vorsichtsmaßnahmen (verflüssigter Zustand, Ausschluß von Sauerstoff, Zusatz von Inhibitoren, die Sauerstoff binden, da es bei Gegenwart von Sauerstoff spontan polymerisieren und durch die dabei frei werdende Wärme explosionsartig sich zersetzen kann).

Der Weg zum Polytetrafluorethylen

Tetrafluorethylen wird unter Druck in wäßriger Phase mit wasserlöslichen Peroxiden als Initiatoren nach dem Suspensions- oder Emulsionsverfahren bei 20 bis 80 °C polymerisiert. Die Anregung zur Polymerisation kann auch mit energiereicher Strahlung erfolgen. Bei der diskontinuierlich durchgeführten Suspensions-Polymerisation wird das Monomere unter Druck in Rührautoklaven eingeleitet, in denen sich die wäßrigen Lösungen von Initiatoren und weiteren Hilfsmitteln befinden. Während der Polymerisation wird laufend weiteres Monomeres zugesetzt und dadurch der Druck konstant gehalten. Die starke Reaktionswärme muß durch intensives Kühlen und Rühren schnell abgeführt werden. Der Kunststoff fällt nach dem Filtrieren, Waschen und Trocknen als verhältnismäßig grobkörniges Pulver mit einem mittleren Teilchendurchmesser von 600 μm an, das in dieser Form oder nach Vermahlen zu einer Korngröße von durchschnittlich 35 μm weiterverarbeitet wird. Die Teilchen des Suspensions-Polymerisats sind schwammig, porös.

Für die Emulsionspolymerisation, die kontinuierlich oder diskontinuierlich durchgeführt wird, wird wäßrige Initiatorlösung mit Spezial-Emulgatoren vorgelegt. Die entstehende PTFE-Dispersion enthält überwiegend kugelförmige Körner mit einem Teilchendurchmesser von 0,05 bis 0,5 μm (Primärteilchen). Sie kann nach einem Aufkonzentrieren durch teilweises Ausfällen mit Salzen oder teilweises Entmischen mit Hilfe des elektrischen Stromes („Elektrodekantieren") in Gegenwart von Dispersionsmitteln auf durchschnittlich 60% Feststoffgehalt direkt für Imprägnierungen, Beschichtungen oder füllstoffhaltige Mischungen verwendet werden. Der Teilchendurchmesser (Sekundärteilchen) liegt zwischen 1 bis 3 μm.

Zur Herstellung von pulvrig-körnigen PTFE-Emulsionspolymerisaten wird der Kunststoff durch Ausfällen mit Salzen (koagulieren), wasserlöslichen organischen Lösungsmitteln, durch kräftiges Rühren („Buttern") oder durch Kochen von der wäßrigen Lösung getrennt, abfiltriert, gewaschen und getrocknet. Die Teilchengröße (Sekundärteilchen) liegt je nach Verfahren und Temperatur zwischen 100 und 2000 μm. Der im Polymerisat noch weitgehend enthaltene Emulgator hat Gleitmittelwirkung und führt zu einer verbesserten Verarbeitbarkeit. Polytetrafluorethylen besteht aus nahezu völlig unverzweigten Makromolekülketten mit ungewöhnlich hohem Polymerisationsgrad. Die Bindungen zwischen Kohlenstoff und Fluor sind so fest, daß sie nur schwer zerstört werden können. Der Molekülaufbau ist völlig symmetrisch. Wegen ihres großen Durchmessers behindern sich die Fluoratome räumlich so, daß sie nur in einer wendelförmigen Anordnung Platz finden. Sie hüllen das Kohlenstoffgerüst völlig ein. Aus diesem Aufbau lassen sich die hervorstechendsten Eigenschaften von PTFE ableiten: Unpolarer, teilkristalliner Kunststoff mit hohem Kristallinitätsgrad (bis 95% beim PTFE-Rohstoff), hohe Erweichungstemperatur und extrem hohe Viskosität in der Schmelze, daher nicht thermoplastisch formbar, große Temperatur- und Chemikalienbeständigkeit, geringe intermolekulare Kräfte und dadurch verhältnismäßig geringe Festigkeit und Steifigkeit, geringe Oberflächenkräfte, daher kaum Haftung anderer Stoffe (antiadhäsiv).

Formelschema des Polytetrafluorethylen-Makromoleküls

$\bar{P}$: 4 000 ... 90 000

$\bar{M}$: 400 000 ... 9 Millionen

Eigenschaften von Polytetrafluorethylen

Polytetrafluorethylen besitzt niedrige Festigkeit, Steifigkeit und Härte, aber gute Schlagzähigkeit. Ausgeprägt ist sein antiadhäsives Verhalten, d. h. auf seiner Oberfläche haften andere, auch klebrige Stoffe nicht und es wird von Flüssigkeiten nicht benetzt. PTFE besitzt ausgezeichnete Gleiteigenschaften.

Seine Einsatzgrenzen liegen von −200 bis +250 °C Dauertemperatur, kurzfristig bis 300 °C. Oberhalb 400 °C tritt Zersetzung unter Bildung gesundheitsschädlicher Dämpfe ein. PTFE hat große Wärmedehnung. PTFE erleidet bei 19 °C eine Umwandlung der Kristallstruktur unter 1,2% Volumenvergrößerung beim Erwärmen. PTFE ist undurchsichtig weiß, in dünner Schicht durchscheinend.

Ausgezeichnet sind sämtliche elektrische Isoliereigenschaften; es ist für die HF-Technik geeignet. Auch die Kriechstromfestigkeit ist sehr gut.

PTFE ist gegenüber allen üblichen Chemikalien beständig, es wird nur von geschmolzenen Alkalimetallen und Fluor angegriffen. Die Feuchteaufnahme ist fast Null. Es ist auch gegenüber Witterungseinflüssen und Spannungsrißbildung sehr gut beständig. Seine Gasdurchlässigkeit ist relativ hoch. PTFE ist praktisch unbrennbar.

PTFE ist als Spezialkunststoff, insbesondere für den Einsatz bei hohen Temperaturen einzuordnen.

Verarbeitung von Polytetrafluorethylen

PTFE läßt sich nicht nach den üblichen Verfahren für die Formung von Thermoplasten verarbeiten. Die Formgebung geht von PTFE-Pulver oder Dispersionen bzw. Pasten aus. Angewendet werden: Kaltpressen und Sintern, Sintern unter Druck bzw. mit Nachdruck für die Herstellung von Blockmaterial und Formteilen. Ferner zur Herstellung von Stäben, Bändern, Rohren und anderem Strangmaterial: Kolbenextrusion („Ram-Extrusion") durch Verdichten und Sintern von Pulver und Pasten („Pasten-Extrusion"). Zur Herstellung von Beschichtungen werden PTFE-Dispersionen gespritzt oder durch Tränken oder Tauchen verarbeitet. Folien werden durch Schälen von Blockmaterial, Formteile auch durch Zerspanen von Blockmaterial hergestellt. PTFE ist nur nach chemischer Vorbehandlung klebbar und nur durch Preßschweißen bei 370 bis 390 °C zu verbinden.

Häufig angewendete Zusatzstoffe sind Graphit, Molybdändisulfid, Bronze- bzw. Kupfer-Pulver, Asbest- bzw. Glasfasern.

Verwendung von Polytetrafluorethylen

Stäbe, Blöcke, Platten, Rohre, Schläuche (Schrumpf-, Isolierschläuche), Folien, Bänder, Fasern.

Elektrische Isolierteile (z. B. Flächenheizleiter), Schalterteile für Hochspannung, Draht- und Kabelisolierungen; Lager, Dichtungen und Gewindedichtbänder, Dehnungselemente, Faltenbälge, Kolbenringe, Armaturen, Auskleidungen für Behälter, chemische Apparate, Ventile, Hähne, Pumpen (Bild 3.3-6), Filterkörper, chemisches Laborgerät; Beschichtungen mit abweisender Oberfläche und Transportbänder (z. B. für klebrige oder heiße Güter in der Klebstoff-, Lebensmittel-, Kunststoffschweiß-, Gummitechnik); Auf- und Gleitlager zum Verschieben von Bauwerken (z. B. Brücken). Antiadhäsive Beschichtungen von Bratpfannen, Backformen, Bügeleisen.

Bild 3.3-6:
Mit PTFE ausgekleidete Zentrifugalpumpe

Das Wichtigste in Kürze über Polytetrafluorethylen

PTFE ist ein hochkristalliner durch Polymerisation herzustellender Kunststoff, der beim Erwärmen nicht schmelzbar-flüssig, sondern nur gummiartig weich wird. Er ist extrem unpolar, daher haftfeindlich (antiadhäsiv) und kaum benetzbar. Sehr groß ist sein Temperaturanwendungsbereich, ausgezeichnet sind seine elektrischen Isoliereigenschaften, die chemische und Witterungsbeständigkeit. PTFE ist nahezu unbrennbar. Das Material ist kostspielig; Preis etwa DM 20,– pro Kilogramm (1978/79).

3.3.4 Thermoplastisch verarbeitbare Fluorkunststoffe

Der Nachteil des PTFE, nicht thermoplastisch verarbeitbar zu sein, kann durch Unterbrechen seines regelmäßigen Molekülaufbaues beseitigt werden. Durchgesetzt haben sich bis heute besonders solche Fluorkunststoffe, bei denen die günstigen Eigenschaften des PTFE dadurch nicht allzu stark beeinträchtigt werden. Dies sind

- Copolymerisate von Tetrafluorethylen mit anderen fluorierten (FEP und PFA) oder nicht fluorierten (ETFE) Monomeren,
- Homopolymerisate weniger stark fluorierter (PVDF und PVF) oder fluorchlorierter (PCTFE) Monomerer und
- Copolymerisate dieser zweiten Gruppe (CTFE/VDF und ECTFE).

Die Herstellung dieser Fluorkunststoffe erfolgt wie die von PTFE nach dem Emulsions- oder Suspensionsverfahren. Es sind teilkristalline Thermoplaste, die als Pulver bzw. Suspensionen und, mit Ausnahme von PVF, auch als Granulate geliefert werden.

Perfluorethylenpropylen (Tetrafluorethylen-Hexafluorpropylen, FEP)

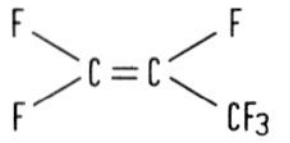

Hexafluorpropylen-Formel

Gemische von 50 bis 90% Hexafluorpropylen mit Tetrafluorethylen werden bei 30 bis 50 bar Druck und Temperaturen zwischen 90 und 100 °C copolymerisiert. Die CF_3-Seitengruppen vergrößern die Abstände benachbarter Makromoleküle und erniedrigen die Kristallinität auf etwa 40 bis 50%.

Perfluoralkoxy-Copolymer (PFA)

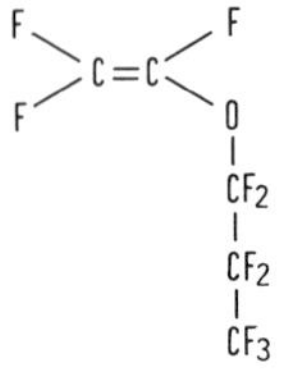

Perfluorpropylvinylether-Formel

Diese Fluorkunststoffe entstehen durch Copolymerisation von Tetrafluorethylen mit perfluorierten Vinylethern (Vinylether s. S. 78), z. B. Perfluorpropylvinylether. Die Alkoxy-Seitengruppen sind wegen ihrer Länge und der beweglichen Sauerstoffbrücke flexibler als beispielsweise die CF_3-Seitengruppe beim FEP. PFA hat deshalb im Vergleich mit PTFE kaum veränderte Festigkeiten. Die PFA-Copolymerisate sind die jüngsten und in ihren Eigenschaften dem PTFE ähnlichsten thermoplastischen Fluorkunststoffe.

Ethylen-Tetrafluorethylen (ETFE)

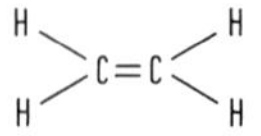

Ethylen-Formel

Diese Copolymerisate mit einem durchschnittlichen Tetrafluorethylen-Anteil von 75% weisen gegenüber PTFE eine weniger vollständige Abschirmung der Kohlenstoffkette auf. Dies bewirkt im Vergleich mit PTFE neben einer Erniedrigung der Viskosität der Schmelze größere zwischenmolekulare Kräfte und dadurch größere mechanische Festigkeiten.

Polyvinylidenfluorid (PVDF)

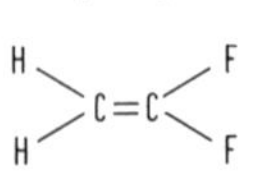

Vinylidenfluorid-Formel

Die Homopolymerisation von Vinylidenfluorid wird bei Drücken von über 100 bar durchgeführt. Der hochmolekulare und bei langsamem Abkühlen hoch teilkristalline Thermoplast gehört wegen der starken zwischenmolekularen Kräfte zu den Fluor-Kunststoffen mit der höchsten mechanischen Festigkeit.

Als Copolymerisate des Vinylidenfluorids sind die mit 25 bis 50% Trifluorchlorethylen am längsten bekannt. Es handelt sich um kautschukelastische, zu Elastomeren vernetzbare

Fluor-Polymerisate. Größere technische Bedeutung haben heute die zur gleichen Gruppe zählenden Copolymerisate des Vinylidenfluorids mit etwa 30% Hexafluorpropylen.

Polyvinylfluorid (PVF)

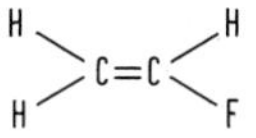

Vinylfluorid-Formel

Dieses Homo-Polymerisat wird bei 50 bis 150 °C und Drücken von 75 bis 150 bar hergestellt. Es ist ein in einigen Eigenschaften dem Hart-PVC ähnlicher Fluorkunststoff. Dies gilt insbesondere für die Zersetzung bei höherer Temperatur, hier unter Abspaltung von Fluorwasserstoff.

Polychlortrifluorethylen (PCTFE)

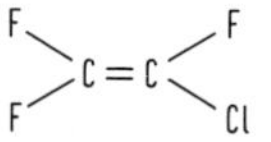

Chlortrifluorethylen-Formel

Die Homo-Polymerisation von Chlortrifluorethylen erfolgt bei Temperaturen zwischen 0 und 40 °C. Der aufbereitete Kunststoff hat je nach Behandlung und Abkühlungsgeschwindigkeit einen Kristallinitätsgrad zwischen 45 und 65%. Er ist linear aufgebaut und im Vergleich zu PTFE härter.

Eine Verbesserung der Verarbeitbarkeit zeigen Copolymerisate mit bis zu 2% Vinylidenfluorid. Im Handel sind ferner besonders gut zu verarbeitende Mischungen von PCTFE mit bis zu 25% Weichmachern.

Ethylen-Chlortrifluorethylen (ECTFE)

Dieses neuere, hochmolekulare Copolymerisat enthält die beiden Comonomeren alternierend im Verhältnis 1:1. Der mechanisch feste und hochschlagzähe Kunststoff wird stets mit stabilisierenden Zusätzen verarbeitet.

Eigenschaften von thermoplastisch verarbeitbaren Fluorkunststoffen

Über die Unterschiede wichtiger Eigenschaften im Vergleich zum PTFE gibt Tabelle 3.3-3 Auskunft. PFA ist bei höheren Temperaturen fester als PTFE. Die mechanischen Eigenschaften von PCTFE werden gelegentlich durch Weichmacherzusatz verändert. Während FEP in der chemischen Beständigkeit dem PTFE entspricht, werden die anderen Fluorkunststoffe von folgenden Chemikalien angegriffen: PFA von chlorierten Kohlenwasserstoffen bei höheren Temperaturen; ETFE von oxidierenden Säuren, Sulfonsäuren, Aminen und chlorierten Kohlenwasserstoffen bei höheren Temperaturen und höheren Konzentrationen; PVDF von hochkonzentrierter Schwefel- und Salpetersäure, Ketonen, Estern, Anhydriden und Aminen; PCTFE von Chlorkohlenwasserstoffen und Estern; ECTFE von heißen Aminen und Chlorkohlenwasserstoffen.

Verarbeitung von thermoplastisch verarbeitbaren Fluorkunststoffen

Diese Fluorkunststoffe können im Gegensatz zu PTFE durch die üblichen Formungsverfahren für Thermoplaste, wie Extrusion, Spritzgießen, Blasformen, Thermoformen, verarbeitet werden. Allerdings sind die Maschinenteile, die mit der Schmelze in Berührung kommen, aus korrosionsbeständigen Metallen zu fertigen, weil bei den erforderlichen hohen Verarbeitungstemperaturen Spuren von Flußsäure, ggf. auch Chlorwasserstoff, freiwerden. PVDF, PVF und PCTFE sind hochfrequenzschweißbar, alle Fluorkunststoffe nach anderen Verfahren, wie Heizelementschweißen, zu verbinden. Das Kleben erfordert bei den meisten Fluorkunststoffen eine chemische Vorbehandlung.

Tabelle 3.3-3: Vergleich von Eigenschaften von PTFE und anderen Fluorkunststoffen

Eigenschaft	PTFE	FEP	PFA	ETFE	PVDF	PVF	PCTFE	ECTFE
Festigkeit/ Steifigkeit	○	–	○	+	+ +	+	+	+
Kerbschlag-zähigkeit	○	+	+	+ +	○	–	–	+
Dauergebrauchs-temperatur-bereich (°C)	–200 bis +250	–100 bis +205	–200 bis +260	–100 bis +155	–60 bis +150	–70 bis +110	–40 bis +170	–100 bis +140
Wärmedehnung	––	–	–	○	○	○	+	○
Transparenz	––	○	+	+	○	+ +	–	○
dielektrische Eigenschaften	+ +	+	+ +	+	––	––	–	+
Preis	+	○	–	○	+	○	○	○

Zur Bedeutung der Symbole s. Tabelle 3.2-1 (S. 62). „+ +" bedeutet bei den dielektrischen Eigenschaften sehr kleine Dielektrizitätszahl (ca. 2,1) und kleiner dielektrischer Verlustfaktor (ca. $1 \cdot 10^{-4}$), „––" große Dielektrizitätszahl (ca. 6 bis 9) und großer dielektrischer Verlustfaktor (ca. 5 bis $20 \cdot 10^{-2}$).

Anwendung von thermoplastisch verarbeitbaren Fluorkunststoffen

PVF wird nur als Folie oder als Beschichtung für folgende Zwecke angewendet: Witterungsschutzfolien für Fassaden, Dächer und Straßenschilder, Trennfolien, Fahrzeug- und Flugzeugauskleidung. Alle anderen Fluorkunststoffe werden wie folgt eingesetzt:

Stäbe, Blöcke, Rohre, Profile, Tafeln, Folien, Schrumpfschläuche (PVDF), Monofile (PVDF). Draht- und Kabelummantelungen, Isolierschläuche, Isolierteile (Bild 3.3-7) wie Stecker, Spulenkörper, Röhrensockel, Schalterteile, Kabelschellen und -bänder; Dichtungen, Membranen, Faltenbälge, Lager, Zahnräder, Auskleidungen von chemischen Behältern, Pumpen, Ventilen, Fittings, chemisches Laborgerät; Teleskopteile von Sicherheitslenksäulen (FEP); Flaschen (PVDF). Medizinische und pharmazeutische Verpackungen.

Das mechanisch günstige und relativ preiswerte PVDF hat insbesondere dort als Material für den Rohrleitungs- und Chemieapparatebau eine Hart-PVC-ähnliche Bedeutung erreicht, wo Temperaturen bis 150 °C vorkommen.

Das Wichtigste in Kürze über thermoplastisch verarbeitbare Fluorkunststoffe

Diese Kunststoffe ähneln dem PTFE in ihren Eigenschaften, erreichen diese jedoch in vielen Fällen nicht ganz. Sie können aber andererseits mit den üblichen Verarbeitungsverfahren für Thermoplaste geformt werden. Ihr Preis ist höher als derjenige für PTFE (etwa bis DM 80,– pro Kilogramm). Ihre Anwendung entspricht weitgehend ebenfalls der von PTFE, d. h. sie werden vor allem bei höheren Temperaturen eingesetzt.

Bild 3.3-7:
Träger für Halbleiterverarbeitung aus PFA

3.4 Ether-Thermoplaste

Ether-Thermoplaste bestehen aus kettenförmigen Makromolekülen, deren aliphatische oder aromatische Kettenglieder periodisch durch Sauerstoffbrücken („Ether-Brücken": $\geqslant C-O-C\leqslant$) verknüpft sind. Sie werden mit Ausnahme des Polyoxymethylens, das auch aus Formaldehyd hergestellt werden kann, aus ringförmigen Ethern durch Polymerisation, z. B. Trioxan zu Polyoxymethylen (POM, Polyformaldehyd) oder Polyaddition, z. B. Epoxide, s. S. 170, zu Polyethylenoxid (PEOX) bzw. Polypropylenoxid (PPOX) erhalten. Durch Polykondensation werden Polyphenylenoxid (PPO), Polysulfon (PSU) bzw. Polyphenylensulfon hergestellt.

PEOX hat als wasserlösliches Polymeres keine Bedeutung als Kunststoff. PPOX wird als Reaktionspartner bei der Herstellung von Polyurethanen (PUR, s. S. 140 und 192) verwendet. Polysulfone gehören zu den hochtemperaturbeständigen Kunststoffen und werden im Abschnitt 5 (S. 181) behandelt. Die wichtigsten Ether-Thermoplaste sind POM und PPO.

3.4.1 Polyoxymethylen (POM)

Geschichtliches

Kettenförmige Polymere des Formaldehyds sind schon seit mehr als 100 Jahren bekannt. In den frühen zwanziger Jahren unseres Jahrhunderts begannen H. Staudinger und W. Kern mit den systematischen Untersuchungen der Polymerisation von Formaldehyd. Es gelang damals jedoch nicht, ausreichend stabile Polymere mit genügend hohem Polymerisationsgrad herzustellen. Um 1940 wurden die Arbeiten über Polyoxymethylen in den USA wieder aufgenommen. Sie führten 1958 zur Produktion des ersten thermisch beständigen Formaldehyd-Homopolymerisats. 1961 kamen die noch beständigeren Copolymerisate des Formaldehyds in Europa und den USA in den Handel. Homo- und Copolymerisate des Formaldehyds gehören zur Gruppe der Polyacetale.

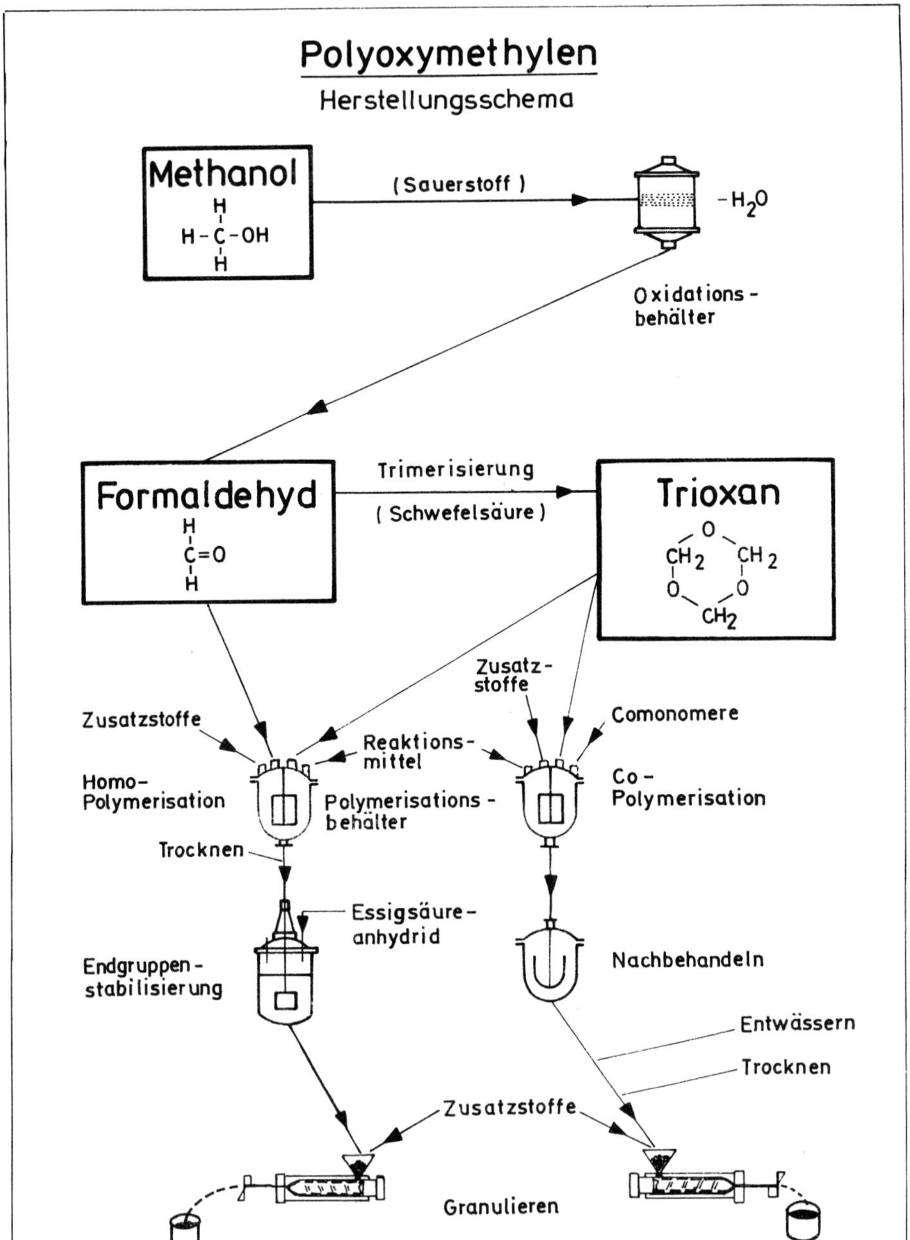
Polyoxymethylen
Herstellungsschema
Methanol
H-C-OH
(Sauerstoff)
-H2O
Oxidations-behälter
Formaldehyd
C=O
Trimerisierung
(Schwefelsäure)
Trioxan
CH2
O
Zusatzstoffe
Zusatz-stoffe
Comonomere
Reaktions-mittel
Homo-Polymerisation
Polymerisations-behälter
Co-Polymerisation
Trocknen
Essigsäure-anhydrid
Endgruppen-stabilisierung
Nachbehandeln
Entwässern
Trocknen
Zusatzstoffe
Granulieren
Polyoxymethylen
Copolymerisate

Heute liegen die Polyacetale[34)] unter den technischen Thermoplasten nach Polyamid und Polycarbonat auf dem dritten Platz.

Formaldehyd

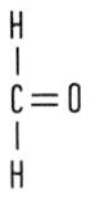

Formaldehyd-Formel

Chem. Bezeichnung auch: Methanal oder Oxymethylen; chem. Formel: CH_2O; farbloses, stechend riechendes Gas, das bei −19 °C flüssig wird; seine wäßrige Lösung heißt Formalin; Herstellung vorwiegend aus Methanol durch Oxidation.

Trioxan

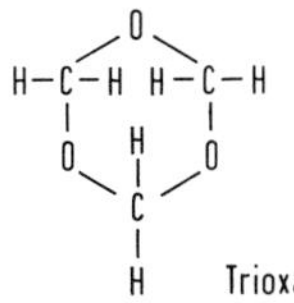

Trioxan-Formel

Chem. Bezeichnung auch: Trioxymethylen; chem. Formel: $C_3H_6O_3$; farblose, kristalline Substanz, die bei 60 °C schmilzt und bei 114 °C siedet; Bildung bei der Destillation konzentrierter wäßriger Formaldehydlösungen in Gegenwart von Schwefelsäure als Katalysator.

Der Weg zum Polyoxymethylen

Polyoxymethylen wird durch Polymerisation aus Formaldehyd oder dem ringförmigen Trimeren des Formaldehyds, Trioxan, hergestellt. Die Reaktion erfolgt mit anionischen oder kationischen Initiatoren nach dem Ionenketten-Mechanismus (s.S. 41) durch Masse- oder Fällungspolymerisation. Um Kunststoffe mit ausreichend hohem Polymerisationsgrad zu erhalten, müssen die Ausgangsstoffe im hochgereinigten und wasserfreien Zustand vorliegen.

Diese Reinigung ist bei Trioxan durch Destillation und Kristallisation besonders einfach durchzuführen. Als Initiatoren werden kationische Verbindungen verwendet. Wegen seiner geringen Polymerisationswärme kann Trioxan nach dem Verfahren der Massepolymerisation umgesetzt werden. Bei der ebenfalls durchgeführten Fällungs- bzw. Suspensionspolymerisation wird es in Kohlen- oder Chlorkohlenwasserstoffen, in denen es nicht löslich ist, bei etwa 70 °C aufgeschmolzen und unter kräftigem Rühren polymerisiert. Der Kunststoff wird durch Filtrieren, Waschen und Trocknen gewonnen.

Die Reinigung von Formaldehyd als Ausgangsstoff ist dagegen viel aufwendiger. Da außerdem die Polymerisationswärme wesentlich größer ist als bei Trioxan, kann eine Massepolymerisation nicht durchgeführt werden: Hochgereinigter Formaldehyd wird bei Zimmertemperatur und Normaldruck in eine Lösung von kationischen oder anionischen

34) Acetale: organische Verbindungen, die am gleichen C-Atom mit zwei Ether-Sauerstoffen verbunden sind.

Initiatoren eingeleitet. Die Polymerisation findet unter trockener Stickstoff-Atmosphäre statt. Der unlösliche Kunststoff fällt als fein dispergiertes Pulver aus und wird filtriert, gewaschen und getrocknet.

Formaldehyd-Homopolymerisate sind thermisch instabil. Sie spalten bei höherer Temperatur in Umkehrung zur Bildungsreaktion Formaldehyd ab („Depolymerisation"). Zum Stabilisieren gegen diese Rückspaltung werden in einer Nachbehandlungsstufe die „Halbacetal"- Endgruppen der Makromoleküle des suspendierten oder gelösten Kunststoffs verestert („Endgruppen-Stabilisierung").

Halbacetale sind organische Verbindungen, die am gleichen Kohlenstoffatom einen Ether-Sauerstoff und eine Hydroxylgruppe tragen. Sie stehen als thermisch instabile Gruppierungen an den Kettenenden der POM-Makromoleküle und bilden beim Erhitzen Formaldehyd:

$$H-O-CH_2-O-CH_2-O-(CH_2-O)_n-CH_2-O-CH_2-O-H \longrightarrow 2\ CH_2{=}O + H-O-CH_2-O-(CH_2-O)_n-CH_2-O-H$$

Halbacetal-Endgruppe

Dieser Abbau setzt sich von beiden Seiten der Makromoleküle her reißverschlußartig fort, da sich immer wieder Halbacetalgruppen bilden. Durch Reaktion mit einer Säure oder einem Säureanhydrid (z. B. Essigsäureanhydrid bei 50 bis 200 °C) bilden sich thermisch wesentlich beständigere Estergruppen:

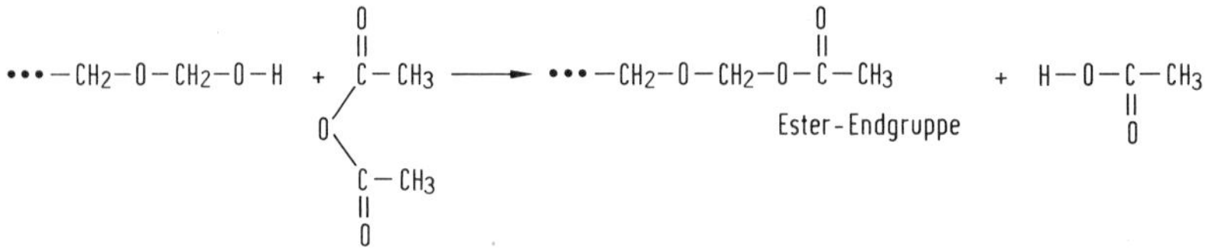

Die Copolymerisate des Formaldehyds aus Trioxan mit geringen Mengen anderer cyclischer Monomerer, z. B. ca. 2% Ethylenoxid, benötigen keine Endgruppen-Stabilisierung. Durch Nachbehandlung mit wäßrigen alkalischen Lösungen werden diese Kunststoffe gegen Wärmeeinwirkung beständig („Kettenstabilisierung durch alkalische Hydrolyse").

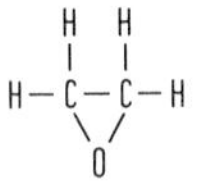

Ethylenoxid-Formel

Der Abbau der POM-Copolymerisat-Ketten wird an den Stellen unterbrochen, an denen die statistisch verteilten Comonomeren eingebaut sind:

$$\cdots-CH_2-CH_2-O-CH_2-O-H \longrightarrow CH_2{=}O + \cdots-CH_2-CH_2-O-H$$

Comonomeres (Ethylenoxid) — Alkohol-Endgruppe

Die entstehenden Alkohol-Endgruppen der POM-Copolymerisate sind thermisch und gegen Chemikalien stabiler als die Ester-Endgruppen der Homopolymerisate.

Polyacetale sind linear aufgebaute, hoch teilkristalline Thermoplaste mit einem Kristallinitätsgrad von ca. 80%. Die zwischenmolekularen Kräfte sind hoch.

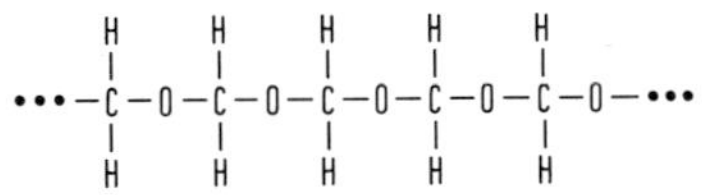

Formelschema des Polyoxymethylen-Makromoleküls (Homopolymerisat)

$\bar{P}$: 1000 ... 1650

$\bar{M}$: 30000 ... 50000

Eigenschaften von Polyoxymethylen

Diese technischen Thermoplaste besitzen mittlere bis hohe Festigkeit (besonders Wechselfestigkeit) und Steifigkeit (besser als die Werte von Polycarbonat), mittlere bis hohe Schlagzähigkeit, Härte und gutes Gleit- und Abriebverhalten.

Die Einsatzgrenzen liegen von etwa −40 bis +85 bzw. 100 °C Dauertemperatur, kurzfristig bis 110 bzw. 140 °C (an Luft nur etwa + 80 °C). Die Wärmedehnung ist bei POM im mittleren Bereich. POM ist undurchsichtig-weiß und daher nur gedeckt einzufärben. In dünner Schicht (unter 2 mm Dicke) ist dieser Kunststoff durchscheinend bis lichtdurchlässig, aber milchig getrübt.

POM hat gute elektrische Isoliereigenschaften.

Diese Thermoplaste sind beständig gegen verdünnte Säuren sowie verdünnte und konzentrierte Basen, aliphatische, aromatische und halogenierte Kohlenwasserstoffe, Öle und Alkohole. Sie sind unbeständig gegen konzentrierte Säuren und Flußsäure, Ester und Oxidationsmittel. POM weist mittlere Feuchteaufnahme und hohe Gasdichte auf. Bei Zusatz von UV-Stabilisatoren besitzt es gute Witterungsbeständigkeit. POM brennt, wobei Formaldehyd freigesetzt wird.

POM gehört zur Gruppe der technischen Thermoplaste.

Eigenschaftsunterschiede zwischen POM-Homo- und Copolymerisaten

POM-Homopolymerisate besitzen bessere Festigkeitseigenschaften und kleinere Wärmedehnzahlen als die Copolymerisate. Diese weisen höhere Einsatztemperaturen auf, die oben aufgeführten höheren Temperaturwerte gelten für die Co-, die niedrigeren für die Homopolymerisate. Die Copolymerisate besitzen bessere elektrische Isoliereigenschaften und geringere Wasseraufnahme als die Homopolymerisate, die bei Kontakt mit heißem Wasser nur bis etwa 65 °C verwendbar sind.

Verarbeitung von Polyoxymethylen

Das wichtigste Verarbeitungsverfahren ist das Spritzgießen, besonders auch das „Mikropräzisions-Spritzgießen", das für die Herstellung eng tolerierter maßhaltiger Kleinteile (unter 2 g) mit Toleranzen von etwa 0,3 bis 0,6% auch für Maße unter 2 mm geeignet ist. Weitere Verarbeitungsmöglichkeiten: Extrudieren, Blasformen, Schweißen (außer HF-Schweißen) und Spanen. Das Kleben ist nur nach Vorbehandlung möglich.

Verwendung von Polyoxymethylen

Präzisionsteile für Telefonapparate, Radio-, Fernseh- und Tonwiedergabe-Geräte, Bild 3.4-1; Zahnräder und Lager für Uhrwerke, Teile und Gehäuse für Wasserpumpen, Ventile, Armaturen, Schaltwerke, Kugellagerkäfige; Vergaserteile; Schrauben. Möbelbeschläge und -scharniere, Schloßteile, Haken; Sprühdosen; Gasfeuerzeugtanks; Kupplungsteile für Gartenschläuche.

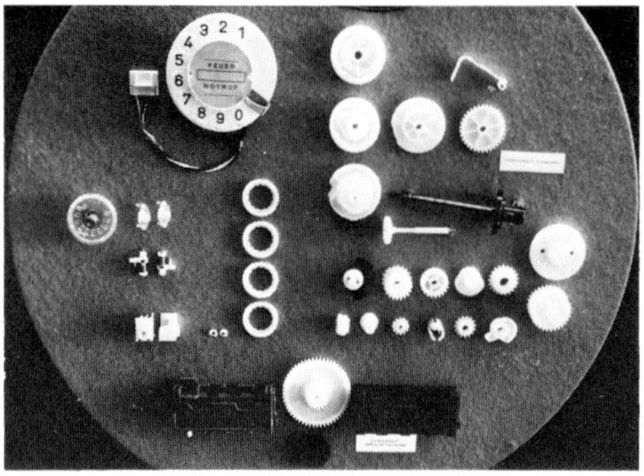

Bild 3.4-1:
Telefon-Wählmechanismus, Funktionsteile für Filmprojektor und Filmkameras aus POM

Das Wichtigste in Kürze über Polyoxymethylen

POM ist ein teilkristalliner, fast unpolarer, durch Polymerisation hergestellter Thermoplast. Er zählt zu den typischen technischen Kunststoffen mit hohen Festigkeiten und guter Verschleißbeständigkeit. Bevorzugtes Verarbeitungsverfahren ist das Spritzgießen, besonders zur Herstellung von Präzisionsteilen für technische Zwecke.

4.2.3 Polyphenylenoxid (PPO)

Geschichtliches

Polyphenylenoxid wurde 1956 von A. S. Hay in den USA bei der General Electric[35] entwickelt. 1960 wurden erste Versuchsmengen ausgegeben; seit 1966 wird aus 2,6-Dimethylphenol hergestelltes PPO produziert. 1964 kamen bereits modifizierte Polyphenylenoxide in Form von Mischungen mit anderen Thermoplasten unter dem Handelsnamen Noryl auf den Markt. Die modifizierten PPO-Typen sind nach Eigenschaften und Preis interessante thermoplastische Konstruktionswerkstoffe.

2,6-Dimethylphenol

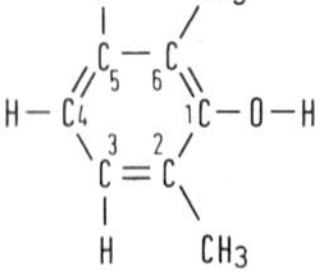

2,6-Dimethylphenol-Formel

Chem. Bezeichnung auch: Xylenol; chem. Formel: $C_8H_{10}O$; feste, kristalline Substanz, die bei 49 °C schmilzt und bei 212 °C siedet; Gewinnung aus Steinkohlenteer oder Crackbenzin (s. S. 25/26).

Der Weg zum Polyphenyloxid

Poly-(2,6-dimethyl-para-phenylenoxid), kurz Polyphenylenoxid, bildet sich durch Oxidation von 2,6-Dimethylphenol beim Durchleiten von Luft in geeigneten Lösungsmitteln,

35) General Electric Co., New York, USA.

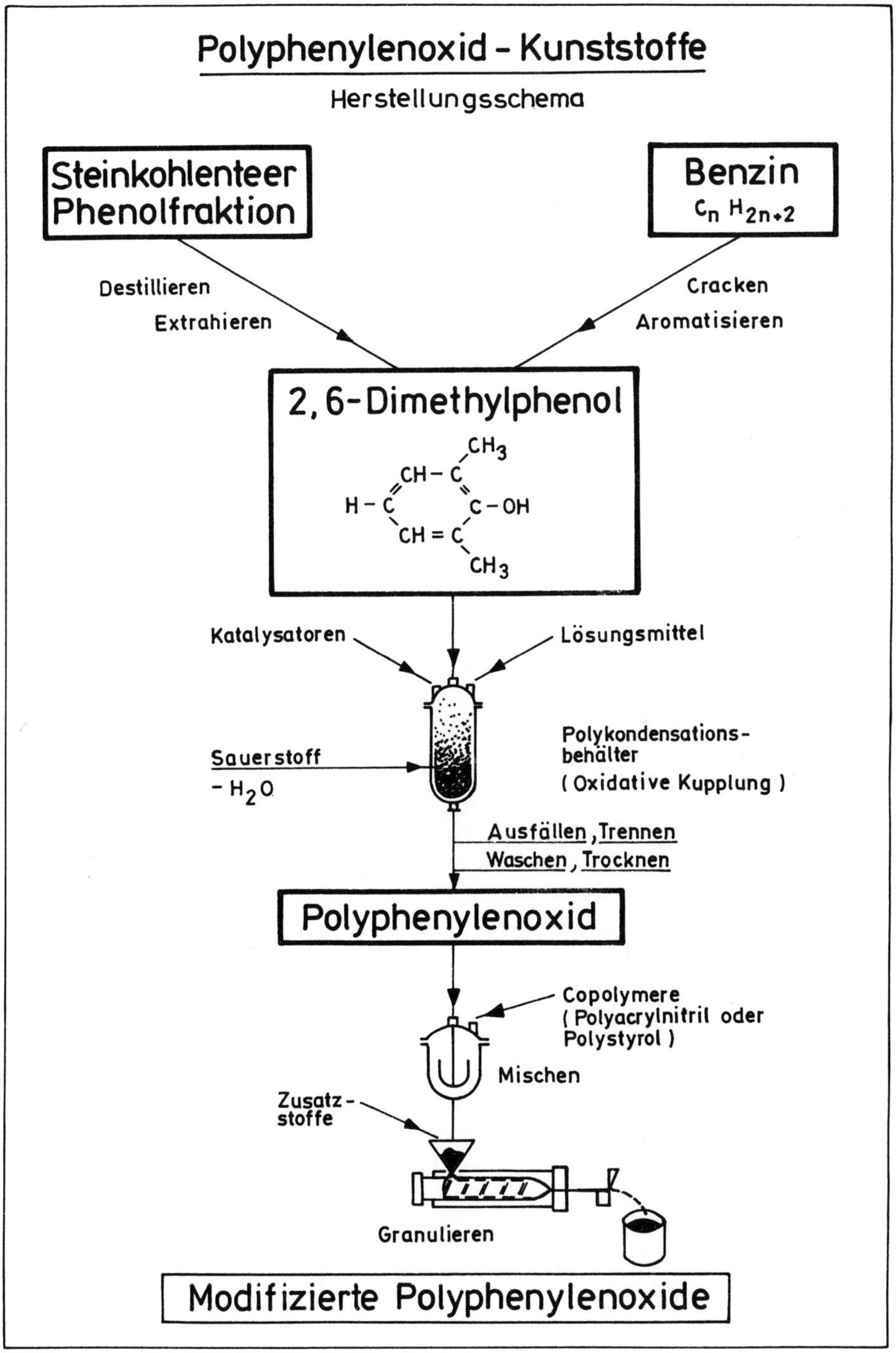
Polyphenylenoxid - Kunststoffe
Herstellungsschema
Steinkohlenteer Phenolfraktion
Benzin
$C_n H_{2n+2}$
Destillieren
Extrahieren
Cracken
Aromatisieren
2,6-Dimethylphenol
CH_3
CH - C
H - C
C - OH
CH = C
CH_3
Katalysatoren
Lösungsmittel
Sauerstoff
$- H_2O$
Polykondensations-behälter
(Oxidative Kupplung)
Ausfällen, Trennen
Waschen, Trocknen
Polyphenylenoxid
Copolymere
(Polyacrylnitril oder Polystyrol)
Mischen
Zusatz-stoffe
Granulieren
Modifizierte Polyphenylenoxide

beispielsweise Nitrophenol. Als Katalysatoren werde Kupfersalze in Verbindung mit Aminen, insbesondere Pyridin, verwendet. Bei dieser Reaktion wird jeweils der Phenol-Wasserstoff des einen und der para-ständige Wasserstoff eines anderen Dimethylphenol-Moleküls durch Luftsauerstoff in Form von Wasser abgespalten („Oxidative Kupplung"). Da sich die Polymeren unter Abspaltung niedermolekularer Produkte (Wasserstoff bzw. Wasser) bilden, muß die Bildungsreaktion von PPO zur Polykondensation gerechnet werden.

Der Kunststoff wird, beispielsweise durch Zugabe von Methanol, ausgefällt, filtriert, gewaschen, getrocknet und granuliert. Die hervorragenden mechanischen und thermischen Eigenschaften von unmodifiziertem Polyphenylenoxid können wegen seiner starken Oxidation- und Lichtempfindlichkeit nicht ausgenutzt werden. Wesentlich günstiger verhalten sich die durch Mischen mit anderen Thermoplasten modifizierten Polyphenylenoxide. Solche Polyblends mit Polystyrol im Verhältnis 1:1 oder mit Polyacrylnitril unterscheiden sich von nicht modifiziertem PPO durch Verarbeitbarkeit und höhere Oxidationsbeständigkeit und sind daher die weitaus wichtigsten auf dem Markt befindlichen PPO-Kunststoffe. Die verringerte Formbeständigkeit in der Wärme kann durch Verstärken mit bis zu 30% Glasfasern erhöht werden.

Polyphenylenoxid ist ein amorpher Thermoplast mit weitgehend unverzweigten Makromolekülen.

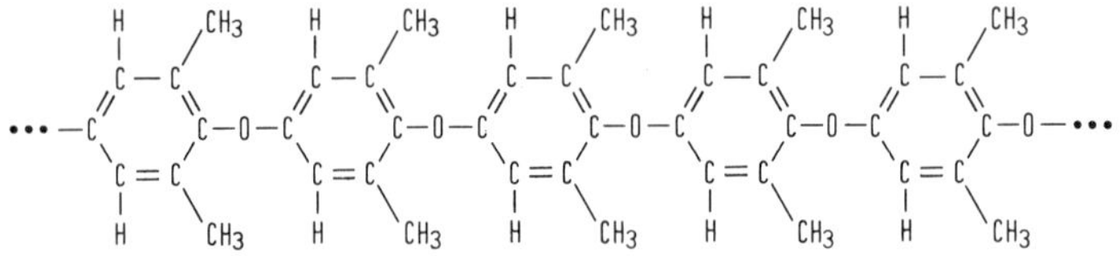

Formelschema des Polyphenylenoxid-Makromoleküls

$\bar{P}$: 200 ... 250

$\bar{M}$: 25 000 ... 30 000

Eigenschaften von modifiziertem Polyphenylenoxid

PPO besitzt mittlere Festigkeit und hohe Steifigkeit und Härte, sehr hohe Schlagzähigkeit; ferner gutes Gleit- und Abriebverhalten.

Seine Einsatzgrenzen liegen von etwa −30 bis +80 °C Dauertemperatur, kurzfristig (einige Typen) bis 150 °C. Die Wärmedehnung ist gering bis mittel.

Modifiziertes PPO ist undurchsichtig mit beiger Eigenfärbung und daher nur in kräftigen Farbtönen einzufärben. Seine elektrischen Isoliereigenschaften sind gut.

Dieser Kunststoff ist beständig gegen verdünnte Säuren und Basen, Alkohole, Fette und Öle. Er wird angegriffen von konzentrierten Säuren und Basen, aliphatischen, aromatischen und halogenierten Kohlenwasserstoffen, Ketonen und Estern. Er zeigt mittlere Feuchteaufnahme. PPO neigt zur Spannungsrißbildung und ist witterungsbeständig. Besonders die Typen mit Flammschutzmitteln brennen nach Entzünden nicht weiter. Über 100 °C tritt an Luft Oxidation auf.

PPO ist ein typischer technischer Thermoplast.

Verarbeitung von modifiziertem Polyphenylenoxid

Bevorzugtes Verarbeitungsverfahren ist das Spritzgießen. Weitere Verfahren: Extrudieren und Blasformen. Schweißverbindungen werden durch Ultraschall- und Reibschweißen hergestellt. Kleben ist möglich. PPO wird auch galvanisch metallisiert. Mechanisch beanspruchte Teile werden oft aus glasfaserverstärktem PPO hergestellt.

Anwendung von modifiziertem Polyphenylenoxid

Tafeln und Profile.

Teile für Elektrogeräte, wie Haartrockner, Rundfunk- und Fernsehgeräte; Teile für Kameras und Projektoren; Armaturenbretter von PKW (Bild 3.4-2), Kühlergrills, Teile für Luftzuführungssysteme von PKW; Teile für Waschmaschinen und Wasserkocher; Büromaschinenteile.

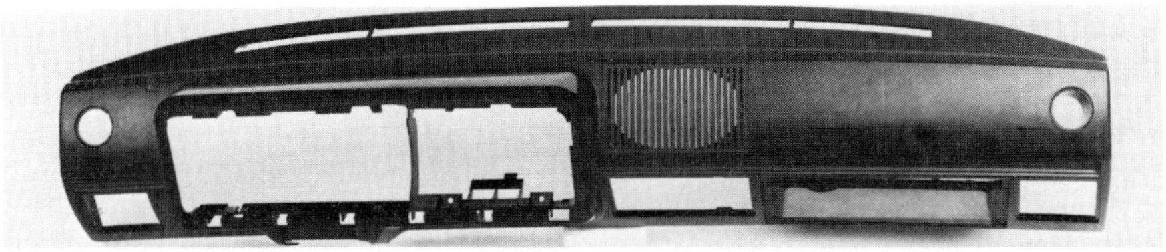

Bild 3.4-2: Armaturenbrett des VW Golf N aus modifiziertem PPO

Das Wichtigste in Kürze über Polyphenylenoxid

PPO ist ein amorpher, durch Polykondensation hergestellter Thermoplast, der in modifizierter Form angewendet wird. Er zählt besonders wegen seiner guten mechanischen Eigenschaften und der kleinen Wärmedehnung zu den technischen Thermoplasten. PPO ist witterungsbeständig. Seine Verarbeitung erfolgt hauptsächlich durch Spritzgießen zu Teilen für Elektrogeräte und Kraftfahrzeuge.

3.5 Ester-Thermoplaste

In diesem Abschnitt sind solche thermoplastischen Kunststoffe zusammengefaßt, bei denen entweder die Hauptkette regelmäßig durch Ester-Gruppen[35] unterbrochen ist oder die Ester-Gruppen sich in Seitengruppen befinden.

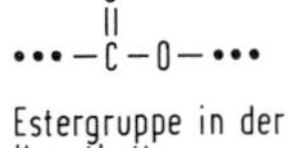

Estergruppe in der Hauptkette

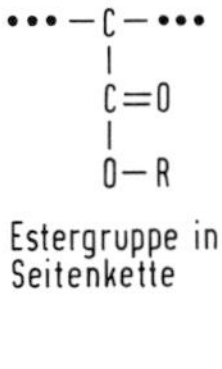

Estergruppe in der Seitenkette

35) Ester: Reaktionsprodukte organischer oder anorganischer Säuren mit Alkoholen oder Phenolen. Die Esterbildung (Veresterung) ist eine Kondensation (s. S. 21).

Zur ersten Kunststoffgruppe gehören Polycarbonat (PC) und lineare gesättigte Polyester (PETP und PBTP), zur zweiten Polymethylmethacrylat (PMMA) und die Celluloseester (CA, CP und CAB). PMMA wird durch Polymerisation, PC, PETP und PBTP durch Polykondensation hergestellt (synthetische Kunststoffe). CA, CP und CAB werden durch Veresterung der Hydroxylgruppen des hochmolekularen Naturstoffes Cellulose gewonnen (abgewandelte Naturstoffe).

Die ebenfalls zunächst unvernetzten ungesättigten Polyester sind im Abschnitt 4.3 beschrieben, da sie vom Verarbeiter über die C-C-Doppelbindungen zu duromeren Kunststoffen (UP) vernetzt werden.

3.5.1 Polymethylmethacrylat (PMMA)

Geschichtliches

Seit etwa 1873 beschäftigten sich verschiedene deutsche Chemiker mit den Estern der Acryl- und Methacrylsäure, insbesondere den Methylestern. O. Röhm in Darmstadt gelang es, beginnend mit seiner Dissertation im Jahre 1901, nach zielstrebigen Forschungsarbeiten ab 1928 wirtschaftlich verwertbares Polymethylmethacrylat (PMMA) herzustellen. Es wurde unter dem Namen Plexiglas®[36] weltbekannt.

Heute sind neben dem PMMA-Homopolymerisat Copolymerisate mit Acrylnitril, Kurzzeichen AMMA, mit Styrol bzw. α-Methylstyrol und mit Acrylestern im Handel. Auch glasfaserverstärkte Typen sind bekannt.

Methacrylsäuremethylester

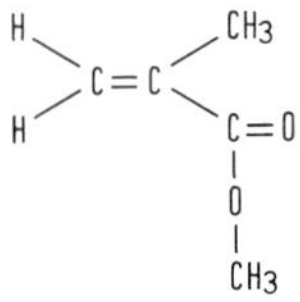

Methacrylsäure-
methylester-Formel

Chem. Bezeichnung auch: Methylmethacrylat; farblose, scharf fruchtartig riechende Flüssigkeit, die bei 100 °C siedet; Herstellung aus Aceton, Cyanwasserstoff und Methylalkohol; Aufbewahrung mit Polymerisations-Inhibitoren.

Der Weg zum Polymethylmethacrylat

Die Acrylverbindungen gehören zu den polymerisationsfreudigsten Substanzen. Bei ungehemmter Polymerisation in größerer Schichtdicke kann sich die Reaktion durch die sehr große Wärmeentwicklung bis zur Explosion steigern.

PMMA und seine Copolymerisate haben in der Gruppe der Polyacrylester die größte Bedeutung. Soweit sie glasartigen Charakter haben, werden sie mit dem Gattungsnamen „Acrylglas" bezeichnet. Die Herstellung erfolgt durch Masse- oder Suspensionspolymerisation. Für die Herstellung von Polymerisat-Lösungen wird daneben auch eine Lösungspolymerisation durchgeführt. Emulsionspolymerisate werden dagegen kaum hergestellt, weil die Kunststoffe durch die anhaftenden Emulgatorreste nicht mehr klar durchsichtig sind.

36) Röhm GmbH, Darmstadt.

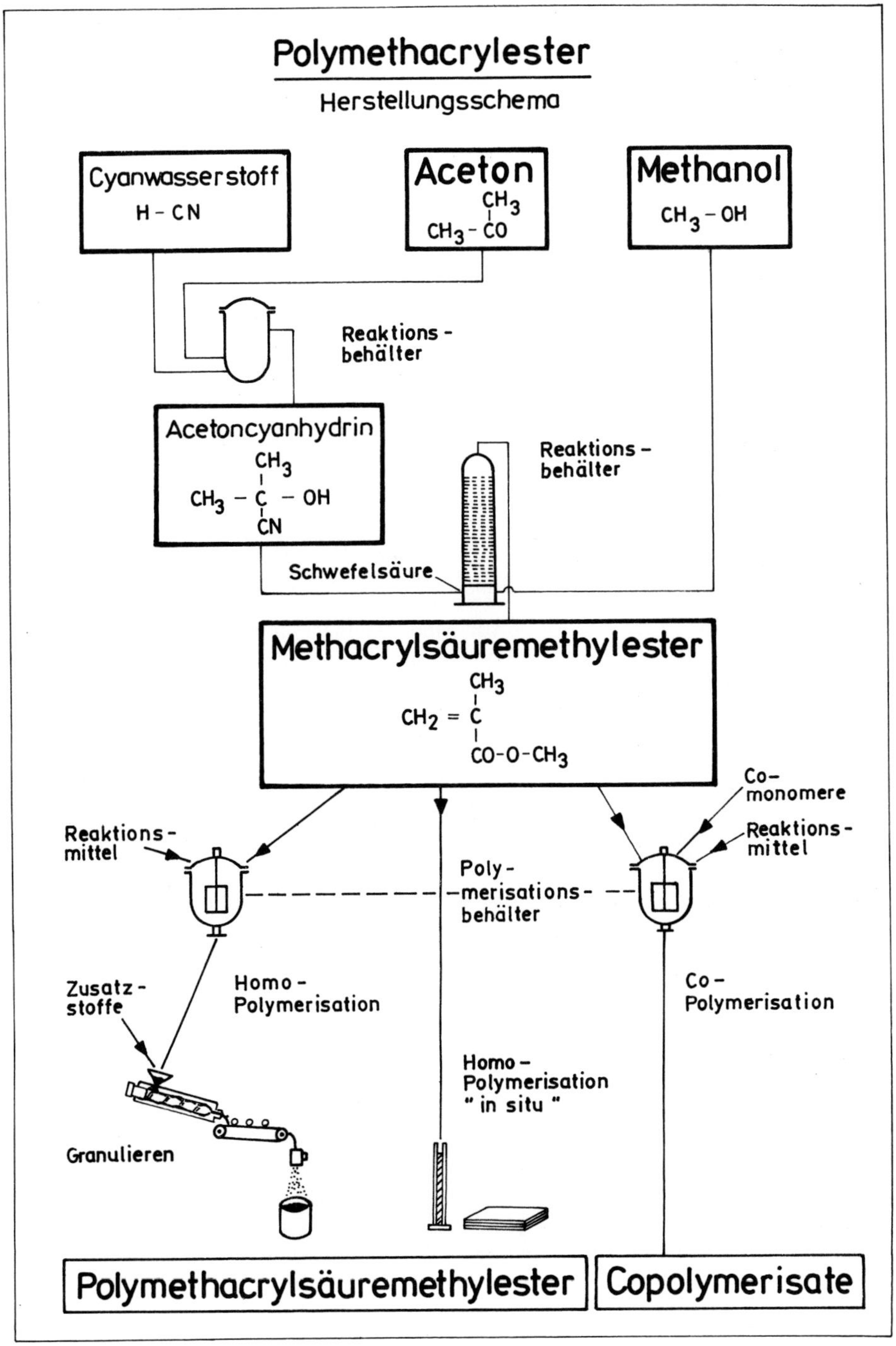
Polymethacrylester
Herstellungsschema
Cyanwasserstoff
H - CN
Aceton
CH3
CH3 - CO
Methanol
CH3 - OH
Reaktions-behälter
Acetoncyanhydrin
CH3
CH3 - C - OH
CN
Reaktions-behälter
Schwefelsäure
Methacrylsäuremethylester
CH3
CH2 = C
CO-O-CH3
Co-monomere
Reaktions-mittel
Reaktions-mittel
Poly-merisations-behälter
Zusatz-stoffe
Homo-Polymerisation
Co-Polymerisation
Homo-Polymerisation " in situ "
Granulieren
Polymethacrylsäuremethylester
Copolymerisate

Die Massepolymerisation des Methacrylsäuremethylesters wird besonders für die Herstellung von Blöcken und dickeren Tafeln als Polymerisation „in situ"[37] durchgeführt.

Hierbei wird das reine Monomere oder ein anpolymerisiertes dickerflüssiges (höherviskoses) Vorprodukt nach Zusatz von Initiatoren und gegebenenfalls Comonomeren zwischen sorgfältig hergestellte Spiegelglas-Platten oder Metallbänder gegossen und unter Wasser- oder Luftkühlung auspolymerisiert. Die Polymerisation wird über Tage und Wochen ausgedehnt, da zur Erzielung spannungsfreier Produkte die Polymerisationswärme sorgfältig abgeleitet werden muß.

Die auf diese Weise hergestellten Polymethylmethacrylate weisen relative Molekülmassen bis zu einigen Millionen auf und sind deshalb nicht mehr unzersetzt schmelzbar. „Gegossenes Acrylglas" gehört damit zur Gruppe der Thermoelaste.

Für die Herstellung schmelzbarer Formmassen wird die Massepolymerisation durch Verwendung geeigneter Initiatoren und mit Hilfe von Reglern bereits bei relativen Molekülmassen von maximal 150000 abgebrochen.

Die Suspensionspolymerisation von Methylmethacrylat wird meist als Perlpolymerisation mit sehr einheitlicher Teilchengröße zwischen 0,1 und 0,5 mm durchgeführt. Ein besonderer Vorteil dieses Verfahrens ist die rasche Abführung der Reaktionswärme an das Wasser. Bei relativen Molekülmassen bis 150000 entstehen auch bei der Suspensionspolymerisation schmelzbare Thermoplaste.

Copolymerisate von Methylmethacrylat mit bis über 50% Acrylnitril (s. S. 64) sind vor allem erhöht schlagzäh. Die in-situ-Polymerisation dieses AMMA ist schwieriger durchzuführen als die Homo-Polymerisation von reinem Methylmethacrylat und verursacht dadurch höhere Kosten. Copolymerisate von Methylmethacrylat mit geringen Mengen an Acrylestern, beispielsweise Acrylsäuremethylester, führen zu weicheren und solche mit α-Methylstyrol (s. S. 61) zu wärmebeständigeren Acrylpolymerisaten.

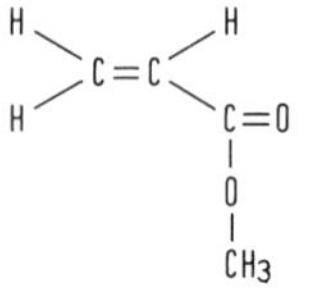

Acrylsäure-methylester-Formel

Durch Polymerisat-Mischungen (Poly-Blends) oder Pfropf-Copolymerisation mit kautschukartigen Massen, beispielsweise Butadien-Styrol (s. S. 65), erhält man „schlagfeste Polyacrylat-Massen".

Polymethylmethacrylat und seine Copolymeren sind amorphe Thermoplaste.

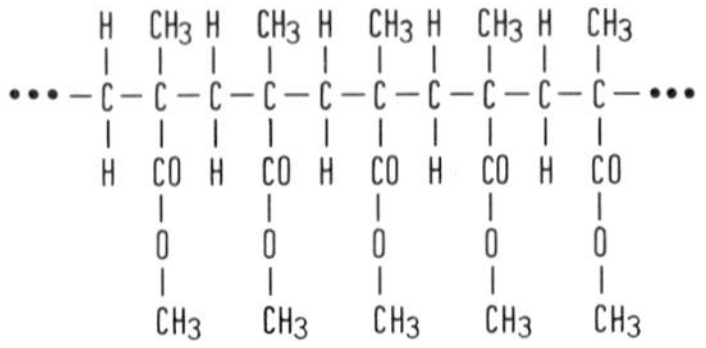

Formelschema des Polymethylmethacrylat-Makromoleküls

$\bar{P}$: 1 000 ... 30 000

$\bar{M}$: 100 000 ... 3 Millionen

37) in situ (lat.): An Ort und Stelle; die Polymerisation wird ohne Zusatz von Lösungsmitteln oder Wasser so durchgeführt, daß ohne zusätzliche Formung ein Halbzeug, wie Tafel, Block oder Rohr entsteht.

Eigenschaften von Polymethylmethacrylat

Mittlere Festigkeit und hohe Steifheit; geringe Schlagzähigkeit, die immerhin sechsmal höher ist als die von Silikatglas; hohe Härte, kratzfeste, polierfähige Oberfläche.

Einsatzgrenzen von etwa −40 bis +75 °C Dauertemperatur, kurzfristig bis 100 °C; wird zwischen 120 und 180 °C gummielastisch formbar. Formmassen sind oberhalb 180 °C zähflüssig (thermoplastisch formbar); mittlere Wärmedehnung.

Hervorragende Lichtdurchlässigkeit, absolut farblos und brillant; ausgezeichnet sowohl lichtdurchlässig wie lichtundurchlässig einfärbbar.

Gute elektrische Isoliereigenschaften; hohe elektrostatische Aufladbarkeit, dadurch Neigung zur Staubanziehung.

Säure- und alkalibeständig bis zu mittleren Konzentrationen; beständig gegen unpolare Lösungsmittel (aliphatische Kohlenwasserstoffe, Öle), unbeständig gegen polare Lösungsmittel (Ester, Ketone, Chlorkohlenwasserstoffe u. ä.); Feuchteaufnahme etwa 0,3%. Neigung zur Spannungsrißbildung. Sehr gut witterungs- und alterungsbeständig. Brennt nach Anzünden weiter.

PMMA zählt zu den Spezialkunststoffen.

Verarbeitung von Polymethylmethacrylat

Zu unterscheiden ist „gegossenes" hochmolekulares PMMA, das zu den Thermoelasten zu rechnen ist, von PMMA-Formmassen. Diese verhalten sich wie typische Thermoplaste. Gegossenes PMMA: Thermoformen, Kleben mit Spezial-Klebstoffen, spanende Bearbeitung.

Thermoplastisches PMMA: Extrudieren, Spritzgießen, Thermoformen, Schweißen und Kleben, spanende Bearbeitung.

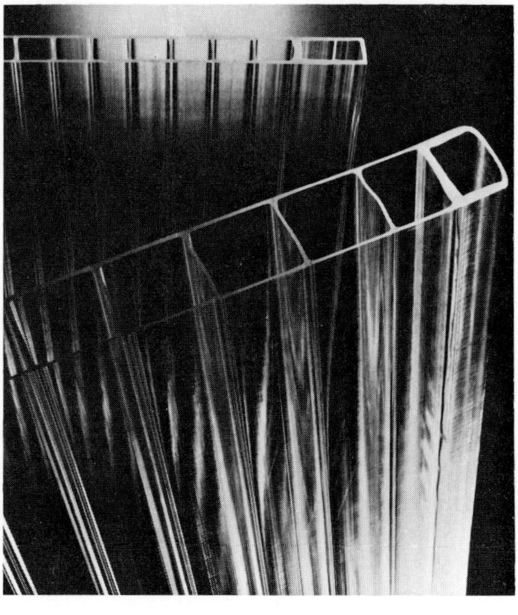

Bild 3.5-1:
Stegdoppelplatte für großflächige Verglasungen aus PMMA (40 mm Dicke)

Sonderverfahren: mono- und biaxiales Recken von Tafeln zur Verbesserung der mechanischen Eigenschaften (Schlagzähigkeit).

Verwendung von Polymethylmethacrylat

Tafeln, Blöcke, Stäbe; Doppelsteg- (Bild 3.5-1) und Wellplatten; Rohre für Milch, Bier, Süßmost.

Fernsehgeräte-Schutzscheiben. Schutzverglasungen von Maschinen, Warenautomaten; Flüssigkeitsstandanzeiger; Meß- und Zeichengeräte; Modelle; Linsen und Uhrgläser, lichtleitende Fäden und Elemente. Flugzeugverglasungen, Oberlichte von Omnibussen, Wohnwagenfenster, Rückstrahler, Rück- und Blinklichtabdeckungen, Verkehrsschilder, Lenkradplaketten. Reklameschilder. Schutzverglasungen von Bankschaltern, Turnhallen, Laboratorien; Leuchten und Leuchtdecken, Lichtkuppeln; Waschbecken, Badewannen, Badezimmereinheiten (Bild 3.5-2), Duschkabinen, WCs. Bürstenkörper; Gläser für Sonnenbrillen. Gießharze zum Eingießen von empfindlichen Schaustücken (biologische Objekte); Zahnfüllungen und Prothesen.

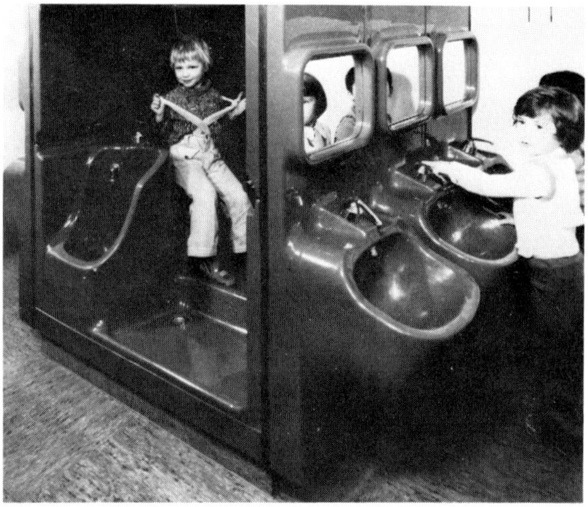

Bild 3.5-2: Kindergarten-Sanitärelemente aus PMMA (rückseitig mit GF-UP verstärkt)

Eigenschaften von Acrylnitril-Methylmethacrylat (AMMA)

Im Vergleich zu PMMA hat AMMA folgende Eigenschaften: Höhere Festigkeit und Schlagzähigkeit; etwas schlechtere Wärmeformbeständigkeit; geringere Lichtdurchlässigkeit und gelbliche Eigenfarbe; schlechtere Beständigkeit gegenüber Basen, aber bessere gegenüber aromatischen Kohlenwasserstoffen und Alkoholen; bessere Spannungsrißbeständigkeit.

Verwendung von Acrylnitril-Methylmethacrylat

Tafeln, Blöcke, Stäbe.

Schlagbeanspruchte Hochspannungsisolatoren. Maschinenschutzabdeckungen, Automatenverglasungen. Besonders bruchsichere Verglasungen für Fahr- und Flugzeuge. Verglasungen von Werkstoren, Sporthallen, explosionsgeschützte Leuchten für Bergwerke und Chemiebetriebe.

Das Wichtigste in Kürze über Polymethylmethacrylat

PMMA ist ein amorpher, durch Polymerisation hergestellter Kunststoff, der bei niedrigerer relativer Molekülmasse ein Thermoplast ist, bei sehr hoher relativer Molekülmasse beim Erwärmen nur den thermoelastischen Zustand erreicht. PMMA ist fest, hart und zeigt besonders hohe Lichtdurchlässigkeit und ausgezeichnete andere optische Eigenschaften. Es wird daher bevorzugt angewendet, wo lichtdurchlässige Kunststoffe benötigt werden. Einsatz auch im Sanitärbereich.

3.5.2 Polycarbonat (PC)

Geschichtliches

Bereits 1898 wurden von dem Chemiker A. Einhorn in München Kondensationsprodukte von Diphenolen[38)] mit Phosgen als „Polycarbonate", also Polyester der Kohlensäure beschrieben. Wegen ihrer geringen Reinheit und Molekülgröße blieben sie jedoch über fünfzig Jahre lang ohne Beachtung.

Erst 1953 stellte dann der Chemiker H. Schnell in Uerdingen bei Krefeld durch Polykondensation von Bisphenol A mit Phosgen hochmolekulares Polycarbonat (Kurzzeichen PC) her. Schon 1956 lief die Produktion im großtechnischen Maßstab bei der Bayer AG[39)] an. In den gleichen Jahren gelang unabhängig davon der Firma General Electric Co., USA, die Herstellung von Polycarbonat nach einem speziellen Lösungsverfahren.

Zur Entwicklung der letzten Jahre gehören im Brandverhalten verbesserte Polycarbonate, die aus Bisphenol A mit bromiertem Bisphenol oder durch Zusatz von speziellen Flammschutzmitteln hergestellt werden. Ferner wurden Mischungen von PC mit anderen Thermoplasten, beispielsweise ABS oder PUR-Elastomeren, PC-Schaumstoffe sowie glasfaserverstärkte Polycarbonate entwickelt.

Bisphenol A

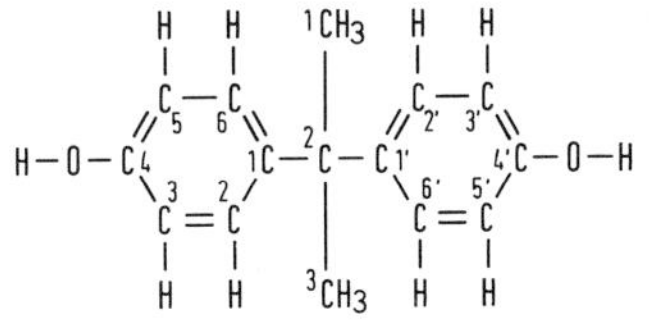

Bisphenol A-Formel

Chem. Bezeichnung: 2,2-Bis-(4,4'-di-hydroxy-diphenyl)-propan[40)], kurz „Dian"; chem. Formel: $C_{15}H_{16}O_2$; farblose Kristalle, Schmelzpunkt 155 °C; Herstellung aus Aceton (daher der Buchstabe A bei Bisphenol) und Phenol.

38) Diphenole, auch Bis- oder Biphenole genannt: aromatische Verbindungen mit zwei Hydroxylgruppen am Benzolring; Di- (gr.), zweimal, doppelt; Bi- (von bis, lat.) zweifach.

39) Bayer AG, Leverkusen.

40) Die Ziffern 2,2- geben an, daß das Propan-Molekül zweimal am C-Atom Nr. 2 substituiert ist; 4,4'-dihydroxydiphenyl bedeutet, daß zwei Phenylreste im gleichen Molekül jeweils am C-Atom Nr. 4 eine Hydroxylgruppe tragen.

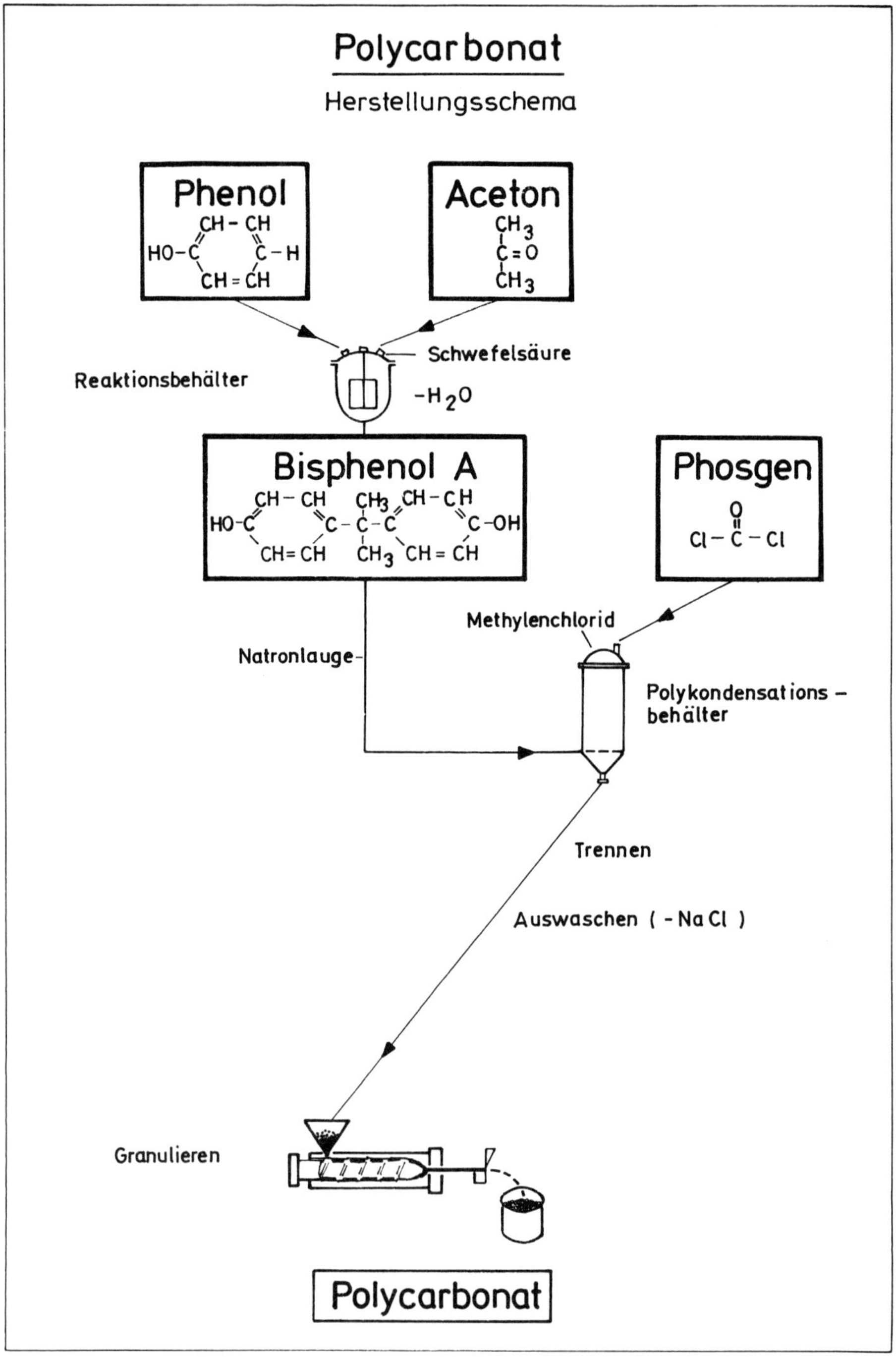
Polycarbonat
Herstellungsschema
Phenol
Aceton
Schwefelsäure
Reaktionsbehälter
-H2O
Bisphenol A
Phosgen
Methylenchlorid
Natronlauge
Polykondensations-behälter
Trennen
Auswaschen (- NaCl)
Granulieren
Polycarbonat

Phosgen

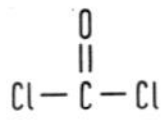

Phosgen-Formel

Chem. Bezeichnung: Kohlensäure-dichlorid; chem. Formel: $COCl_2$; farbloses, nach Heu riechendes, äußerst giftiges Gas, das bei 8 °C flüssig wird; Herstellung aus Kohlenmonoxid und Chlor.

Diphenylcarbonat

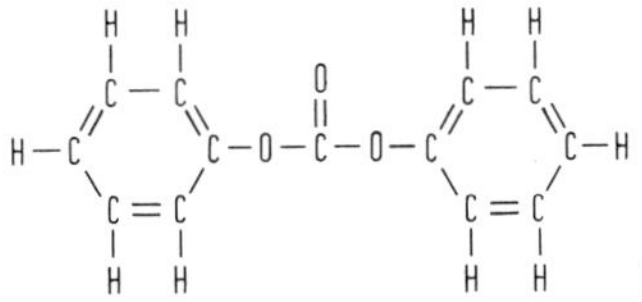

Diphenylcarbonat-Formel

Chem. Bezeichnung auch: Kohlensäure-diphenylester; chem. Formel: $C_{13}H_{10}O_3$; farblose Kristallnadeln, Schmelzpunkt 79 °C; Herstellung aus Phenol und Phosgen.

Der Weg zum Polycarbonat

Polycarbonat wird nach dem Verfahren der Schmelz-Polykondensation oder durch Grenzflächen-Polykondensation (s. S. 24) hergestellt. Daneben ist ein Spezialverfahren der Lösungs-Polykondensation, das sogenannte Pyridin-Verfahren, anwendbar.

Bei der Schmelz-Polykondensation wird Bisphenol A mit Diphenylcarbonat („Umesterungsverfahren") unter Luftabschluß in Schutzgasatmosphäre bei Temperaturen zwischen 180 und 300 °C zu Polycarbonat umgesetzt.

In Anwesenheit alkalischer Katalysatoren werden die Ausgangsstoffe bei 180 bis 220 °C zu etwa 80 bis 90% umgesetzt. Anschließend wird bei etwa 300 °C polykondensiert.

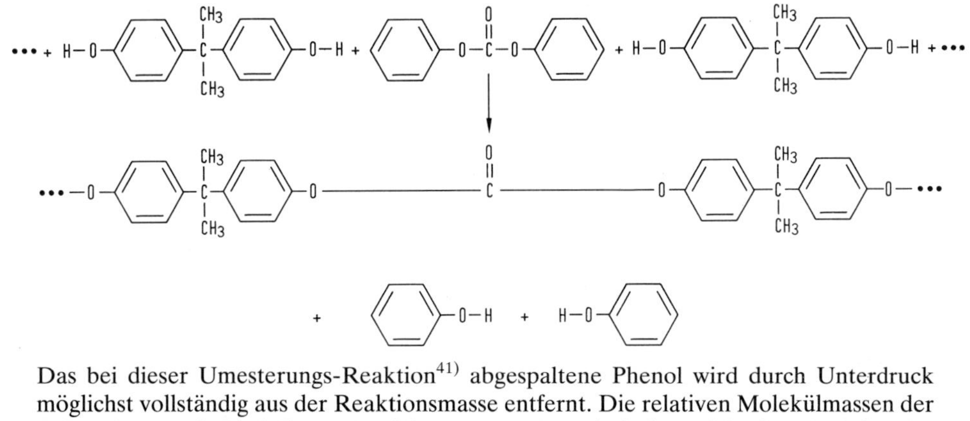

Das bei dieser Umesterungs-Reaktion[41] abgespaltene Phenol wird durch Unterdruck möglichst vollständig aus der Reaktionsmasse entfernt. Die relativen Molekülmassen der Polycarbonate sind bei diesem Verfahren wegen der sehr hohen Viskosität der Schmelze am Ende der Reaktion auf etwa 30 000 begrenzt.

41) Umesterung: Austausch einer Alkohol- oder Phenolgruppe eines Esters gegen eine andere.

Das entstandene schmelzflüssige Polycarbonat wird durch Düsen aus dem Reaktionsgefäß herausgedrückt, abgekühlt und granuliert.

Die Grenzflächen-Polykondensation („Phasengrenzflächen-Verfahren") von Bisphenol A wird mit Phosgen durchgeführt und läuft bereits bei Raumtemperatur ab.

Beim Lösen in wäßriger Natronlauge bildet sich das Natriumsalz des Bisphenol A. Nach Zugabe eines wasserunlöslichen organischen Lösungsmittels, beispielsweise Methylenchlorid, läuft beim Einleiten von gasförmigem Phosgen die Polykondensation unter der beschleunigenden Wirkung von Katalysatoren, z. B. Pyridin, an der Grenzfläche zwischen wäßriger und Lösungsmittelphase rasch ab:

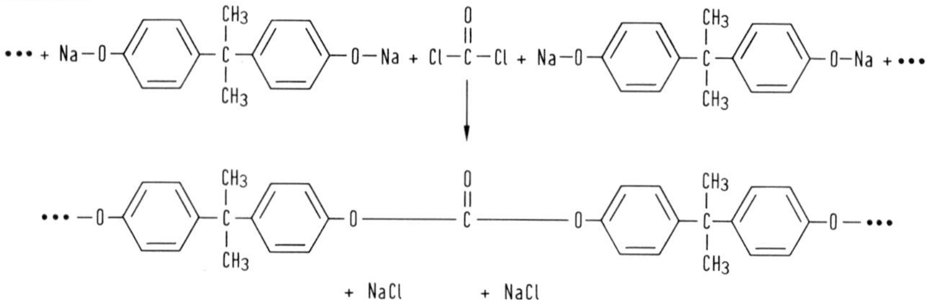

Das Polycarbonat löst sich in dem Lösungsmittel, wird von der wäßrigen Phase abgetrennt und vom entstandenen Natriumchlorid durch Waschen mit Wasser befreit. Nach diesem Verfahren können Polycarbonate mit relativen Molekülmassen bis etwa 200 000 hergestellt werden. Noch gut thermoplastisch zu verarbeiten sind diese Kunststoffe jedoch nur bis zu einer relativen Molekülmasse von etwa 60 000.

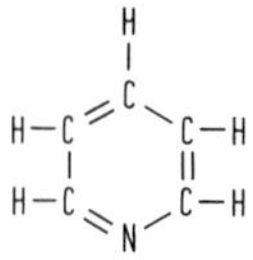

Pyridin-Formel

Die nach diesem Verfahren anfallenden Polycarbonat-Lösungen können durch Ausfällen, beispielsweise mit Methanol, zu Pulver oder nach Abdampfen des Lösungsmittels zu Granulat aufgearbeitet werden.

Beim Pyridin-Verfahren wird Bisphenol A in Pyridin gelöst und bei Raumtemperatur mit Phosgen umgesetzt. Pyridin dient hier als Lösungsmittel für die Ausgangsstoffe und den fertigen Kunststoff, als Katalysator und zum Binden des bei dieser Reaktion abgespaltenen Chlorwasserstoffs als Pyridin-Salz. Das Pyridinium-Hydrochlorid wird abzentrifugiert oder mit Wasser ausgewaschen und der Kunststoff durch Ausfällen mit Methanol als Pulver oder nach Abdestillieren des Lösungsmittels über die Schmelze als Granulat gewonnen.

Polycarbonat ist ein weitgehend amorpher, unverzweigter Thermoplast.

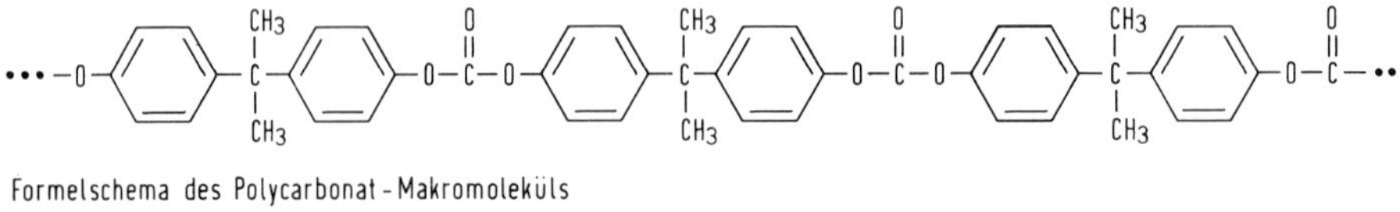

Formelschema des Polycarbonat-Makromoleküls

$\bar{P}$: 100 ... 250

$\bar{M}$: 25 000 ... 60 000

Eigenschaften von Polycarbonat

PC weist mittlere bis hohe Festigkeit und Härte, hohe Steifigkeit und sehr gute Schlagzähigkeit auf. Die Wechselfestigkeit wird durch Glasfaserzusätze verbessert. Oberflächen sind polierfähig.

Die Einsatzgrenzen von PC liegen von −100 bis +135 °C Dauertemperatur (mit Glasfaserverstärkung bis + 145 °C), kurzzeitig bis +160 °C. PC hat mittlere Wärmedehnung, sie wird durch Glasfaserzusätze erheblich verkleinert.

PC ist glasklar mit ganz schwach gelblichem Schimmer. Es ist gut einfärbbar.

PC besitzt mittlere elektrische Isoliereigenschaften. Es ist für die Hochfrequenztechnik nicht geeignet. Die Kriechstromfestigkeit ist gering.

Es ist chemisch beständig gegen verdünnte Säuren, Treibstoff, Öle, Ethanol. Gegenüber Basen, konzentrierten Säuren, aromatischen und halogenierten Kohlenwasserstoffen, Ketonen, Estern und Methanol ist es unbeständig. Einwirkung von heißem Wasser, aliphatischen und aromatischen Kohlenwasserstoffen sowie Methanol z.B. kann zu Spannungsrissen führen. Die Feuchteaufnahme von PC ist mittel. Es ist witterungs- und alterungsbeständig. Entflammtes PC, besonders wenn es mit Flammschutzmitteln versetzt ist, erlischt nach Entfernen der Zündquelle.

PC gehört zu den „technischen Thermoplasten".

Verarbeitung von Polycarbonat

PC hat eine hohe Schmelzenviskosität. Seine Verarbeitung erfordert daher höhere Drücke. Außerdem muß es weitgehend feuchtefrei sein; es wird daher vor der Verarbeitung mehrere Stunden auf 120 °C erwärmt. Verarbeitung durch Spritzgießen (wichtigstes Verfahren), Extrudieren, Blasformen, Herstellen von Folien auch durch Gießen von PC-Lösungen; Thermoformen, Schweißen, Kleben, Spanen. PC wird häufig durch Glas-Kurzfasern verstärkt.

Verwendung von Polycarbonat

Tafeln, Stäbe, Profile, Rohre, Folien; Schweißzusatzstäbe.

Abdeckungen für Schalt- und Sicherungskästen, Klemm- und Kontaktleisten, Spezial-Stecker und -Kupplungen, Spulenkörper, Gehäuse für Trafos, Telefon, Zähler; Gehäuse und Teile für Kameras, Projektoren, Blitzlichtgeräte, Belichtungsmesser, Ferngläser, Uhren, Mikroskopteile, Schutzhauben, Schaugläser, lichtleitende Elemente, Teile für pneumatische Steuerungen und Flüssigkeitspumpen, Lüfterräder; Verkehrszeichen, Warnleuchten, Gehäuse von Verkehrsampeln; Scheinwerferreflektoren, Rückleuchten, Blinker, Belüftungs- und Kühlergrill, schlagbeständige Seiten- und Rückwandscheiben für LKW, Zugmaschinen, Traktoren, Bagger; Flaschen, Kanister, Rohrposthülsen; Leuchtenabdekkungen (Bild 3.5-3) und Maste für Straßenleuchten, einbruchsichere Verglasungen (z.B. für Warenautomaten); Teile für Näh-, Rechen- und Schreibmaschinen.

Eßgeschirr, Kaffeemaschinen und -filter; Lineale, Dreiecke, Feldflaschen, Schutzhelme, Film- und Diakassetten; Hülsen für Kugelschreiber, Füllfederhalter; Sportgeräte.

Ampullen, Babyflaschen.

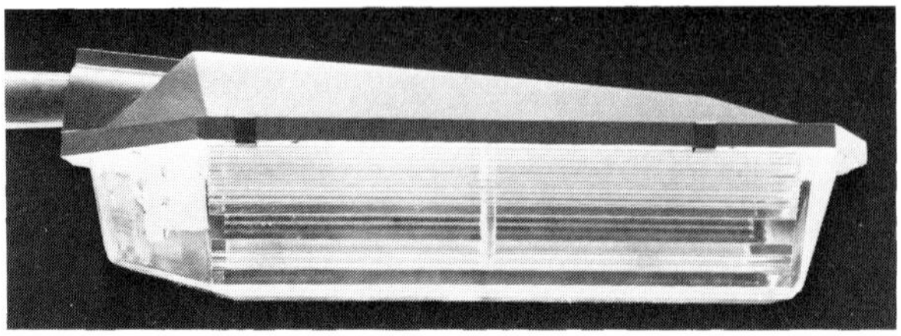

Bild 3.5-3:
Abdeckung für Straßenlampe aus PC

Das Wichtigste in Kürze über Polycarbonat

PC ist ein amorpher, polarer, durch Polykondensation hergestellter Thermoplast. Er ist ein fester, harter und besonders schlagzäher Kunststoff. PC läßt sich dauernd bis +130 °C einsetzen und ist glasklar. Das Material, besonders mit Glasfaserverstärkung, ist ein typischer technischer Kunststoff. Wichtigste Anwendungen sind Teile für leichtere Maschinen, Gehäuse und schlagzähe durchsichtige Abdeckungen.

3.5.3 Gesättigte Polyester (PETP und PBTP)

Geschichtliches

Die Grundlagen für die Herstellung von Polyestern erarbeitete W. H. Carothers, Chemiker in Wilmington, USA, bei seinen 1929 begonnenen umfangreichen Untersuchungen über Kondensationsreaktionen von bifunktionellen Verbindungen zu linearen hochmolekularen Stoffen. Die von ihm benutzten aliphatischen Dicarbonsäuren[42] ergaben jedoch relativ niedrig schmelzende Produkte.

1941 hatten die englischen Chemiker J. R. Whinfield und J. T. Dickson hochschmelzende gesättigte Polyester unter Verwendung aromatischer Säuren entwickelt. 1947 begann die Produktion von Polyethylenterephthalat[43] (PETP), zunächst als Rohstoff für synthetische Textilfasern. Seit Mitte der fünfziger Jahre werden daraus auch Folien hergestellt. Die PETP-Fasern und -Folien bekommen ihre hervorragende Festigkeit erst durch Verstrekken bzw. Recken. Unverstreckt sind sie spröde.

Eine Spritzgieß- oder Extrusionsverarbeitung von PETP war zunächst nicht möglich, da dickerwandige Teile wegen der langsamen Kristallisationsgeschwindigkeit dieses Kunststoffs eine unregelmäßige, grob kristalline Struktur hatten. Seit 1966 gelingt es durch geeignete Zusätze und Verfahren hochkristalline Produkte mit gleichmäßig feinkristalliner Struktur zu erhalten. Später wurden auch amorphe und glasklar durchsichtige PETP-Spritzgießtypen hergestellt. Seit 1970 ist das leichter zu verarbeitende Polybutylenterephthalat (PBTP), in den USA auch Polytetramethylen-terephthalat (PTMTP) genannt, auf dem Markt. Seine Bedeutung übersteigt zur Zeit die des Polyethylenterephthalats.

In den letzten Jahren wurde die Gruppe der linearen Polyester durch Co-Polykondensate des PETP, Mischungen mit anderen Thermoplasten, Schaumstoffe aus linearen Polyestern, flammhemmend ausgerüstete und glasfaserverstärkte Typen erweitert.

42) organische Säuren mit zwei Carboxylgruppen (-COOH) im gleichen Molekül.
43) vollständiger chemischer Name: Poly-ethylenglycol-terephthalat.

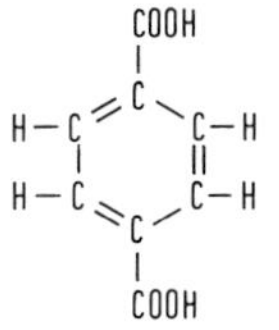

Terephthalsäure-Formel

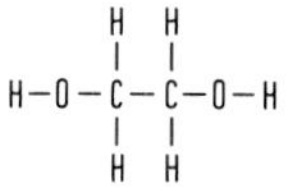

Ethylenglycol-Formel

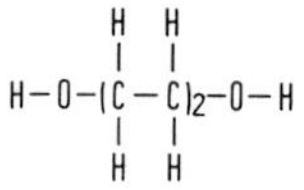

Butandiol-1,4-Formel

Terephthalsäure

Chem. Bezeichnung: 1,4-Benzol-dicarbonsäure; chem. Formel: $C_8H_6O_4$; nadelförmige, feste Kristalle, die bei etwa 300 °C sublimieren; Herstellung aus para-Xylol durch Luftoxidation.

Ethylenglycol

Chem. Bezeichnung: Ethan-diol; chem. Formel: $C_2H_6O_2$; klare, etwas viskose Flüssigkeit, die bei 197 °C siedet; Herstellung aus Ethylenoxid und Wasser.

Butandiol-1,4

Chem. Formel: $C_4H_{10}O_2$; viskose, ölartige Flüssigkeit, die bei ca. 19 °C erstarrt und bei 230 °C siedet; Herstellung aus Acetylen und Formaldehyd über Butindiol durch Hydrieren.

Der Weg zu den gesättigten linearen Polyestern

Polyethylen- und Polybutylen-terephthalate sowie ihre Co-Polykondensate werden meist durch Schmelz-Polykondensation nach einem Umesterungsverfahren hergestellt. Daneben ist auch eine „Direkt-Veresterung" von Terephthalsäure mit Diolen (2-wertigen Alkoholen) möglich.

Bei der Umesterungs-Polykondensation wird der Dimethylester der Terephthalsäure (Dimethylterephthalat) mit einem Überschuß an Ethan- oder Butandiol bei 140 bis 290 °C umgeestert (S. 111) und zum Kunststoff polykondensiert.

In einer ersten Stufe erfolgt die Umesterung bei 140 bis 220 °C in Gegenwart von Katalysatoren, z. B. Zinkacetat:

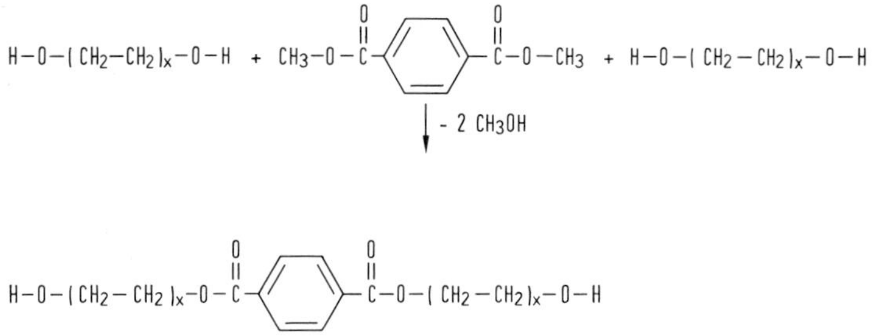

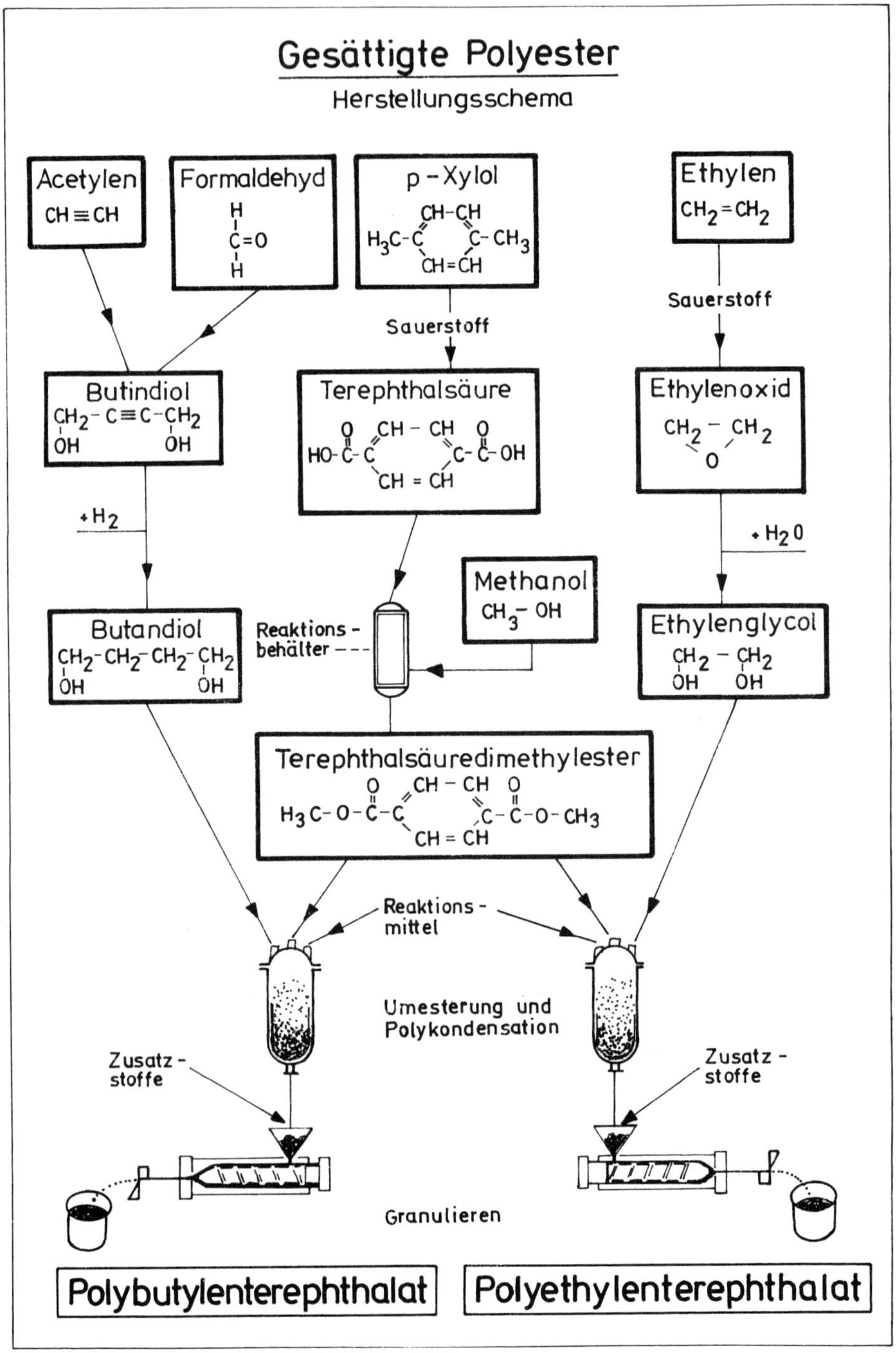
Gesättigte Polyester
Herstellungsschema
Acetylen
CH≡CH
Formaldehyd
p-Xylol
Ethylen
$CH_2=CH_2$
Sauerstoff
Sauerstoff
Butindiol
Terephthalsäure
Ethylenoxid
$+H_2$
$+H_2O$
Methanol
CH_3-OH
Reaktions-behälter
Butandiol
Ethylenglycol
Terephthalsäuredimethylester
Reaktions-mittel
Umesterung und Polykondensation
Zusatz-stoffe
Zusatz-stoffe
Granulieren
Polybutylenterephthalat
Polyethylenterephthalat

Der abgespaltene Methylakohol wird abdestilliert. Anschließend wird unter der Wirkung weiterer Katalysatoren und bei Temperatursteigerung bis auf 290 °C unter Luftabschluß die Polykondensation durchgeführt:

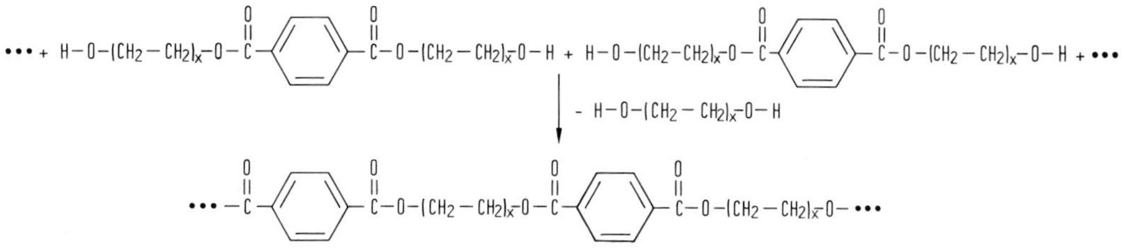

(x = 1: Ethandiol;
x = 2: Butandiol)

Das Ethan- bzw. Butan-diol wird im Vakuum abdestilliert.

Die zähflüssige Polykondensat-Schmelze wird in Form von Bändern oder Strängen ausgetragen, abgekühlt und granuliert. Zur Erhöhung der Kettenlänge wird das Granulat unterhalb seines Erweichungsbereiches bei etwa 210 bis 240 °C nachkondensiert (Festphasenkondensation). Lineare Polyester sind je nach Zusammensetzung und Verarbeitungsbedingungen amorphe oder teilkristalline Thermoplaste mit einem Kristallisationsgrad von ca. 30 bis 40%.

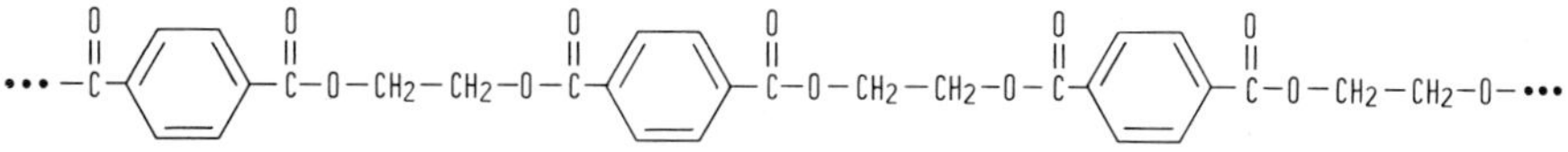

Formelschema des Polyethylenterephthalat-Makromoleküls
$\bar{P}$: 100 ... 115
$\bar{M}$: 20 000 ... 22 000

Eigenschaften von teilkristallinem Polyethylenterephthalat

PETP besitzt mittlere Festigkeit, aber hohe Steifigkeit und Härte sowie niedrige Schlagzähigkeit. Es weist sehr geringe Neigung zur Kriechverformung und hohe Abriebfestigkeit auf.

Seine Einsatzgrenzen liegen von etwa −20 °C bis + 100 °C Dauertemperatur (an Luft), kurzzeitig bis +200 °C. Die Wärmedehnung ist bei teilkristallinem PETP im mittleren bis geringen Bereich.

Der Thermoplast ist undurchsichtig-weiß. Durch Abschrecken und Recken erzielt man aber glasklare, glänzende, farblose Folien und Hohlkörper.

PETP hat mittlere elektrische Isoliereigenschaften, für den Einsatz als HF-Isolierstoff ist es nicht geeignet. Es besitzt mäßige Kriechstrombeständigkeit.

Teilkristallines PETP ist beständig gegen verdünnte Säuren, aliphatische und aromatische Kohlenwasserstoffe, Öle, Fette, Ester, Ketone und Alkohole. Es ist unbeständig gegenüber heißem Wasser und heißem Wasserdampf, heißen Waschlaugen, Alkalien und Halogen-Kohlenwasserstoffen. Es besitzt mittlere Feuchteaufnahme, gute Spannungsriß- und Witterungsbeständigkeit, ferner hohe Gas- (auch Wasserdampf-) und Aromendichte. Es brennt langsam unter erheblichem Rußen, die Brenngeschwindigkeit wird durch Glasfaserzusätze erhöht. Teilkristallines PETP ist ein typischer Thermoplast. Wegen seiner Verarbeitungsschwierigkeit z. B. beim Spritzgießen und Extrudieren wird es zunehmend von dem nahe verwandten Polybutylenterephthalat verdrängt.

Eigenschaften von amorphem Polyethylenterephthalat

Im Vergleich zum teilkristallinen Material besitzt das amorphe etwas geringere Steifigkeit und Härte und bessere Schlagzähigkeit. Seine Einsatzgrenzen liegen zwischen etwa −40 und +60 °C Dauertemperatur (an Luft), oberhalb 90 °C kristallisiert es unter Trübung. Es ist bei Objekten von weniger als 5 mm Wanddicke glasklar bis transparent. Ferner ist es beständig gegen Halogen-Kohlenwasserstoffe und unbeständig gegen aromatische Kohlenwasserstoffe.

Verarbeitung von Polyethylenterephthalat

Hauptsächlich durch Spritzgießen unter Beachtung des sehr engen Temperaturbereichs von 260 bis 280 °C, möglichst bei Werkzeugtemperaturen von 125 bis 150 °C. PETP hat ein schlechtes Fließvermögen. Weitere Verfahren: Extrudieren sowie Thermoformen von Folien, Heizelementschweißen, Kleben, Metallisieren, Spanen. PETP wird häufig glasfaser-verstärkt angewendet.

Amorphes PETP wird spritzgegossen, Werkzeugtemperaturen 20 bis höchsten 40 °C, bei höheren Temperaturen tritt Kristallisation auf.

Verwendung von Polyethylenterephthalat

Folien: gereckte und Verbundfolien mit PE oder Aluminiumfolie, Schrumpfschläuche und -folien; Platten, Rundstäbe, Rohre.

Kondensator- und Elektroisolierfolie, Trägermaterial für Magnetbänder, Antennenfüße, Zündkerzenstecker, Schalterteile; Rollen, Lager, Zahnräder, Gleitführungen, Nocken- bzw. Steuerscheiben, Ketten, Federn, Schrauben, Pumpenteile; Förderbänder, Vakuum- und Schrumpf-Folienverpackungen für Lebensmittel; Trennfolien z. B. für UP-Verarbeitung. Küchengeräteteile (Bild 3.5-4).

Möbelbeschläge, Handgriffe, Knöpfe; Kragenstäbchen, Effektfolien (Lurexfäden); Folienverpackungen für Kosmetika und Badezusätze; Klebestreifen- und Zeichenfolie, Selbstklebeetiketten, Trägerfolien für photo- und reprographische Schichten.

Amorphes PETP: Flaschen und andere Verpackungshohlkörper.

Eigenschaften von Polybutylenterephthalat

Im Vergleich zu PETP besitzt teilkristallines PBTP etwas geringere Festigkeit und – besonders in der Kälte – bessere Schlagzähigkeit. Seine Einsatzgrenzen liegen von etwa −40 bis +100 °C, kurzzeitig bis 165 °C, oberhalb von 70 °C nimmt jedoch die Festigkeit erheblich ab (Gegenmaßnahme: Verstärkung mit Glasfasern). Die Wärmedehnung von PBTP ist etwas geringer als die von PETP. Die elektrischen Isoliereigenschaften und die Kriechstromfestigkeit sind etwas besser. PBTP hat etwas geringere Wasseraufnahme und ist besser gegen verdünnte Basen beständig. PBTP ist unbeständig gegenüber aromatischen Kohlenwasserstoffen, Estern, Ketonen und schwachen Säuren sowie nur bis 70 °C heißwasserbeständig.

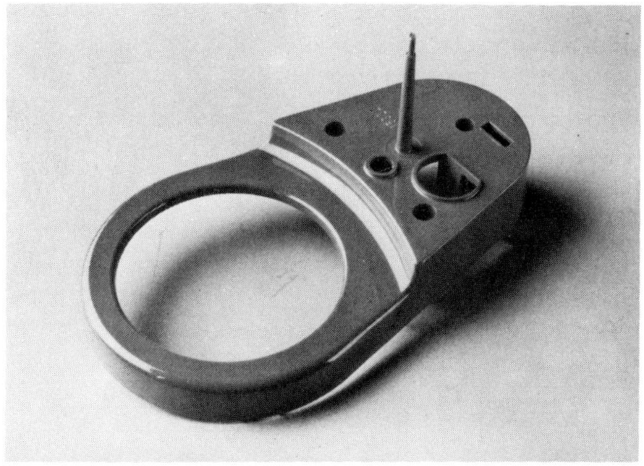

Bild 3.5-4:
Küchengeräteuntersatz aus PBTP (mit Anguß)

Verarbeitung und Anwendung von Polybutylenterephthalat

Spritzgießen bei Massetemperaturen von 230 bis 270 °C und Werkzeugtemperaturen von 30 bis 60 °C bei besserem Fließvermögen als PETP; Extrudieren, Thermoformen, Schweißen und Kleben.

Die Anwendung von PBTP ist derjenigen von PETP sehr ähnlich.

Das Wichtigste in Kürze über teilkristalline lineare Polyester

Diese Polykondensations-Kunststoffe sind typische technische polare Thermoplaste mit sehr guter Maßbeständigkeit und Maßhaltigkeit, d. h. hoher Steifigkeit, besonders geringer Kriechverformungsneigung, hoher Abriebfestigkeit und geringer Wärmeausdehnung. Sie werden hauptsächlich durch Spritzgießen verarbeitet und häufig glasfaser-verstärkt angewendet.

3.5.4 Celluloseester (CA, CP, CAB)

Der Ausgangsstoff Cellulose

Die Cellulose[44)] ist der Hauptbestandteil der pflanzlichen Zellwände und ist in der Natur als Gerüstsubstanz der Hölzer, als Bastfasern und als Samenhaare weit verbreitet. Allerdings liegt sie im Holz noch nicht rein vor. Sie muß in den Zellstoff-Fabriken von Begleitstoffen, wie z. B. Lignin[45)], durch Kochen unter Druck mit Calcium-hydrogensulfit oder alkalischen wäßrigen Lösungen befreit werden. Der zurückbleibende Holz-Zellstoff fällt in Flockenform an und wird z. B. zu Papier weiterverarbeitet.

Weitgehend von Begleitstoffen freie Cellulose wird in der Natur von der Baumwollpflanze in ihren Samenkapseln erzeugt. Die Baumwolle[46)] besteht aus feinen Haaren, die maschinell

44) cellula (lat.), kleine Zelle.
45) lignum (lat.), Holz.
46) Baumwolle (engl.: cotton); die Baumwollstaude wird fast mannshoch, sie wird in großen Pflanzungen unter anderem in der Sowjetunion, den Vereinigten Staaten und Ägypten angebaut.

von den Samenkörnern befreit und zum Verspinnen und zur Herstellung von Geweben verwendet werden. An den ausgelesenen Samenkörnern hängen noch viele kleine Baumwollhaare, sog. Linters, die zum Verspinnen zu kurz sind. Man trennt sie von den Samen ab und reinigt sie durch Entfetten mit Lösungsmitteln und anschließendes Kochen mit verdünnter Natronlauge. Der entstehende sehr reine Linters-Zellstoff wird bevorzugt für die Herstellung von Kunststoffen eingesetzt.

Im frischen Zustand stellt die Cellulose-Faser ein Röhrchen dar, das beim Trocknen zu einem gewellten Band zusammenschrumpft (Bild 3.5-5). Dieses Band wird aus einer sehr großen Zahl von Cellulose-Makromolekülen gebildet.

Bild 3.5-5: Cellulose-Faser (Vergrößerung etwa 500:1)

Diese liegen teilweise sehr fest und wohlgeordnet nebeneinander. Solche geordneten und dadurch dichter gepackten Bezirke, sog. Mizellen[47], wechseln mit aufgelockerten ab. Die Mizellen geben der Faser ihre Festigkeit, während die weniger geordneten Bereiche ihr die Geschmeidigkeit verleihen (Bild 3.5-6).

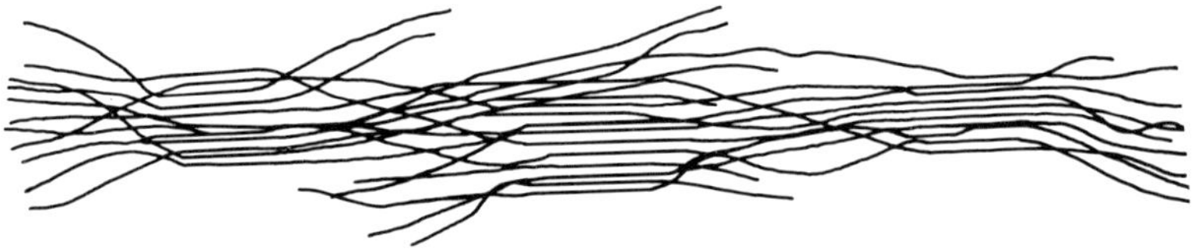

Bild 3.5-6: Schema der Anordnung von Cellulose-Makromolekülen (Vergrößerung etwa 200 000:1)

Jedes Cellulose-Makromolekül ist seinerseits aus vielen Bausteinen zusammengesetzt. Der Chemiker ordnet die Cellulose den Polysacchariden[48] zu, weil ihre Bausteine aus Traubenzucker-Einheiten bestehen, die in großer Anzahl miteinander verknüpft sind.

47) micula (lat.), kleine Krume, Körnchen.
48) saccharon (gr.), Zucker(-saft).

Traubenzucker

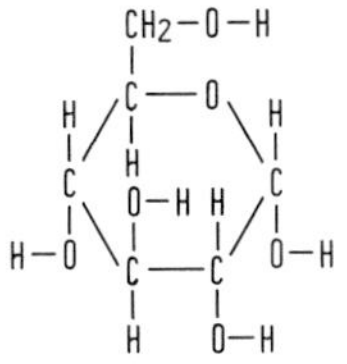

Glucose - Formel

Chem. Bezeichnung: Glucose[49]; chem. Formel: $C_6H_{12}O_6$; gehört zur Gruppe der Kohlenhydrate[50]; findet sich in der Natur vor allem in Weintrauben und anderen süßen Früchten sowie im Honig; in reiner Form weißes, wasserlösliches Pulver.

Der Aufbau der Cellulose in der Natur ist so vorstellbar, daß die Pflanze zunächst mit Hilfe des Sonnenlichtes und in Anwesenheit von Blattgrün[51] aus Kohlendioxid und Wasser Traubenzucker bildet, diesen dann mit einem zweiten Molekül Traubenzucker verbindet und daraus, ein Glied ans andere setzend, das Cellulosemolekül bildet.

Natürliche Cellulose:

Baumwollcellulose	$\overline{P}$: > 6000;	$\overline{M}$: > 1 Million
Holzcellulose	$\overline{P}$: > 3000;	$\overline{M}$: > 500000

Abgebaute Cellulose:

Zellstoff	$\overline{P}$: 700 ... 1400;	$\overline{M}$: 125000 ... 250000
Hydrat-Cellulose	$\overline{P}$: ca. 500;	$\overline{M}$: ca. 80000

Die Kettenmoleküle in der natürlichen Cellulose sind extrem hochpolymer und mit starken intermolekularen Kräften hoch kristallin geordnet. Diese Kräfte zwischen den zahlreichen OH-Gruppen können durch chemische Reaktionen, beispielsweise mit Schwefelkohlenstoff (CS_2), so weit geschwächt werden, daß die Reaktionsprodukte in wäßriger Natronlauge löslich sind[52]. Durch Einpressen der Lösungen durch Lochdüsen („Spinnen") oder Schlitzdüsen in geeignete Fällungsmittel kann die Cellulose fadenförmig (Reyon, Zellwolle) oder als Folie (Zellglas, Cellophan®) wieder abgeschieden werden („regenerierte Cellulose"). Dabei werden die Cellulose-Makromoleküle in kleinere Teilstücke gespalten („abgebaut"). Auch diese kürzeren Fadenmoleküle der ausgefällten „Hydrat-Cellulose" sind stark durch zwischenmolekulare Kräfte untereinander gebunden. Sowohl natürliche als auch Hydrat-Cellulose sind deshalb nicht unzersetzt schmelzbar und unlöslich in allen organischen Lösungsmitteln.

Die alkoholischen Hydroxylgruppen der Cellulose können durch Verethern oder Verestern chemisch umgesetzt werden. Dabei entstehen Polymere ähnlichen Polymerisationsgrades wie Hydratcellulose, aber mit wesentlich anderen Eigenschaften. Als Kunststoffe haben besonders einige Celluloseester Bedeutung gewonnen. Diese abgewandelten Naturstoffe sind die ältesten thermoplastischen Kunststoffe.

49) glykys (gr.), süß.
50) hydor (gr.), Wasser; Kohlenhydrate sind aus den Elementen Kohlenstoff (C), Wasserstoff (H) und Sauerstoff (O) zusammengesetzt, wobei Wasserstoff und Sauerstoff im gleichen Verhältnis enthalten sind wie im Wasser (H_2O).
51) Chlorophyll, chloros (gr.), gelbgrün; phyllon (gr.), Blatt.
52) sog. „Viskose-Verfahren".

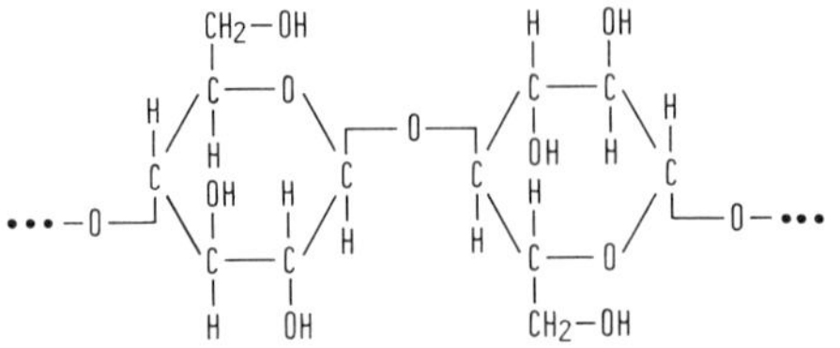

Formelschema des Cellulose-Makromoleküls

Geschichtliches

Der erste Celluloseester wurde 1845 von dem Chemieprofessor Chr. Fr. Schönbein (Basel) durch Behandeln von Baumwolle mit einem Gemisch von Salpetersäure und Schwefelsäure („Nitriersäure") hergestelt. In dieser „Schießbaumwolle"[53] sind alle drei Hydroxylgruppen in jedem Traubenzucker-Glied des Cellulose-Makromoleküls mit Salpetersäure verestert[54].

1870 erhielt J. W. Hyatt, Buchdrucker in der Nähe von New York, bei der Suche nach einem Ersatzstoff für Elfenbein eine plastische Masse aus Cellulosenitrat mit niedrigerem Stickstoffgehalt[55] und Campher[56] als Weichmacher, die beim Erwärmen unter Druck den später Celluloid[57] genannten Kunststoff ergab. Er nahm die Produktion im Jahre 1872 auf. Celluloid, auch Zellhorn genannt, ist der erste plastisch formbare Kunststoff, der wirtschaftliche Bedeutung erlangte.

Celluloid besitzt hohe Sprungelastizität, wird jedoch heute wegen seiner leichten Entflammbarkeit und seines heftigen Abbrennens nur noch für wenige Spezialartikel, wie Tischtennisbälle, Kämme und Haarschmuck hergestellt. Dagegen findet es ausgedehnte Anwendung auf dem Lack- („Nitrolack") und Beschichtungssektor.

Celluloseacetat[58] wurde erstmals von dem Chemiker P. Schützenberger in Paris aus Cellulose und Essigsäure bzw. Essigsäureanhydrid[59] hergestellt. 1905 gelang es A. Eichengrün bei den damaligen Farbenfabriken Bayer, ein plastifizierbares und besser lösliches sogenanntes „sekundäres Celluloseacetat" herzustellen, den eigentlichen Kunststoff Celluloseacetat, Kurzzeichen CA. 1909 wurden erstmals schwer entflammbare Sicherheitsfilme und 1917 erste Synthesefasern aus Celluloseacetat (Acetat-Reyon[60]) hergestellt. 1919 begann die Fabrikation von weichmacherhaltigen Celluloseacetat-Formmassen in Deutschland.

53) Schießbaumwolle brennt explosionsartig ab und wird als Bestandteil von Explosiv-Treibstoffen verwendet.

54) Veresterung s. S.103.

55) Die Menge an Nitriersäure und die Bedingungen der Veresterung werden so gewählt, daß nur etwa zwei der drei Hydroxylgruppen jedes Cellulose-Grundmoleküls mit je einem Salpetersäuremolekül verestert werden. Der Stickstoffgehalt sinkt dadurch von etwa 13 auf 11%.

56) arabische Handelsbezeichnung: Kamfur; Campher (auch Kampfer) kommt in der Natur im Campherbaum (China, Japan, Indonesien) vor und wird durch Destillation mit Wasserdampf gewonnen. Herstellung heute auch aus Pinen, einem Bestandteil des Terpentinöls.

57) -oides oder -eides (gr.), ähnlich, -artig.

58) auch Acetylcellulose genannt.

59) auch Acetanhydrid; an (gr.), ohne; hydor (gr.), Wasser.

60) rayonner (frz.), strahlen, glänzen; die Bezeichnung Kunstseide wird ebenfalls noch gebraucht. Die verschiedenen Reyon-Arten gehören zur Gruppe der Chemie-Fasern.

1938 wurden in Deutschland und den USA Cellulose-Mischester der Essig- und Buttersäure (Cellulose-aceto-butyrat, CAB) entwickelt. Sie kamen jedoch erst 1946 auf den Markt. Die Produktion des Mischesters der Cellulose mit Propionsäure und wenig Essigsäure (Cellulose-propionat, CP) wurde 1956 aufgenommen.

Zur Entwicklung der neueren Zeit gehören nicht weiterbrennende Celluloseester mit flammwidrigen Weichmachern, verbessert witterungsbeständige Mischungen von Celluloseestern mit anderen Polymeren und glasfaserverstärkte Celluloseester.

Der Weg zu den Celluloseestern

Zur Herstellung von Celluloseacetat wird Linters- oder besonders ausgesuchter Holzzellstoff mit Essigsäureanhydrid in Gegenwart von Schwefelsäure als Katalysator sowie wasserfreier Essigsäure („Eisessig") und Methylenchlorid als Lösungsmittel bei etwa 40 °C verestert. Das Celluloseacetat wird nach der völligen Auflösung aller Cellulosefasern durch gesteuerte Temperatureinwirkung bis zum gewünschten Polymerisationsgrad abgebaut. Das entstehende Cellulose-triacetat[61] („Primäracetat") enthält drei Essigsäurereste in jedem Glucose-Baustein der Cellulose. Wegen seiner nur begrenzten Löslichkeit, beispielsweise in Chlorkohlenwasserstoffen und Aceton, und seiner schlechten Weichmacherverträglichkeit wird es nur zur Herstellung von Fasern („Triacetatfasern") und aus Lösungen gegossenen Filmen und Folien verwendet.

$$\cdots-(C_6H_{10}O_5)-\cdots + 3\ \begin{matrix} CH_3CO \\ \quad \rangle O \\ CH_3CO \end{matrix} \longrightarrow \cdots-(C_6H_7O_5(CH_3CO)_3)-\cdots + 3\ CH_3COOH$$

Cellulose | Essigsäureanhydrid | Cellulosetriacetat | Essigsäure

Formelschema zur Bildung von Cellulosetriacetat

Durch Zusatz von Wasser und gegebenenfalls Chlorwasserstoff oder weiterer Schwefelsäure in diese Mischung entsteht nach Abspalten eines Teils der gebundenen Essigsäure (Hydrolyse[62]) das in der Kunststofftechnik als „Celluloseacetat" (Kurzzeichen: CA) bezeichnete Sekundäracetat ($2\frac{1}{2}$-Acetat). Dabei wird von den sechs Acetat-Gruppen zweier Glucose-Glieder durchschnittlich eine Acetatgruppe abgespalten und dafür eine Hydroxylgruppe zurückgebildet. Für jede Glucoseeinheit bleiben also im Durchschnitt $2\frac{1}{2}$ Acetatreste übrig.

Die Hydrolyse wird durch Neutralisation der Schwefelsäure bzw. Salzsäure im Reaktionsgemisch beendet. Durch Abdestillieren des Methylenchlorids und Zugabe von verdünnter Essigsäure wird das Celluloseacetat abgeschieden, anschließend ausgewaschen und getrocknet.

Zur Herstellung von Celluloseester-Formmassen wird trockenes Celluloseacetat mit Weichmachern, Farbmitteln, Stabilisatoren und sonstigen Zusatzstoffen in Innenmischern, auf Walzenstühlen oder in Schneckenknetern bei 120 bis 145 °C homogenisiert und gelatiniert. Die fertigen Formmassen werden von Walzen als Felle abgezogen und in Mühlen zerkleinert oder in Form von Strängen in einem Wasserbad und einer Luftstrecke gekühlt und anschließend granuliert.

61) tria (gr.), drei.
62) hydor (gr.), Wasser; lysis (gr.), Lösung, Trennung.

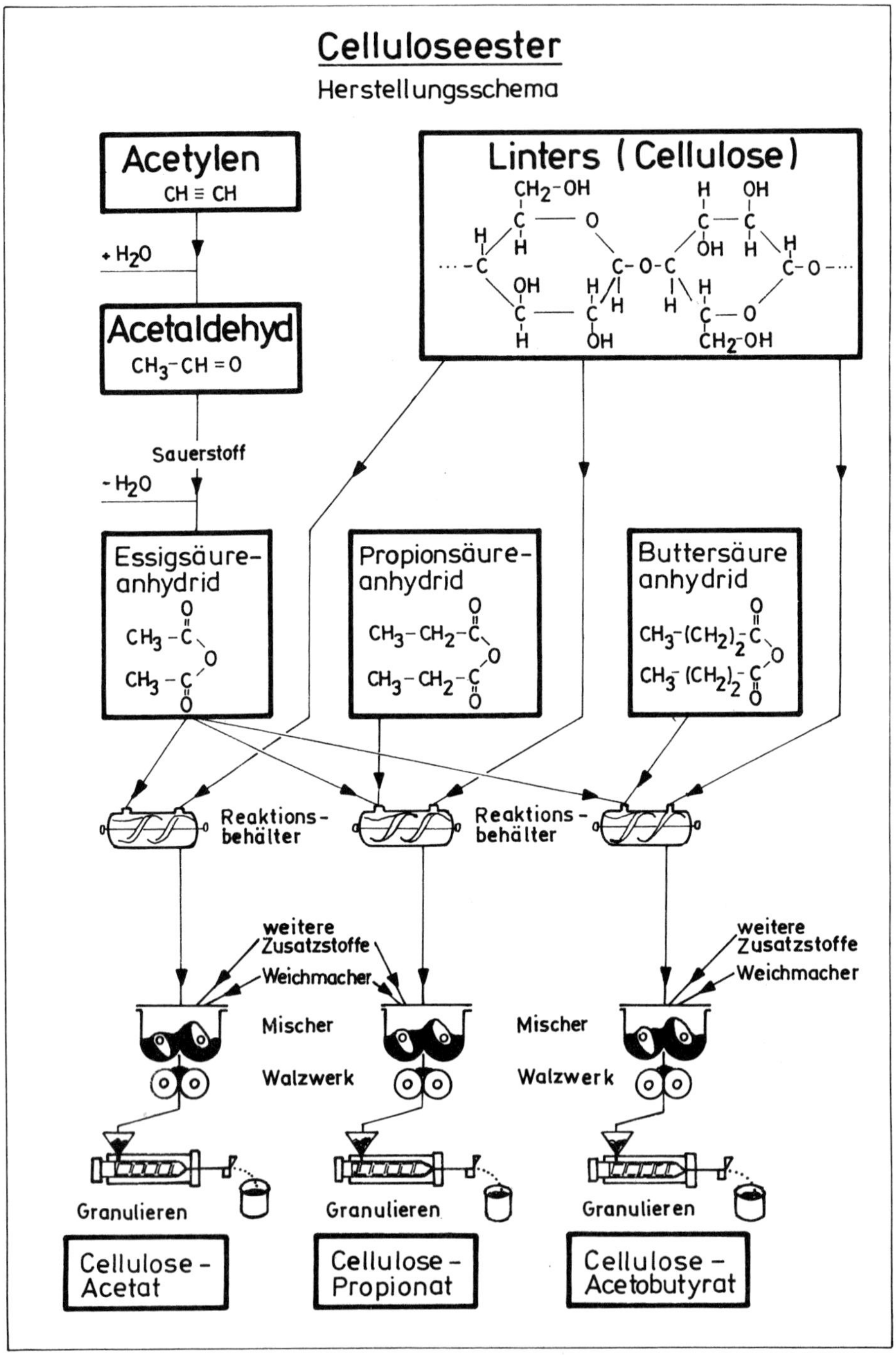
Celluloseester
Herstellungsschema
Acetylen
CH ≡ CH
+ H2O
Acetaldehyd
CH3-CH=O
Sauerstoff
- H2O
Linters (Cellulose)
Essigsäure-anhydrid
Propionsäure-anhydrid
Buttersäure anhydrid
Reaktions-behälter
Reaktions-behälter
weitere Zusatzstoffe
Weichmacher
weitere Zusatzstoffe
Weichmacher
Mischer
Walzwerk
Mischer
Walzwerk
Granulieren
Granulieren
Granulieren
Cellulose-Acetat
Cellulose-Propionat
Cellulose-Acetobutyrat

Die Herstellung von Celluloseacetobutyrat bzw. Cellulosepropionat wird entsprechend der von Celluloseacetat, jedoch mit einem Gemisch von Essigsäure- und Buttersäureanhydrid bzw. Propionsäure- und kleinen Mengen an Essigsäureanhydrid durchgeführt. Beide Mischester werden nur zu einem geringen Anteil hydrolysiert und besitzen deshalb einen kleineren Anteil an Hydroxylgruppen. Wegen der im Vergleich mit Celluloseacetat größeren Estergruppen besitzen diese Mischester einen hohen Grad an „innerer Weichmachung". Sie benötigen deshalb zur Verarbeitung geringere Weichmacherzusätze.

Celluloseacetat (Sekundäracetat)	$\overline{P}$:	500 ... 600
	$\overline{M}$:	130000 ... 160000

Eigenschaften der Celluloseester

CA, CP und CAB besitzen niedrige Festigkeit (Verbesserung durch Glasfaser-Zusätze), mittlere Steifigkeit, sehr geringe Härte und mittlere bis hohe Schlagzähigkeit. Diese mechanischen Eigenschaften sind merklich abhängig von der Menge an Weichmacherzusatz. Wegen hoher Oberflächenelastizität sind sie nicht kratzempfindlich; sie zeigen den sog. „Selbstpoliereffekt", d.h. entstandene Kratzer gleichen sich durch wiederholte Handhabung teilweise wieder aus. Weil die Celluloseester mechanischen Spannungen durch Verformung ausweichen können, sind sie für das Umspritzen von Metallteilen geeignet. Metall hat wesentlich geringere Wärmedehnzahlen als Kunststoffe, deswegen treten nach dem Umspritzen und Abkühlen von Metallteilen Spannungen im Kunststoff auf, die bei weniger zähen Kunststoffen zu Rissen führen können.

Einsatzgrenzen von etwa −40 bis +60 bzw. 70 °C Dauertemperatur, kurzzeitig bis 80 °C. Große Wärmedehnung.

Celluloseester sind glasklar durchsichtig und farblos, sie zeigen keine Vergilbung durch Lichteinwirkung und sind sehr gut einfärbbar.

Mäßige elektrische Isoliereigenschaften, die stark abhängig vom Feuchtegehalt des Kunststoffs sind; daher nur geringe Neigung zur elektrostatischen Aufladung. Hohe Kriechstromfestigkeit.

Celluloseester sind beständig gegen verdünnte Säuren, aliphatische Kohlenwasserstoffe, Öle und Fette; sie sind unbeständig gegen Heißwasser, Alkalien, konzentrierte Säuren, aromatische und halogenierte Kohlenwasserstoffe, Ester, Ketone und Alkohole. Sie besitzen hohe Feuchte- bzw. Wasseraufnahme und neigen nicht zur Spannungsrißbildung. Nach Entzündung brennen sie weiter.

Die Celluloseester sind den Spezialkunststoffen zuzurechnen, ihre Rohstoffbasis ist weitgehend unabhängig von Erdöl und Kohle.

Eigenschaftsunterschiede zwischen den Celluloseestern

In der Folge CA – CP – CAB sind folgende Eigenschaftsabstufungen hervorzuheben: Die Festigkeit nimmt etwas ab, die Schlagzähigkeit dagegen zu. Die elektrischen Isoliereigenschaften und die chemischen Beständigkeiten werden besser. Die Feuchteaufnahme nimmt ab. CA sollte nicht im Freien eingesetzt werden, CP nur nach geeigneter Einfärbung. CAB ist im Freien einsetzbar, muß aber wie nahezu sämtliche Thermoplaste lichtstabilisiert werden. Im Gegensatz zu CA und CP gibt CAB etwas Geruch ab infolge geringfügiger Abspaltung von Buttersäure.

Verarbeitung von Celluloseestern

Celluloseester gelten als gut verarbeitbar besonders durch Spritzgießen, Extrudieren, Blasformen, Rotationsformen, Gießen von Folien, Pulverschmelzen zur Beschichtung von Metallteilen und Drahtwaren, Thermoformen. Verbinden durch Kleben sowie Ultraschallschweißen.

Verwendung von Celluloseestern

Tafeln, Folien, Rohre, Profile.

Kabelrohre, Magnettonbänder, Telefonapparate; Werkzeuggriffe, Hammerköpfe, Bedienungsknöpfe (Bild 3.5-7), Apparategehäuse, Gehäuse für Uhren, Blitzlichtgeräte, Ölkännchen, Folien für Wasserentsalzung; Autolenkräder, Zierleisten, Armaturenbretter, Rückleuchten, Kraftfahrzeug-Kennzeichen; Verpackungsschachteln (z. B. für Spielkarten, Wachse, Pulver), Verpackungsfolien, Reklame- und Preisschilder; Rohrpost- und Erdölleitungen; Lichtkuppeln; Lampenschirme, Fahrradleuchten, Straßenleuchten; Staubsaugerteile; Tasten für Büromaschinen und Musikinstrumente.

Möbel-, Fenster-, Türbeschläge, Klappstühle, Sitzschalen; Bürstenrücken bzw. -griffe, Zahnbürstenstiele, Kämme; Besteck- und Schirmgriffe, Schnallen, Knöpfe, Schuhabsätze und -spanner, Modeschmuck, Stricknadeln, Miederstäbe, Trinkhalme; Kugelschreiber, Füllhalter, Zeichengeräte; Puppen, Spielzeug und -figuren.

Brillengestelle und -gläser, Kontaktlinsen (CAB).

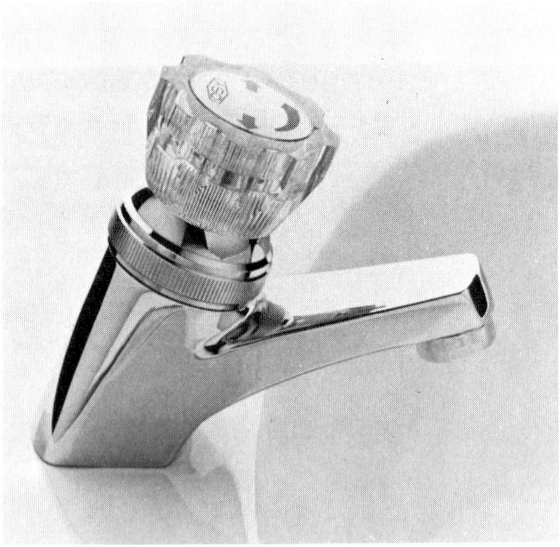

Bild 3.5-7:
Armaturengriff aus CAB

Das Wichtigste in Kürze über Celluloseester

Celluloseester gehören zur Gruppe der amorphen Thermoplaste. Sie werden aus dem Naturstoff Cellulose durch Veresterung mit Säuren hergestellt. Sie verbinden hohe Schlagbeständigkeit mit guter Kratzfestigkeit, glasklar-farblosem Aussehen und guter Verarbeitbarkeit. Die Celluloseester werden bevorzugt für mit Kunststoff umspritzte Metallteile und dort angewendet, wo lichtdurchlässige Kunststoffe verlangt werden.

3.6 Stickstoff-Thermoplaste

Stickstoff-Thermoplaste sind Kunststoffe, deren aliphatische bzw. cyclo-aliphatische oder aromatische Kettenglieder entweder durch die stickstoffhaltigen Carbonsäureamidgruppen[63] (Polyamide, PA), Urethangruppen[64] (Polyurethane, PUR) oder Imidgruppen[65] (Polyimide, PI) regelmäßig unterbrochen sind oder bei denen sich der Stickstoff in Form von Nitrilgruppen (Polyacrylnitril, PAN) in Seitengruppen befindet.

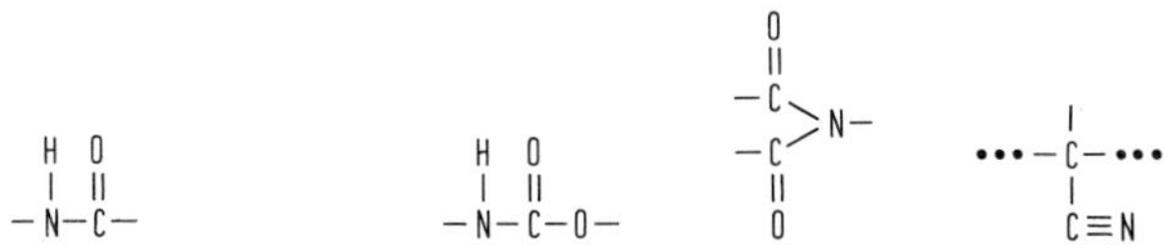

Carbonsäureamidgruppe Urethangruppe Imidgruppe Nitril - Seitengruppe

PAN wird durch Polymerisation, PUR durch Polyaddition und PA durch Polykondensation oder Polymerisation hergestellt. Die Polyimide gehören zu den hochtemperaturbeständigen Kunststoffen und werden im Abschnitt 5 (S. 176) besprochen.

3.6.1 Polyamide (PA)

Die Polyamide sind thermoplastische Kunststoffe, deren Grundbausteine durch Carbonsäureamidgruppen ($-\overset{\displaystyle H}{\overset{|}{N}}-\overset{\displaystyle O}{\overset{\|}{C}}-$) miteinander verknüpft sind. Man unterscheidet zwei Gruppen von Polyamiden: Aufbau aus *einem* Grundstoff durch Polykondensation von ω-Aminocarbonsäuren[66] oder Polymerisation ihrer Lactame[67] zum Polyamid 6-Typ und solche, die aus *zwei* Grundstoffen: Diaminen und Dicarbonsäuren durch Polykondensation zum Polyamid 66-Typ entstanden sind. Alle Polyamide werden unabhängig von der Herstellungsart als Polykondensate bezeichnet.

Die Kennzeichnung der verschiedenen Polyamide erfolgt international durch Zahlen, welche die Anzahl aller C-Atome im Ausgangsstoff bzw. – bei zwei Komponenten – im Diamin (erste Zahl) und in der Dicarbonsäure (zweite Zahl) angeben. Eine Übersicht über die technisch wichtigsten Homo-Polyamide ist in Tabelle 3.6.1 wiedergegeben.

63) einfachste Carbonsäureamidgruppe: $-\overset{\displaystyle O}{\overset{\|}{C}}-\overset{\displaystyle H}{\overset{|}{N}}-H$ s. auch Harnstoff (S. 153).

64) Ester der in freier Form nicht beständigen Carbamidsäure: $H-\overset{\displaystyle H}{\overset{|}{N}}-\overset{\displaystyle O}{\overset{\|}{C}}-OH$; Krethan von urina (lat.), Harn.

65) Dicarbonsäurederivate von Ammoniak oder Aminen.

66) ω = omega (gr.), letzter Buchstabe des gr. Alphabets; die Aminogruppe steht an der letzten CH_2-Gruppe der Carbonsäure.

67) ringförmige, aus Aminosäuren gebildete Säureamide.

Tabelle 3.6-1: Aufbau und Kennzeichnung von wichtigen Homo-Polyamiden

Name	Kurzzeichen	Ausgangsstoff(e)	Herstellungsart	Chem. Aufbau der Polymeren
Polyamid 6-Typ				
Polyamid 6	PA 6	ε-Caprolactam[68] 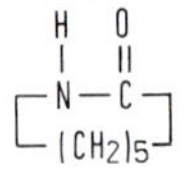	Polymerisation bzw. Polyaddition	$\cdots - \overset{\overset{H}{\vert}}{N} - (CH_2)_5 - \overset{\overset{O}{\Vert}}{C} - \cdots$
Polyamid 11	PA 11	11-Aminoundecansäure $H_2N-(CH_2)_{10}-COOH$	Polykondensation	$\cdots - \overset{\overset{H}{\vert}}{N} - (CH_2)_{10} - \overset{\overset{O}{\Vert}}{C} - \cdots$
Polyamid 12	PA 12	ω-Laurinlactam 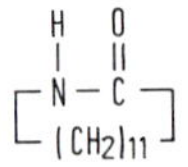	Polymerisation bzw. Polyaddition	$\cdots - \overset{\overset{H}{\vert}}{N} - (CH_2)_{11} - \overset{\overset{O}{\Vert}}{C} - \cdots$
Polyamid 66-Typ				
Polyamid 66	PA 66	Hexamethylendiamin $H_2N-(CH_2)_6-NH_2$ + Adipinsäure $HOOC-(CH_2)_4-COOH$	Polykondensation	$\cdots - \overset{\overset{H}{\vert}}{N} - (CH_2)_6 - \overset{\overset{H}{\vert}}{N} - \overset{\overset{O}{\Vert}}{C} - (CH_2)_4 - \overset{\overset{O}{\Vert}}{C} - \cdots$
Polyamid 610	PA 610	Hexamethylendiamin $H_2N-(CH_2)_6-NH_2$ + Sebacinsäure $HOOC-(CH_2)_8-COOH$	Polykondensation	$\cdots - \overset{\overset{H}{\vert}}{N} - (CH_2)_6 - \overset{\overset{H}{\vert}}{N} - \overset{\overset{O}{\Vert}}{C} - (CH_2)_8 - \overset{\overset{O}{\Vert}}{C} - \cdots$

Geschichtliches

W. H. Carothers (s. S. 114) erhielt im Verlauf seiner 1929 in den USA bei DuPont begonnenen Arbeiten 1935 das erste verwertbare hochmolekulare Polyamid („Superpolyamid") aus Hexamethylendiamin und Adipinsäure (Polyamid 66, PA 66). 1938 wurde mit dem Bau der ersten Produktionsanlage zur Herstellung von PA 66-Fasern begonnen, die 1940 unter der Bezeichnung Nylon[69] auf den Markt kamen.

1938 gelang es dem Chemiker P. Schlack in Berlin, auf anderem Wege ein Polyamid mit gleichwertigen Eigenschaften herzustellen. Durch Polymerisation von ε-Caprolactam erhielt er schon bei seinen ersten Versuchen hochmolekulare Produkte (Polyamid 6, PA 6), die zunächst ebenfalls ausschließlich als Rohstoff zur Herstellung von Textilerzeugnissen (Perlon®-Fasern) verwendet wurden.

In den vierziger Jahren wurden im Werk Ludwigshafen der ehemaligen I. G. Farbenindustrie auch höhermolekulare PA 6- und PA 66-Typen als Formmassen für das Spritz-

68) ε = epsilon (gr.), 5. Buchstabe des gr. Alphabets; die NH-Gruppe ist mit der 5. CH_2-Gruppe des Lactams verbunden.

69) das engl. Wort wird nailon ausgesprochen; Nylon ist heute im englischen Sprachgebiet zum Gattungsnamen für alle Polyamide geworden.

gießen und Extrudieren technischer Teile entwickelt. Später kamen als weitere Homo-Polymere PA 610, PA 11 (Rilsan®[70]) und PA 12 (Grilamid®[71] und Vestamid®[72]) auf den Markt.

Das hochmolekulare Gußpolyamid wird seit den fünfziger Jahren durch die bereits 1939 bei DuPont gefundene anionische Polymerisation von Lactamen im Formungswerkzeug (in-situ-Polymerisation, s. S. 106) hergestellt. Sie hat seit den sechziger Jahren an Bedeutung gewonnen, nachdem es gelungen war, diese Polymer-Reaktion durch „Aktivatoren" stark zu beschleunigen. Die „aktivierte anionische Polymerisation" wird besonders für das Reaktionsgießen verwendet. Glasfaserverstärkte Polyamide sind seit etwa 1962 auf dem Markt. 1970 wurde unter der Handelsbezeichnung Trogamid® das erste amorphe, glasklare Polyamid von der Dynamit Nobel[73] angeboten. Außerdem wurden zahlreiche Co-Polyamide entwickelt: Weitere amorphe sowie teilkristalline, z. B. PA 6/66 und PA 66/610, und in Alkohol/Wasser-Gemischen lösliche Polyamide aus den PA-Grundstoffen und Copolymere mit anderen Monomerenarten, wie Ethylen oder Acrylesterelastomeren. Zur Entwicklung der neueren Zeit gehören PA 13 vom PA 6-Typ und PA 1313 vom PA 66-Typ.

Heute stehen dem Verarbeiter außerdem durch Monomeren-Reste und -Zusätze oder mit speziellen Weichmachern weichgestellte PA-Sorten, Polyblends von Polyamiden mit anderen Kunststoffen, z. B. PE, selbstschmierende Typen für Lager- und Getriebeelemente, Polyamide mit Zusätzen[74] für eine beschleunigte und gleichmäßige Feinkristallisation, mit Flammschutzausrüstung und mit den verschiedensten Verstärkungsstoffen und Stabilisatoren zur Verfügung. Die Anwendungsbreite der Polyamide wird durch unterschiedliche Molekülgröße und damit verschiedener Viskosität in der Schmelze noch weiter erhöht. Nach wie vor ist jedoch die Herstellungskapazität für Polyamid 6 und Polyamid 66 größer als die aller anderen Polyamide zusammen. Polyamide sind heute die wichtigsten technischen Thermoplaste.

Der Weg zu den Polyamiden

Alle Polyamide werden durch Schmelz-Reaktionen erzeugt. Die Reaktionsart und die Herstellungsbedingungen sind jedoch, abhängig vom Polyamid-Typ, unterschiedlich.

ε-Caprolactam

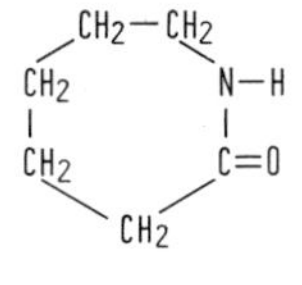

ε-Caprolactam-Formel

Ringförmiges Säureamid der ε-Aminocapronsäure; Chem. Formel: $C_6H_{11}NO$; weiße, in Wasser sowie Alkohol lösliche Kristalle, die bei 70 °C schmelzen; Herstellung aus Phenol über Cyclohexanon.

70) Organico S. A., Paris.
71) Emser Werke AG, Zürich.
72) Chemische Werke Hüls AG, Marl.
73) Dynamit Nobel AG, Troisdorf.
74) sog. Nukleierungsmittel von nucleus (lat.), Kern.

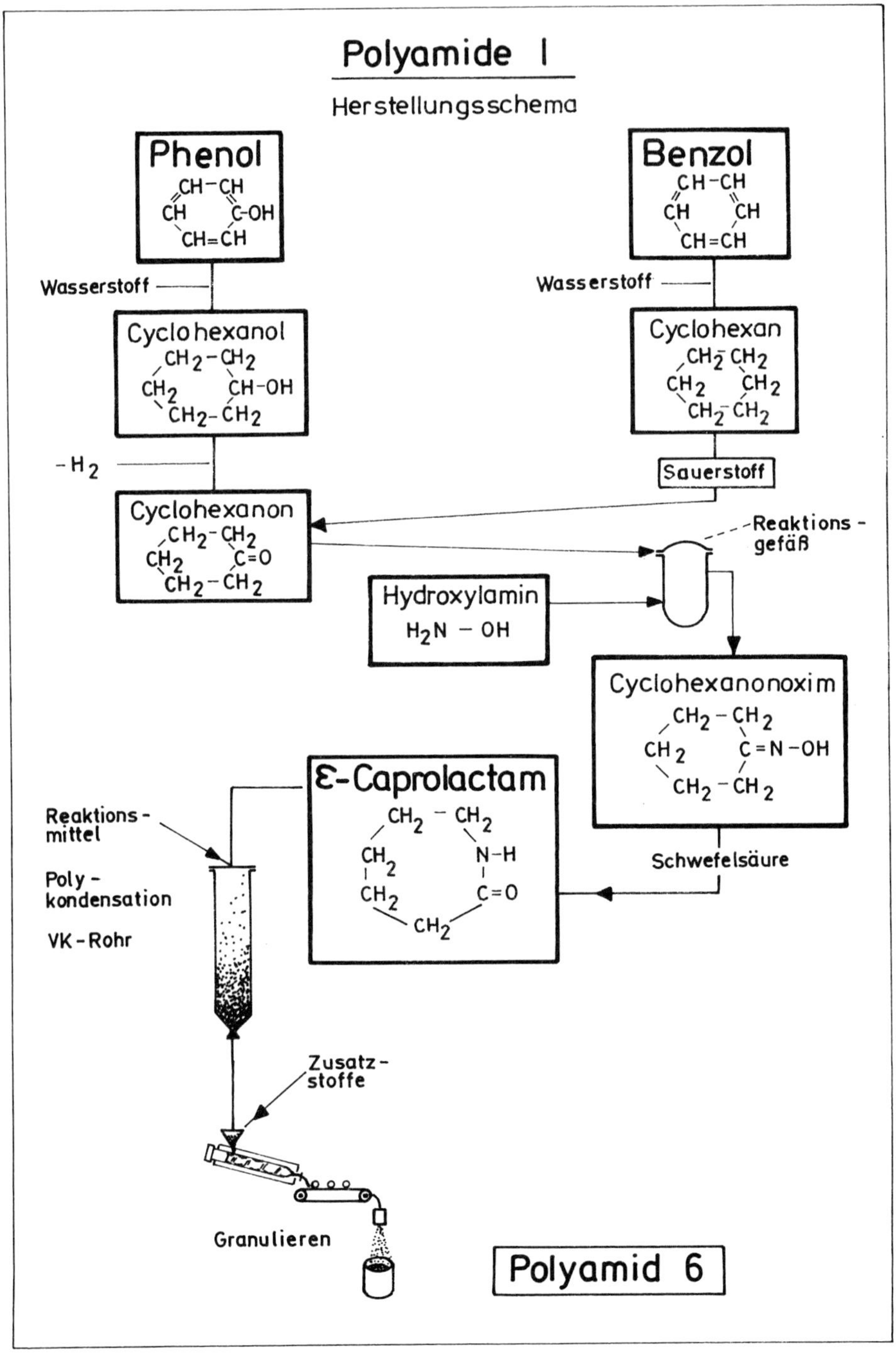
Polyamide I
Herstellungsschema
Phenol
Benzol
Wasserstoff
Wasserstoff
Cyclohexanol
Cyclohexan
- H2
Sauerstoff
Cyclohexanon
Reaktions-gefäß
Hydroxylamin
H2N - OH
Cyclohexanonoxim
ε-Caprolactam
Schwefelsäure
Reaktions-mittel
Poly-kondensation
VK-Rohr
Zusatz-stoffe
Granulieren
Polyamid 6

Der Weg zum Polyamid 6-Typ

Lactame reagieren in Gegenwart von Wasser oder wäßrigen Säuren („hydrolytische Polymerisation", Polyaddition) oder bei Abwesenheit von Wasser durch ionische Polymerisation mit Säuren (kationische Polymerisation) oder Basen (anionische Polymerisation) als Katalysatoren zu Polyamiden. Polymere vom PA 6-Typ werden heute üblicherweise kontinuierlich durch hydrolytische Polymerisation oder diskontinuierlich durch anionische Polymerisation hergestellt.

Bei der kontinuierlichen hydrolytischen Polymerisation wird aufgeschmolzenes ε-Caprolactam mit einer geringen Menge Wasser oder Aminosäure unter peinlichem Ausschluß von Sauerstoff drucklos in einem vier bis sechs Meter hohen beheizbaren Stahlrohr (VK-Rohr, von vereinfacht, kontinuierlich) bei 265 °C polymerisiert; die Polymerisationszeit beträgt mehrere Stunden. Am Boden des Rohres wird das zähflüssige Polyamid ausgetragen, zu Strängen extrudiert, gekühlt und granuliert. Zur Entfernung der stets im Polymeren verbleibenden monomeren Caprolactam-Anteile wird das Granulat mehrmals ausgekocht.

Die anionische Polymerisation von Lactamen wird mit starken Basen wie Natriumhydroxid als Katalysator in Stickstoffatmosphäre unter Feuchtigkeitsausschluß durchgeführt.

Bei 250 bis 270 °C entsteht in wenigen Minuten das bei diesen Temperaturen schmelzflüssige Polyamid (alkalische Schnellpolymerisation). Co-Katalysatoren[75] („Aktivatoren", meist Acylierungsmittel[76], insbesondere Isocyanate s. S. 192) ermöglichen eine noch schnellere Polymerisation bei tieferen Temperaturen zu hochmolekularem Gußpolyamid. Diese aktivierte anionische Polymerisation hat ihr größtes Anwendungsgebiet beim Reaktions- (Rotations-) Formgießen (monomer casting[77], in-situ-Polymerisation s. S. 106).

$$\cdots -\overset{H}{\overset{|}{N}}-(CH_2)_5-\overset{O}{\overset{\|}{C}}-\overset{H}{\overset{|}{N}}-(CH_2)_5-\overset{O}{\overset{\|}{C}}-\overset{H}{\overset{|}{N}}-(CH_2)_5-\overset{O}{\overset{\|}{C}}-\cdots$$

Formelschema des Polyamid 6-Makromoleküls

Der Weg zum Polyamid 66-Typ

Ausgangsstoffe für die Herstellung der Polyamide vom PA 66-Typ sind aliphatische Diamine, meist Hexamethylendiamin, und aliphatische (Adipinsäure, Sebacinsäure) oder aromatische (z. B. Terephthalsäure, s. S. 115) Dicarbonsäuren. Die Reaktion erfolgt stets als Polykondensation, im allgemeinen unter Abspaltung von Wasser.

Adipinsäure

$$HOOC-(CH_2)_4-COOH$$

Adipinsäure-Formel

Chem. Bezeichnung: Hexandisäure; chem. Formel: $C_6H_{10}O_4$; weiße Kristalle, Schmelzpunkt 151 °C; Herstellung aus Benzol oder Phenol über Cyclohexanol.

75) Zusätze, die die Wirkung von Katalysatoren verstärken.
76) Acylierung: Reaktion zur Einführung von Acylgruppen $R-\overset{O}{\overset{\|}{C}}-$
77) casting (engl.), Guß, Gießware.

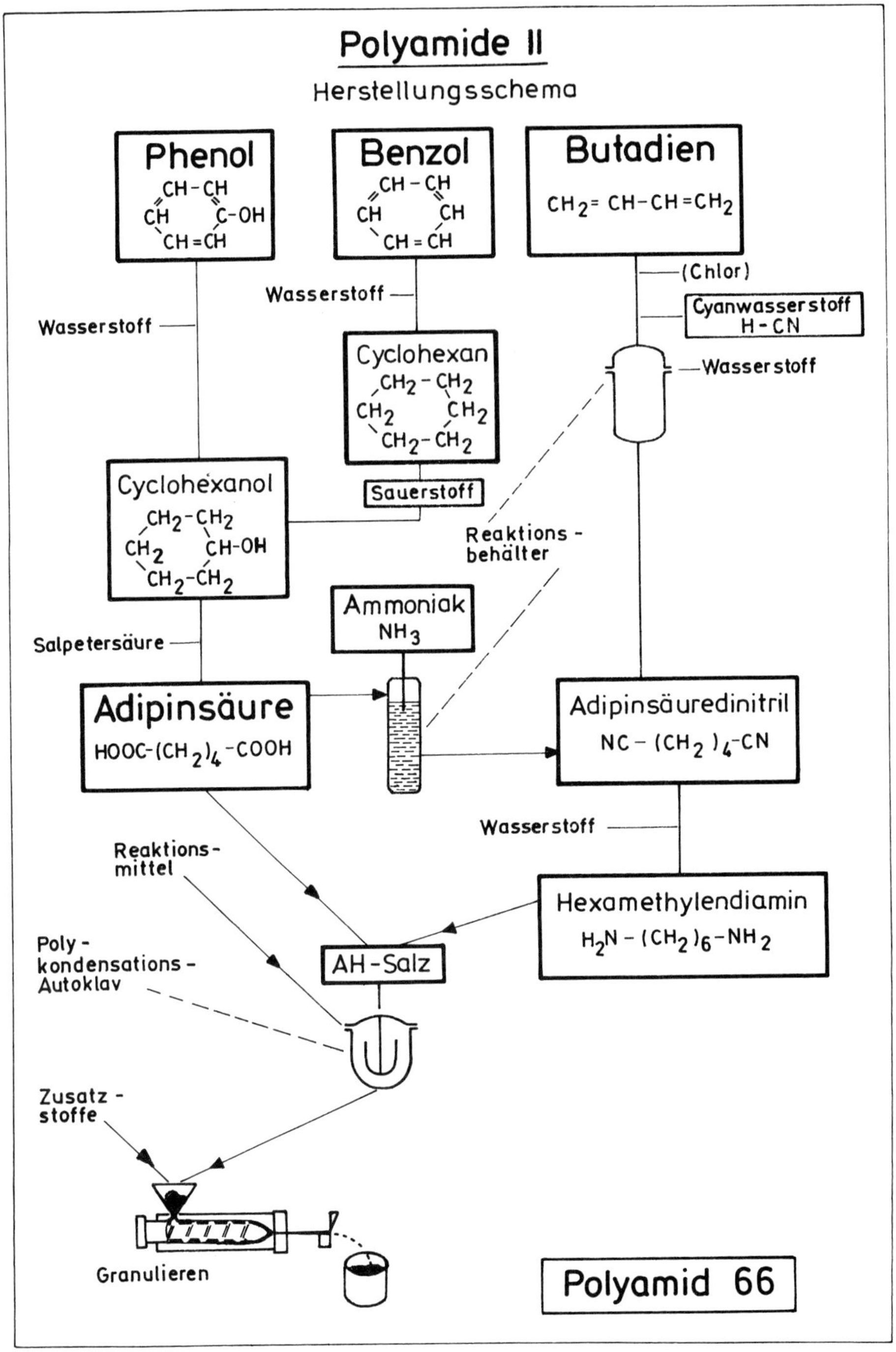
Polyamide II
Herstellungsschema
Phenol
Benzol
Butadien
$CH_2=CH-CH=CH_2$
(Chlor)
Cyanwasserstoff H-CN
Wasserstoff
Wasserstoff
Wasserstoff
Cyclohexan
Cyclohexanol
Sauerstoff
Reaktions-behälter
Ammoniak NH_3
Salpetersäure
Adipinsäure
$HOOC-(CH_2)_4-COOH$
Adipinsäuredinitril
$NC-(CH_2)_4-CN$
Wasserstoff
Reaktions-mittel
Hexamethylendiamin
$H_2N-(CH_2)_6-NH_2$
Poly-kondensations-Autoklav
AH-Salz
Zusatz-stoffe
Granulieren
Polyamid 66

Hexamethylendiamin

$H_2N-(CH_2)_6-NH_2$

Hexamethylendiamin-Formel

Chem. Bezeichnung: 1,6-Diaminohexan; chem. Formel: $C_6H_{16}N_2$; weißes Pulver, Schmelzpunkt 42 °C; Herstellung aus Adipinsäure oder Butadien.

Polyamide vom PA 66-Typ werden im allgemeinen diskontinuierlich in zwei getrennten Stufen hergestellt: Salzbildung aus der Dicarbonsäure und dem Diamin und anschließend Polykondensation zum Kunststoff.

Adipinsäure und Hexamethylendiamin bilden unter Erwärmung ein gut kristallisierendes Salz, das sog. AH-Salz[78]. Die Herstellung erfolgt aus äquimolaren[79] Mengen der Ausgangsstoffe in methanolischer Lösung, in der das AH-Salz schwer löslich ist und ausfällt. Hochgereinigte Ausgangsstoffe können unter Umgehung der Salzbildung direkt zusammengeschmolzen und polykondensiert werden.

Das AH-Salz wird als ca. 60-prozentige wäßrige Lösung in einem Autoklaven unter Stickstoffatmosphäre innerhalb etwa zwei Stunden bei 210 bis 220 °C und einem Druck von 17 bar zu einem noch in Wasser löslichen Vorkondensat umgesetzt. Anschließend wird die Temperatur langsam auf 275 °C erhöht und der Druck dabei unter Ablassen von Wasserdampf auf 17 bar gehalten. Nachdem ein Umsatz von 80 bis 90% erreicht ist, wird auf Atmosphärendruck entspannt und die Reaktion im Vakuum zu Ende geführt.

Die PA 66-Schmelze wird am Boden des Autoklaven über Düsen abgedrückt, die erhaltenen Bänder oder Stränge werden abgekühlt und zu Plättchen („Chips") zerkleinert bzw. granuliert.

Die Reaktion kann bei gleichem Druck und etwa gleicher Temperatur auch kontinuierlich durchgeführt werden.

Polyamid 610 wird aus Hexamethylendiamin und Sebacinsäure hergestellt.

$HOOC-(CH_2)_8-COOH$

Sebacinsäure-Formel

Für amorphe, glasklare Polyamide werden aromatische oder cycloaliphatische und verzweigtkettige Grundbausteine polykondensiert. Das erste amorphe Polyamid mit einem aromatischen Ausgangsstoff war das Polyamid 6-3-T[80] aus Terephthalsäure (s. S. 115) und alkylsubstituierten Hexamethylendiaminen, z. B. 2,2,4-Trimethyl-hexamethylen-1,6-diamin.

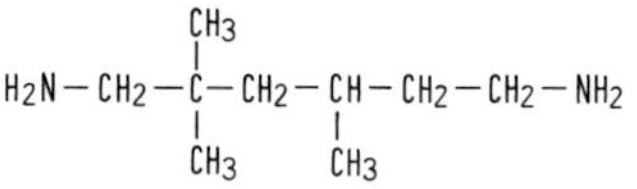

2,2,4-Trimethylhexamethylen-1,6-diamin-Formel

78) gebildet aus den Anfangsbuchstaben von Adipinsäure und Hexamethylendiamin.

79) aequus (lat.), gleich: im Verhältnis der Molmassen, hier 146 g (Molmasse Adipinsäure) : 116 g (Molmasse Hexamethylendiamin).

80) Kurzzeichen PA 6-3-T: 6 C-Atome in Hexamethylendiamin, 3 C-Atome in den Methylgruppen (Trimethyl) und Terephthalsäure als Dicarbonsäure.

Bei allen Polyamiden vom Nylon-Typ sind die beiden reaktionsfähigen Endgruppen des Grundmoleküls der einen Komponente verschieden von den beiden Endgruppen des anderen Grundmoleküls. Beim Aufbau der Makromoleküle müssen sie demnach abwechselnd aneinander gereiht werden:

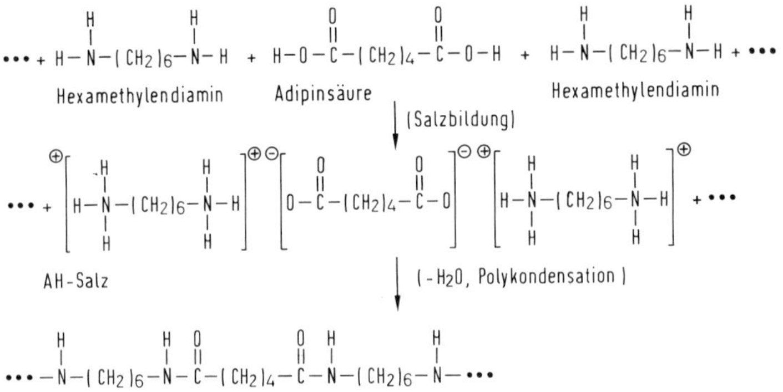

Herstellungs- und Formelschema des Polyamid 66-Makromoleküls

An den Verknüpfungsstellen sind Säureamidgruppen entstanden, die im Wechsel -CO-NH- und -NH-CO-Anordnungen haben. Im Gegensatz dazu sind die Carbonsäureamid-Anordnungen beim PA 6-Typ gleichsinnig.

Viele Eigenschaften der teilkristallinen Polyamide sind auf die Ausbildung starker zwischenmolekularer Kräfte zwischen den NH- und CO-Gruppen benachbarter Makromoleküle zurückzuführen.

Unterschiede zwischen den verschiedenen Polyamiden werden durch unterschiedliche Kristallinität, das Verhältnis der (CH_2)-/(CONH)-Gruppen in den Polymeren, gerad- oder ungeradzahlige C-Atomzahl und den Abstand benachbarter Makromoleküle und damit wieder den Kristallinitätsgrad hervorgerufen. Seitenketten und aromatische Bausteine erniedrigen die zwischenmolekularen Kräfte und damit die Kristallinität. Es können amorphe Polyamide, z. B. PA 6-3-T, entstehen.

Je geringer das (CH_2)-/(CONH)-Verhältnis ist (bei PA 6 und PA 66 beträgt es 5, bei PA 12 dagegen 11), um so höher sind Zugfestigkeit, Härte und Steifigkeit. Andererseits steigt mit diesem Verhältnis die Zähigkeit, insbesondere in der Kälte. Bei den Polyamiden mit gerader Zahl an C-Atomen (PA 6, 66, 610, 12) liegen die CO- und NH-Gruppen benachbarter Makromoleküle einander so gegenüber, daß ein Maximum an zwischenmolekularen Kräften ausgebildet werden kann. Bei ungeradzahligen Polyamiden (PA 11) sind diese Kräfte geringer, der Kunststoff ist daher weicher und zäher.

Technische Polyamide: $\overline{P}$: 100 ... 150
$\overline{M}$: 10000 ... 20000

Eigenschaften von teilkristallinen Polyamiden

Die physikalischen und Beständigkeitseigenschaften der teilkristallinen Polyamide sind erheblich abhängig von folgenden Größen:

- Vom Feuchtegehalt, der von den Einsatzbedingungen des Polyamidteils abhängig ist. Die folgenden Angaben beziehen sich auf den „luftfeuchten" Zustand, der sich etwa beim Einsatz im „Normalklima" (23 °C, 50% relative Luftfeuchte) einstellt.
- Vom Kristallisationsgrad, der von den Herstellungs- und Formungsbedingungen gesteuert wird.
- Von Zusätzen, wie Weichmachern (wofür z.T. auch Restmonomergehalte dienen), Glasfasermaterialien, Kohlenstoff-Fasern.

Die folgenden Angaben beziehen sich hauptsächlich auf die besonders wichtigen Polyamide PA 6 und PA 66, die besonderen Unterschiede zwischen den verschiedenen teilkristallinen Polyamide werden in Tab. 3.6-2 qualitativ dargestellt.

Tabelle 3.6-2: Eigenschaftsunterschiede von Polyamiden

Eigenschaft	PA 6	PA 66	PA 610	PA 11	PA 12
Steifigkeit	○	+ +	○	−	+
Kerbschlagzähigkeit bei RT	+ +	+	○	+ +	○
Kerbschlagzähigkeit bei −40 °C	○	○	○	+ +	+
Wärmedehnung	+	+	○	−	−
elektr. Isoliereigenschaften	− −	− −	○	+	+
Feuchteaufnahme	− −	− −	○	+	+
Wasserdampfdurchlässigkeit	− −	−	○	+	+ +
Gasdurchlässigkeit	+	+	○	−	− −

Zur Bedeutung der Symbole s. Tabelle 3.2-1 (S. 63). „+ +" bedeutet bei der Wasserdampf- bzw. Gasdurchlässigkeit einen geringen Wert. Die Symbole zeigen nur qualitative Unterschiede zwischen den genannten Polyamiden an.

PA besitzt hohe bis mittlere Festigkeit und mittlere Steifigkeit (Verbesserung durch GF-Zusatz), geringe Härte, gute bis ausgezeichnete Schlagzähigkeit sowie gute Gleit- und Verschleißeigenschaften.

Die Einsatzgrenzen betragen −30 °C (PA 11 und 12 : − 70 °C) bis +70 - 80 °C (stabilisiert bis 100 - 120 °C) Dauertemperatur (weitere Verbesserung durch GF-Verstärkung), kurzfristig bis 180 - 200 °C (PA 11 und 12 nur bis 140 °C). Polyamide besitzen mittlere bis große Wärmedehnung.

PA-Materialien sind durchscheinend bis undurchsichtig, Folien können auch glasklar sein. PA ist gut einfärbbar. Die elektrischen Isoliereigenschaften sind mäßig, die Kriechstromfestigkeit ist gut.

Polyamid ist beständig gegen verdünnte Basen und wäßrige Salzlösungen; aliphatische und aromatische Kohlenwasserstoffe, Treibstoffe; Alkohole, Ester, Ketone, Öle und Fette. PA ist unbeständig gegen Säuren, konzentrierte Basen; chlorierte Kohlenwasserstoffe, organische Säuren (z.B. Ameisensäure). PA ist koch- und sterilisierbar, aber wenig beständig gegen dauernde Einwirkung von heißem Wasser. Es zeigt hohe Wasseraufnahme, wodurch erhebliche Maßzunahmen (etwa 0,1% pro 1% Wasseraufnahme) resultieren (Verringerung durch GF-Zusatz). PA weist hohe Wasserdampfdurchlässigkeit, aber gute

Gasdichte (z. B. O_2, N_2, CO_2, H_2) auf. Polyamide, besonders PA 12, sind gut spannungsrißbeständig und besitzen gute Witterungsbeständigkeit, wenn sie entsprechend stabilisiert sind.

Polyamide sind die wichtigsten technischen Thermoplaste.

Verarbeitung von teilkristallinen Polyamiden

Wichtigstes Verfahren ist das Spritzgießen; ferner: Extrudieren, Blasformen, Folienblasen, Pulverbeschichtungsverfahren; Rotations- bzw. Reaktionsgießen der Lactame zu PA 6 G bzw. PA 12 G (G bedeutet „Gußwerkstoff"; besonders für große, dickwandige Formteile), Gießen von PA-Lösungen zu Folien. Schweißen (alle Verfahren) und Kleben, Spanen.

Verwendung von teilkristallinen Polyamiden

Tafeln, Blöcke, Profile, Rohre bzw. Schläuche, Stäbe, Drähte (Monofile), Folien und Fasern.

Verschleißfeste Kabel- und Drahtummantelungen, Spulenkörper; Räder (z. B. Lüfterräder), Zahnräder (Bild 3.6-1), Ritzel, Rollen, Lager, Schrauben und Muttern, Gehäuse für Pumpen, Filter, Bohrmaschinen, Blitzlichtgeräte, Reflektoren, Photoapparate, Akkumulatoren, Pumpenteile, Gleitführungen, Transportketten, Treibriemen, Papierführungen (z. B. am Fernschreiber), Dichtungen; Schiffsschrauben, Scheinwerfergehäuse, Benzinleitungen, Vergaserschwimmer, Schloßteile für PKW, Kotflügel für Motorräder; Verpackungsbänder und -folien (aromadicht!), Rohrposthülsen; Dübel, Heizöltanks; Teile für Kühlschränke und andere Haushaltsgeräte.

Beschichtungen für Gartenmöbel; Kämme; Reißverschlußspiralen, Borsten, Gasampullen; Schutzhelme, Angelschnüre, Fischnetze, Puppenhaar.

Prothesen.

Bild 3.6-1:
Spritzgegossene Keilriemenscheibe und Zahnrad mit umspritzter Metallbuchse aus PA 6

Eigenschaften von amorphem Polyamid

Amorphes Polyamid besitzt hohe Zugfestigkeit und Steifigkeit. Es ist härter als PA 6 bzw. PA 66. Die Kerbschlagzähigkeit entspricht derjenigen von PA 66 bzw. PA 12. Es weist eine geringere Kriechneigung als alle anderen Polyamide auf.

Seine Einsatzgrenzen liegen zwischen etwa −40 und +80 bis 100 °C Dauertemperatur, kurzzeitig bis 140 °C. Amorphes Polyamid weist mittlere Wärmedehnung auf.

Hervorzuheben ist sein glasklares Aussehen.

Die elektrischen Isoliereigenschaften sind mäßig, die Kriechstrombeständigkeit ist gut. Die Beständigkeitseigenschaften entsprechen denen der anderen Polyamide.

Verarbeitung und Anwendung von amorphem Polyamid

Amorphes Polyamid wird bevorzugt durch Spritzgießen und Extrudieren, auch unter Zusatz von Glasfaserverstärkung, verarbeitet, wobei die Schwindungswerte geringer sind als diejenigen der teilkristallinen Polyamide.

Die Anwendung erstreckt sich auf die gleichen Gebiete wie für teilkristalline Polyamide, jedoch insbesondere für glasklar durchsichtige Teile. Beispiele: Gehäuseteile, Abdeckhauben, Flüssigkeitsstand-Anzeiger, Schaltknöpfe, Chemikalienbehälter.

Das Wichtigste in Kürze über Polyamide

Diese durch Polykondensation aus Diaminen und Dicarbonsäuren oder durch Polymerisation von Lactamen herstellbaren überwiegend teilkristallinen Thermoplaste sind stark polar. Sie besitzen ein sehr gutes mechanisches Eigenschaftsbild, besonders hohe Zähigkeit und ausgezeichnetes Gleit- und Verschleißverhalten. Sie lassen sich bis etwa 120 °C Dauertemperatur einsetzen und können je nach Umgebungsbedingungen erhebliche Feuchtegehalte aufweisen, durch die alle Eigenschaften und die Abmessungen von Teilen bedeutend beeinflußt werden. Sie sind die wichtigsten technischen Thermoplaste. Entsprechend werden sie besonders für „Technische Teile", wie Maschinenelemente, verwendet, die im Spritzgießverfahren hergestellt werden.

3.6.2 Polyacrylnitril (PAN)

Polyacrylnitril wird durch Fällungs-Polymerisation (s. S. 22) in wäßriger Lösung mit Peroxid-Initiatoren hergestellt. Das wasserunlösliche Polyacrylnitril fällt aus der Lösung aus und wird nach dem Reinigen und Trocknen gemahlen.

Polyacrylnitril-Homopolymerisat (PAN) spielt als Kunststoff keine Rolle, da es sich vor Erreichen der Erweichungstemperatur oberhalb 200 °C zersetzt und daher nicht thermoplastisch zu verarbeiten ist. Grund dafür sind die sehr starken zwischenmolekularen Kräfte zwischen den Nitril-Seitengruppen benachbarter PAN-Makromoleküle.

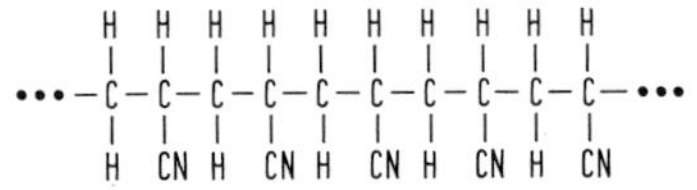

Formelschema des Polyacrylnitril-Makromoleküls

$\bar{P}$: 900 ... 1 900

$\bar{M}$: 47 000 ... 100 000

In stark polaren Lösungsmitteln wie Dimethylformamid ist PAN dagegen löslich und kann so zu Fäden versponnen werden. Als Rohstoff zur Herstellung der wollähnlichsten aller Synthesefasern (Handelsnamen z. B. Dralon®, Orlon®, Dolan®) ist Polyacrylnitril von größter Bedeutung.

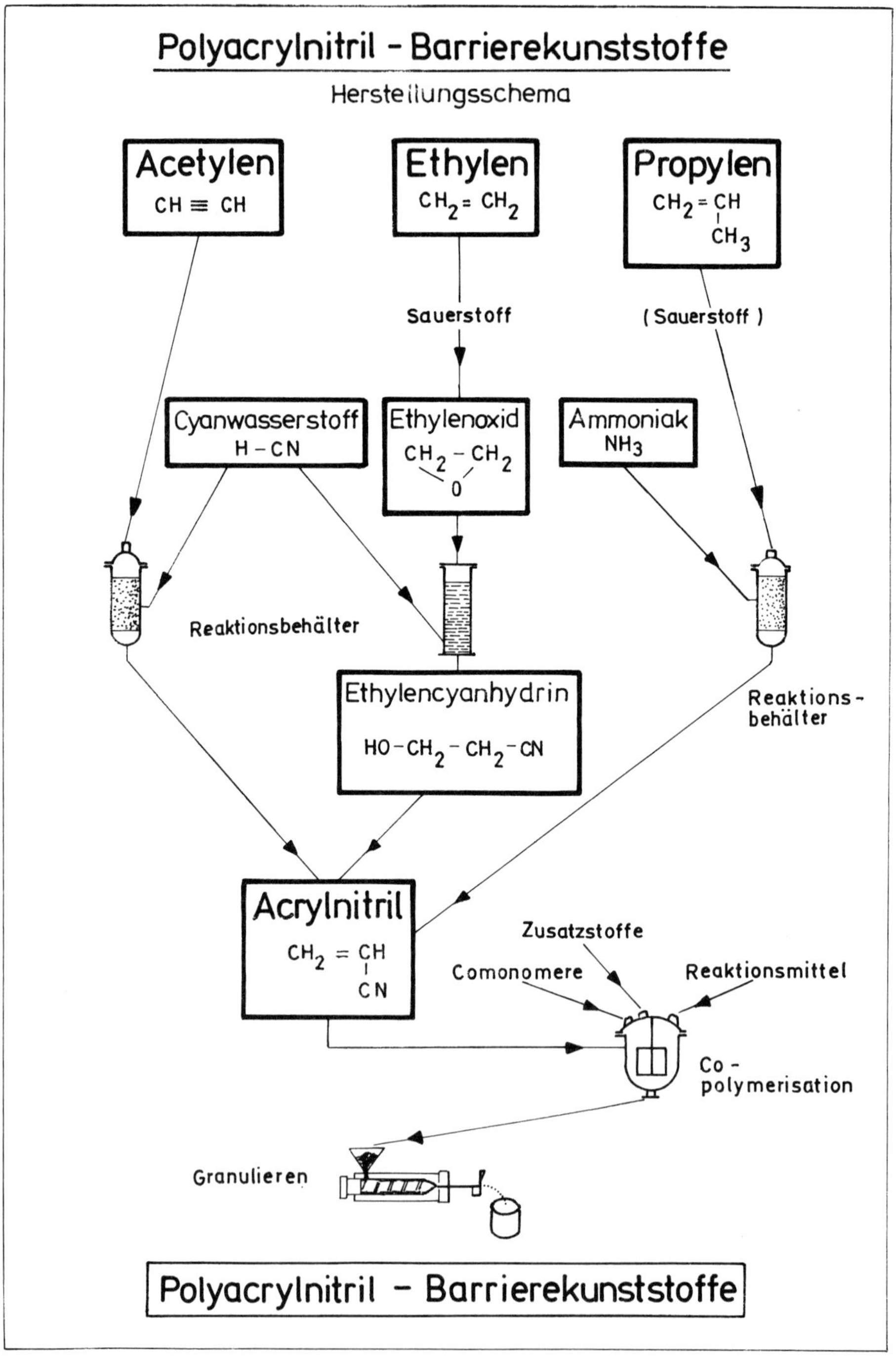
Polyacrylnitril - Barrierekunststoffe
Herstellungsschema
Acetylen
CH ≡ CH
Ethylen
CH2 = CH2
Propylen
CH2 = CH
CH3
Sauerstoff
(Sauerstoff)
Cyanwasserstoff
H - CN
Ethylenoxid
CH2 - CH2
O
Ammoniak
NH3
Reaktionsbehälter
Ethylencyanhydrin
HO - CH2 - CH2 - CN
Reaktions-
behälter
Acrylnitril
CH2 = CH
CN
Zusatzstoffe
Comonomere
Reaktionsmittel
Co-
polymerisation
Granulieren
Polyacrylnitril - Barrierekunststoffe

Bei einer Reihe von Kunststoff-Copolymerisaten ist Acrylnitril ein wichtiger Bestandteil zur Erhöhung der Steifigkeit und Festigkeit. Bis zu 30% Acrylnitril-Copolymeres ist in den Styrol-Copolymerisaten (s. S. 62) ABS, SAN und ASA und bis zu 20% in den Vinylchlorid- bzw. Vinylidenchlorid-Copolymerisaten (s. S. 86) enthalten.

Seit Anfang der siebziger Jahre haben verschiedene Copolymerisate von Acrylaten bzw. Styrol mit Acrylnitrilgehalt über 70% wegen ihrer hohen Gas- und Aromadichte sowie der guten Sperreigenschaften für Geschmacksstoffe als sog. „Barriere"-Kunststoffe Bedeutung bekommen.

Geschichtliches

Die Synthese des Ausgangsstoffs Acrylnitril beschrieb 1894 als erster der Chemiker C. Moureu in Paris. 1929 gelang die Herstellung von Polyacrylnitril im Werk Ludwigshafen der ehemaligen I. G. Farbenindustrie. Dimethylformamid als wirtschaftlich brauchbares Lösungsmittel fanden 1942 gleichzeitig und unabhängig voneinander H. Rein in Wolfen bei Bitterfeld und die DuPont Comp. in den USA. Die erste PAN-Synthesefaser (Orlon® von DuPont) kam noch in den vierziger Jahren auf den Markt. Anfang der fünfziger Jahre folgten zwei deutsche PAN-Fasern (Dralon® der Bayer AG und Dolan® der Hoechst AG).

Bereits 1936 wurde in Deutschland die Produktion des ersten Acrylnitril-Copolymerisats Styrol-Acrylnitril (SAN) aufgenommen. Sie wurde jedoch zunächst wieder eingestellt, weil SAN auf den damals üblichen Kolben-Spritzgießmaschinen schlecht verarbeitbar ist. Auf den Markt kamen 1948 ABS, 1955 erneut und endgültig SAN und 1969 ASA.

Anfang der siebziger Jahre kamen in den USA die ersten Acrylnitril-Copolymerisate mit Barriere-Eigenschaften in den Handel.

Acrylnitril

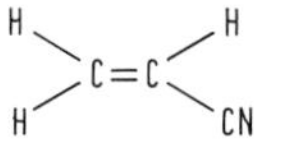

Acrylnitril-Formel

Vollständiger Name: Acrylsäure-nitril; chem. Bezeichnung auch: Vinylcyanid; chem. Formel: C_3H_3N; farblose, charakteristisch riechende, giftige Flüssigkeit; Siedepunkt 77 °C; Herstellung aus Acetylen oder Ethylenoxid und Cyanwasserstoff oder aus Propylen, Sauerstoff und Ammoniak; Aufbewahrung mit Polymerisations-Inhibitoren.

Der Weg zu Polyacrylnitril-Barriere-Kunststoffen

Polyacrylnitril-Barriere-Kunststoffe sind Copolymerisate bzw. Pfropf-Copolymerisate von Styrol oder Methylacrylat (s. S. 106) mit über 70% Acrylnitril oder Methacrylnitril, zum Teil mit Anteilen an Butadien-haltigen Elastomeren.

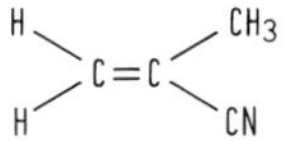

Methacrylnitril-Formel

Sie werden in verschiedenen Typen durch Emulsions-Copolymerisation von Methacrylnitril mit Styrol oder durch Pfropf-Copolymerisation von über 70% Acrylnitril und über 20% Methacrylat in Gegenwart von ca. 8% butadienreichem Polybutadien-Acrylnitril-Elastomer hergestellt. Acrylnitril und Methacrylat werden dabei auf das Elastomer aufgepfropft und bilden daneben gemeinsam ein Copolymerisat. Andere Barriere-Kunststoffe dieser Art entstehen durch Pfropf-Copolymerisation von Acrylnitril und Styrol auf Butadien-Elastomere.

Die Unterbrechung der PAN-Makromolekül-Ketten durch Styrol- oder Methacrylat-Kettenglieder und die relativ großen Benzol-Seitengruppen des Styrols bzw. Methyl-Seitengruppen des Methacrylnitrils vergrößern den Abstand benachbarter Makromoleküle, verringern die zwischenmolekularen Kräfte und ermöglichen die Verarbeitung ohne Zersetzung. Die gepfropften Butadien-Elastomeren erhöhen die Zähigkeit der Kunststoffe und bilden eine zweite, submikroskopische Phase (s. auch SB-Copolymere, S. 65). Die Polyacrylnitril-Barriere-Kunststoffe werden als thermoplastische, glasklare Granulate weiterverarbeitet.

Eigenschaften von Polyacrylnitril-Barriere-Kunststoffen

Diese Thermoplaste besitzen hohe Zugfestigkeit und Steifigkeit sowie mäßige Kerbschlagzähigkeit.

Ihre Einsatzgrenzen liegen zwischen etwa −10 und +60 °C Dauertemperatur, kurzzeitig bis 80 °C. Sie besitzen eine mittlere Wärmedehnung und sind glasklar.

Die elektrischen Isoliereigenschaften liegen im mittleren Bereich. Das modifizierte PAN ist für einen Einsatz in der HF-Technik nicht geeignet.

Das Material ist beständig gegen verdünnte Säuren und Basen, aliphatische, aromatische und Halogen-Kohlenwasserstoffe und unbeständig gegen Alkohole, Ketone und Ester. Hervorzuheben ist seine geringe Gasdurchlässigkeit, z. B. gegenüber Wasserdampf, O_2 und CO_2 besonders in gerecktem Zustand. Die Durchlässigkeitswerte sind am besten bei einem Gehalt von 70 bis 82% Acrylnitril und entsprechen etwa der Durchlässigkeit einer dünnen Aluminiumfolie.

Die wirtschaftliche Bedeutung von modifiziertem Polyacrylnitril ist in seinen ausgezeichneten Sperreigenschaften gegenüber Gasen begründet; deshalb bezeichnet man es als „Barriere"-Kunststoff.

Verarbeitung und Anwendung von modifiziertem Polyacrylnitril

Die Verarbeitungseigenschaften entsprechen denen von Hart-PVC. Polyacrylnitril wird vor allem durch Blasformen und Spritzblasen, aber auch durch Spritzgießen, Extrudieren, Kalandrieren und Warmformen verarbeitet. Schweißen, Kleben und Bedrucken sind gut durchführbar.

Seine Verwendung findet das Material besonders in Form von Hohlkörper- und Folienverpackungen (auch Verbundfolien mit PE) für UV- und oxidationsempfindliche Güter, wie Speiseöl, Essig, Wein, Bier und kohlendioxid-haltige Getränke, ferner für Kosmetika und Seifen sowie Chemikalien.

3.6.3 Thermoplastisch verarbeitbare Polyurethan-Elastomere (PUR)

Geschichtliches

Thermoplastisch verarbeitbare Polyurethan- (PUR-) Elastomere wurden erstmals 1952 von dem Chemiker O. Bayer beschrieben, der bereits 1937 die vernetzten Polyurethane (s. S. 192) in Leverkusen entwickelt hatte.

Die ersten durch Spritzgießen oder Extrudieren verarbeitbaren und längere Zeit lagerfähigen PUR-Elastomere auf Polyesterbasis wurden 1959 von der Goodrich Co.[81]) gefunden. 1960 kamen entsprechende Produkte aus Polyethern und verschiedenen Polyisocyanaten in den USA auf den Markt.

Thermoplastisch verarbeitbare PUR-Elastomere verbinden die hochwertigen mechanischen Eigenschaften der PUR-Elastomeren mit der rationellen Verarbeitungstechnik für thermoplastische Kunststoffe. In den letzten Jahren ist ihr Bedarf in raschem Wachstum begriffen.

Polyurethane werden durch Polyaddition (S. 21) aus zwei unterschiedlichen Komponenten, mehrwertigen Isocyanaten und Alkoholen, hergestellt. Als Ausgangsstoffe für thermoplastische PUR-Elastomere dienen aliphatische oder aromatische Di-isocyanate und Gemische von zweiwertigen kurzkettigen (Glycole, z.B. Butandiol-1,4) mit längerkettigen Alkoholen (Polyester-diole oder Polyether-diole), wie sie auch für die Herstellung von PUR-Schaumstoffen Verwendung finden (s. Abschnitt 6.3, S. 192).

Diisocyanate

O=C=N–R–N=C=O

Di-isocyanat-Formel

Chem. Verbindungen, welche zwei Isocyanat-Gruppen (–N=C=O) im Molekül tragen; R kann ein aliphatischer oder aromatischer Rest sein; Herstellung aus den entsprechenden Aminen mit Phosgen ($COCl_2$, s.S. 111).

Monomere Diole

H–O–R'–O–H

Monomer-Diol-Formel

Glycole, z.B. $HO-(CH_2)_2-OH$ (Ethylenglycol, Ethandiol) oder $HO-(CH_2)_4-OH$ (Butandiol-1,4), s.S. 115. Sie bilden nach ihrer Reaktion im Polymeren die sog. „Hart-Segmente".

Polymere Diole

$H-O-(R'')_n-O-H$

Polymer-Diol-Formel

Polyesterdiole (s.S. 193), z.B. aus Adipinsäure und überschüssigem Butandiol-1,4:

$$HO-[(CH_2)_4-O-\underset{\underset{O}{\|}}{C}-(CH_2)_4-\underset{\underset{O}{\|}}{C}-O]_n-(CH_2)_4-OH$$

Polyetherdiole (s.S. 193), z.B. Polyethylenoxid: $HO-(CH_2-CH_2-O)_n-CH_2-CH_2-OH$

Die polymeren Diole werden mit einer mittleren relativen Molekülmasse von 1000 bis 3000 verwendet. Sie bilden im Polymeren die sog. „Weich-Segmente".

81) B. F. Goodrich Chem. Co., Cleveland, Ohio (USA).

Der Weg zu den thermoplastisch verarbeitbaren PUR-Elastomeren

Die wasserfreien Ausgangsstoffe werden ein- oder mehrstufig in flüssiger Form vermischt und nach der Reaktion in Granulatform übergeführt. Die Materialien, die mit überschüssigem Diisocyanat hergestellt werden, verhalten sich bei Temperaturen unter 100 °C gummielastisch wie vernetzte Elastomere. Je nach Typ sind sie jedoch bei 180 bis 240 °C thermoplastisch verarbeitbar.

Die alkoholischen OH-Endgruppen lagern sich an die Doppelbindungen der Isocyanate an, wobei sich Urethangruppen bilden:

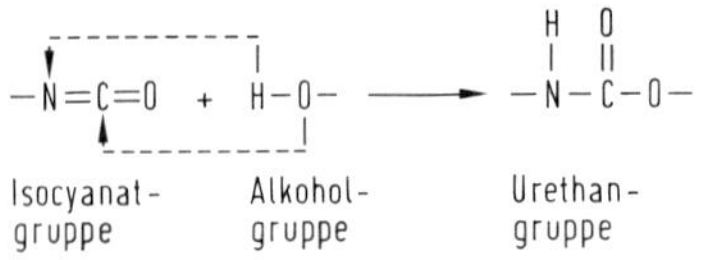

Die OH-Gruppen geben ihr H-Atom an das N-Atom der NCO-Gruppe ab. Der Sauerstoff der OH-Gruppe geht mit dem restlichen Teil der Alkohol-Komponente an das C-Atom der Isocyanatgruppe. Von der Doppelbindung zwischen dem Stickstoff- und dem Kohlenstoffatom der NCO-Gruppe bleibt nur noch eine Einfachbindung übrig.

Die zunächst linearen PUR-Makromoleküle werden gleichzeitig durch überschüssiges Diisocyanat weitmaschig über die noch reaktionsfähigen Wasserstoffatome der Urethangruppen zu Elastomeren vernetzt:

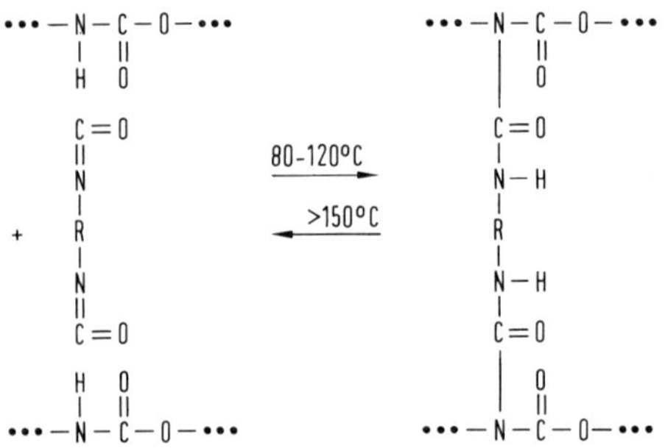

Diese Vernetzungen über „Allophan[82]-Gruppen" werden bei Verarbeitungstemperaturen über 150 °C wieder gelöst und bilden sich bei mehrwöchiger Lagerung bei Raumtemperatur oder bei mehrstündigem Erwärmen bei 80 bis 120 °C erneut.

Die Eigenschaften der thermoplastisch verarbeitbaren PUR-Elastomere sind von Anzahl und Struktur der in den Makromolekülen enthaltenen Monomer-Diole (Glycole, „Hart-Segmente") und Polymer-Diole („Weich-Segmente") abhängig.

Eigenschaften von thermoplastisch verarbeitbaren Polyurethan-Elastomeren

Die Eigenschaften dieser Thermoplastgruppe sind erheblich von ihrem jeweiligen chemi-

82) abgeleitet von der unbeständigen Allophansäure: $H_2N\text{-}CO\text{-}NH\text{-}CO\text{-}O\text{-}H$

schen Aufbau abhängig. So wirkt die Zunahme der Anzahl von kurzkettigen Glycolbausteinen („Hartsegmente") erhöhend auf die Härte und verbessernd auf das mechanische Verhalten bei höheren Temperaturen. Mit zunehmendem Gehalt von langkettigen Polyol-Bausteinen („Weichsegmente") in der Polyurethankette erhöhen sich die Elastizität und die chemische Beständigkeit, ferner wird das elastische Verhalten bei tiefen Temperaturen verbessert. Optimale Materialeigenschaften stellen sich erst nach mehrwöchiger Lagerung bei Raumtemperatur oder mehrstündiger Lagerung bei höheren Temperaturen nach der Formgebung ein.

Insgesamt weisen diese thermoplastisch verarbeitbaren Polyurethan-„Elastomeren" folgendes Eigenschaftsbild auf: Sie zeigen gummielastisches Verhalten bei höheren Festigkeiten als Weich-PVC, sehr hohe Schlagzähigkeit, Abriebfestigkeit und Weiterreißfestigkeit sowie gutes Dämpfungsvermögen für mechanische Schwingungen.

Die Einsatzgrenzen liegen zwischen etwa −40 bis +80 °C Dauertemperatur, kurzzeitig bis 110 - 120 °C. Ihre Wärmedehnung ist sehr groß.

Diese Polyurethane sind durchscheinend bis undurchsichtig, glasklare Folien sind verfügbar. Sie sind einfach einzufärben.

Die elektrischen Isoliereigenschaften sind mäßig, die Kriechstromfestigkeit ist gut.

Beständig sind diese Polyurethane gegenüber aliphatischen Kohlenwasserstoffen, Treibstoffen und Mineralölen; sie sind nicht beständig gegenüber heißem Wasser, Heißdampf, Säuren und Basen, Alkoholen, aromatischen und Halogen-Kohlenwasserstoffen, Estern und Ketonen. Sie zeigen hohe Feuchteaufnahme und gute Witterungsbeständigkeit. Bei Anwendung in feuchter Erde oder in feuchtwarmem Klima kann ein Angriff von Mikroorganismen erfolgen; Abhilfe: Zusatz von „Biociden"[83] bzw. „Fungistatika"[84].

Die Bedeutung dieser Kunststoffgruppe liegt in ihrem gummielastischen Verhalten bei guter thermoplastischer Verarbeitbarkeit und in ihrer sehr hohen Abriebbeständigkeit.

Verarbeitung von thermoplastisch verarbeitbaren Polyurethan-Elastomeren

Das Verarbeitungsverhalten entspricht etwa dem von Weich-PVC. Angewendet werden: Spritzgießen, Extrudieren, Kalandrieren und Beschichtungsverfahren. Das Material kann durch alle Verfahren (außer mit Ultraschall) gut verschweißt werden. Kleben erfordert Spezialklebstoffe (Reaktionsklebstoffe). Spanen ist möglich.

Verwendung von thermoplastisch verarbeitbaren Polyurethan-Elastomeren

Folien, Schläuche, Profile, Rundschnüre.

Abriebfeste Kabelummantelungen; Faltenbälge, Antriebselemente (wie geräuschdämpfende Zahnräder), Zahnriemen, Kupplungselemente, Rollen, Lager und Buchsen, Laufrollenbeläge, abriebfeste Kfz-Steuerungs- und Textilmaschinen-Teile, Dichtungsringe, Manschetten, Auskleidung von Gewebeschläuchen (Feuerwehrschläuche); Seilzugführungen, Stoßdämpferteile, Türschloßdichtungen, Ummantelungen von Hydraulikschläuchen; Abwurfbehälter; Hammerköpfe, Schleifteller.

Schlechtwetter- und Sportkleidung; Skischuhe, Sportschuhsohlen, Stollen, Rollschuhrollen.

83) bios (gr.), Leben; caedere (lat.), töten.
84) fungus (lat.), Pilz; statos (gr.), ruhend.

4 Duroplaste

Die Duroplaste, häufig auch als Duromere bezeichnet, sind im engmaschig vernetzten (ausgehärteten) Endzustand unlöslich und nicht mehr schmelzbar. Aus den niedermolekularen Ausgangsstoffen (Monomere) werden daher zunächst nicht bzw. nur wenig vernetzte, noch plastisch formbare und ebenfalls noch relativ niedermolekulare Zwischenstufen (Vorprodukte) hergestellt. Die räumliche Vernetzung zu Makromolekülen und damit die Bildung der eigentlichen Kunststoffe erfolgt durch chemische Reaktion („Härtung") bei der Formung im Werkzeug des Verarbeiters.

Die Bildung der Vorprodukte und die Vernetzung können nach der gleichen, aber auch nach verschiedenen Reaktionsarten erfolgen. So entstehen die Zwischenstufen und Endprodukte der Phenoplaste (PF) und Aminoplaste (UF, MF) durch Polykondensation, die der vernetzten Polyurethane (PUR, s. S. 192) durch Polyaddition.

Dagegen werden bei den Epoxidharzen (EP) die Vorprodukte durch abwechselnde Additions- und Kondensationsschritte gebildet und dann durch Polyaddition vernetzt. Die Zwischenstufen der ungesättigten Polyesterharze (UP) werden durch Polykondensation hergestellt und beim Verarbeiter durch Polymerisation zum duroplastischen Kunststoff umgewandelt.

Bei der Venetzung der Pheno- und Aminoplaste durch Polykondensation wird Wasser bzw. bei den üblichen Verarbeitungstemperaturen von etwa 140 bis 160 °C Wasserdampf frei. Damit durch den entstehenden Wasserdampfdruck die in Aushärtung befindlichen und daher noch etwas weichen Halbzeuge bzw. Formteile nicht aufreißen, muß höherer Verarbeitungsdruck angewendet werden. Man faßt daher die Phenol- (PF), Harnstoff- (UF) und Melamin-Harze (MF) auch als „Hochdruckharze" zusammen. Verarbeitet werden die Hochdruckharze fast nur als Formmassen (s. S. 18) durch Formpressen, Spritzpressen und Spritzgießen sowie durch Schichtpressen.

Bei den UP- und EP-Harzen („Reaktionsharze") treten während der Vernetzung dagegen keine niedermolekularen Spaltprodukte auf. Man benötigt daher für die Formung nur geringe Drücke und kann in vielen Fällen, z. B. beim Gießen und Laminieren, drucklos arbeiten. Deswegen nennt man die UP- und EP-Harze auch „Niederdruckharze". Dadurch sind bei diesen Duroplasten neben der Verarbeitung als Formmassen folgende zusätzliche Verarbeitungsformen möglich:

Als Gießharze: Das sind relativ niedrigmolekulare, unvernetzte Vorstufen, die aus einer oder zwei Komponenten bestehen und denen vor der Verarbeitung noch Reaktionsmittel, in manchen Fällen auch Füllstoffe, zugesetzt werden.

Als Laminierharze: Das sind Gießharze, die bei der Verarbeitung (s. S. 166) in Verstärkungsmaterialien eingearbeitet werden. Auch hier ist der Zusatz von Reaktionsmitteln erforderlich.

Als Harzmatten und „Prepregs"[1]: Hier werden mehrschichtige Glasfaser-Matten oder -Gewebe mit härtbaren Vorstufen imprägniert.

Im Vergleich zu den Thermoplasten zeigen die duromeren Kunststoffe, die durchweg amorph sind, insgesamt etwa folgende Eigenschaftsunterschiede: Duroplaste besitzen meist höhere Steifigkeit und Härte sowie geringere Verformungsneigung bei Langzeitbelastung. Sie sind schlagempfindlicher, außer mit Verstärkungen wie Gewebeeinlagen. Ihre Einsatzmöglichkeiten bei höheren Temperaturen sind günstiger, vor allem im Bereich von etwa 80 bis 200 °C. Sie besitzen eine geringe Wärmedehnung. Farblose, glasklar-durchsichtige Teile sind nur aus UP-Harzen herstellbar, solche Folien überhaupt nicht. Die elektrischen Werte gestatten eine Verwendung auf dem HF-Gebiet nicht. Die Duroplaste zeigen keine Spannungsrißbildung und besitzen hohe Dichtigkeit für Geruchs- und Geschmacksstoffe.

Wegen ihrer in vielen Fällen kostenungünstigeren Fertigung ist ihr Anteil am Kunststoffmarkt in den letzten Jahrzehnten auf etwa 15% zurückgegangen.

4.1 Phenoplaste (Phenol-Formaldehyd-Kunststoffe, PF)

Geschichtliches

1872 berichtete der Münchner Chemiker A. von Baeyer über Eigenschaften von harzartigen, unlöslichen Stoffen, die sich bei der Reaktion von Phenol mit Formaldehyd bilden. Diese Untersuchungen blieben jedoch zunächst unbeachtet.

L. H. Baekeland, Chemiker in New York, erkannte 1905 bei seiner Suche nach einem Herstellungsverfahren für synthetischen Schellack[2] die Bedeutung der Arbeiten von A. von Baeyer und meldete 1907 die grundlegenden Patente zur technischen Herstellung der „Phenolharze" an. In ihnen wird auch bereits die Verarbeitung mit verschiedenen Verstärkungs- und Füllstoffen beschrieben, mit denen die sonst nur beschränkt einsetzbaren und zu spröden Kunststoffen aushärtenden PF-Harze erst zu vielseitig formbaren und – vor allem in der Elektrotechnik – anwendbaren Formmassen werden. Er gab ihnen den Namen Bakelite®, unter dem sie weltweite Verbreitung fanden. Phenol-Formaldehyd (PF) ist der älteste vollsynthetische Kunststoff. Baekeland stellte auch bereits den Unterschied zwischen sauer und alkalisch kondensierten Phenolharzen fest und führte die Begriffe Novolak[3] bzw. Bakelit A, B und C, seit 1909 nach H. Lebach auch Resol, Resitol und Resit[4] genannt, ein.

Schon frühzeitig wurden die Eigenschaften der Phenolharze durch die Verwendung oder Mitverwendung anderer Phenole verändert.

Zu den neueren Entwicklungen gehören Phenoplast-Schaumstoffe, glasfaserverstärkte Phenolharze, alkaliarme Erzeugnisse mit verringerter Wasseraufnahme, erhöht schwerentflammbare Typen und hochwärmebeständig modifizierte Spritzgieß- und Preßmassen.

Die Phenoplaste stehen wegen ihrer guten Temperaturbeständigkeit, Oberflächenhärte und nicht zuletzt wegen ihres günstigen Preises mengenmäßig unter den duroplastischen Kunststoffen an erster Stelle.

1) pre- (engl.), vor-; impregnate (engl.), durchdringen, imprägnieren.
2) Harz ostindischer Baumarten.
3) novus (lat.), neu; lak wahrscheinlich von Schellack.
4) resina (lat.), Harz.

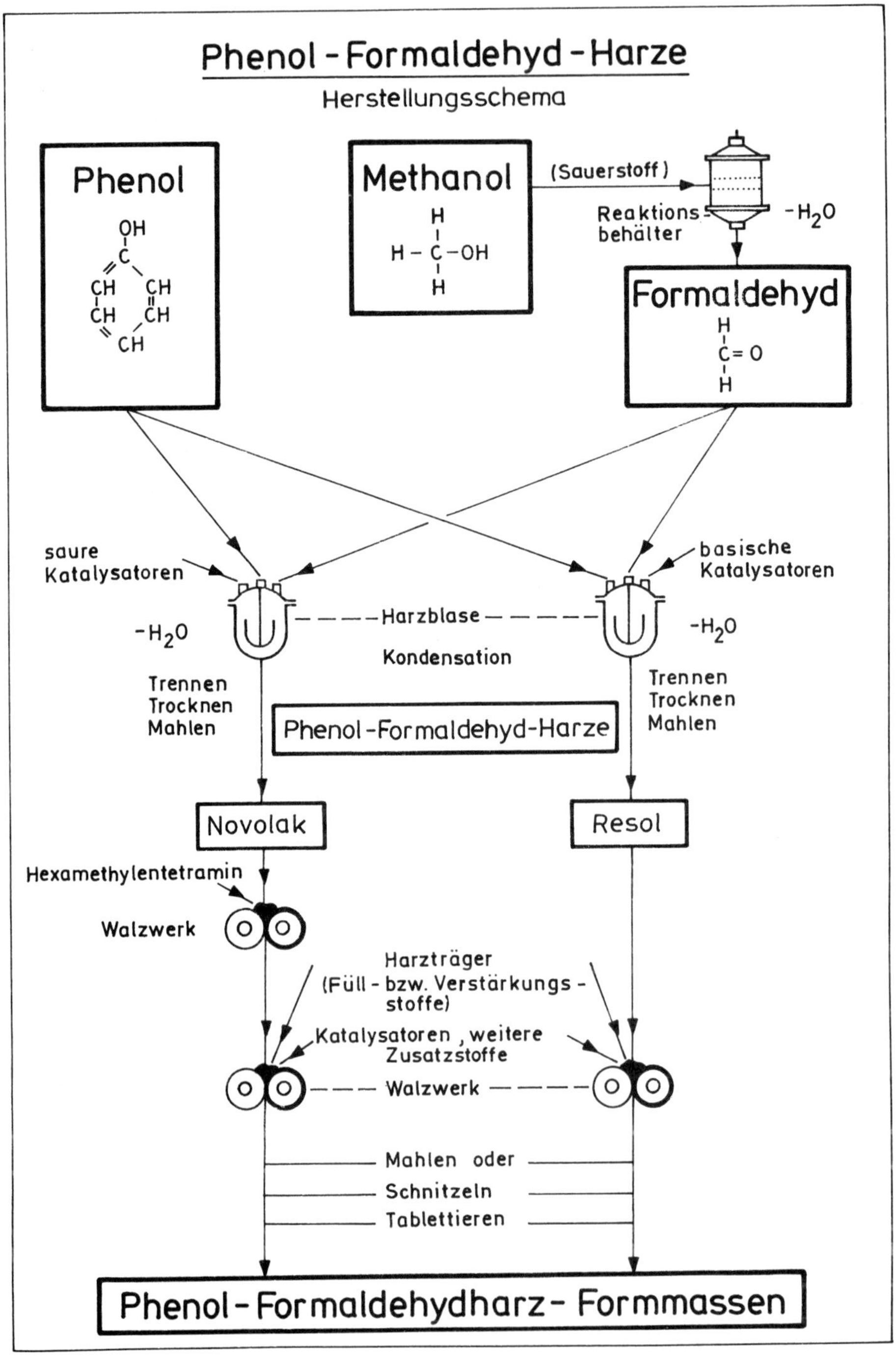
Phenol - Formaldehyd - Harze
Herstellungsschema
Phenol
Methanol
(Sauerstoff)
Reaktionsbehälter
-H2O
Formaldehyd
saure Katalysatoren
basische Katalysatoren
-H2O
Harzblase
-H2O
Kondensation
Trennen
Trocknen
Mahlen
Phenol-Formaldehyd-Harze
Trennen
Trocknen
Mahlen
Novolak
Resol
Hexamethylentetramin
Walzwerk
Harzträger
(Füll - bzw. Verstärkungs - stoffe)
Katalysatoren , weitere Zusatzstoffe
Walzwerk
Mahlen oder
Schnitzeln
Tablettieren
Phenol - Formaldehydharz - Formmassen

Phenol

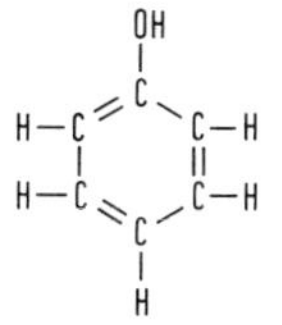

Phenol-Formel

Chem. Bezeichnung auch: Hydroxybenzol; chem. Formel: C_6H_6O; nadelförmige Kristalle, die sich an der Luft rötlich bis braun verfärben und auf der Haut ätzend wirken („Karbolsäure"); Schmelzpunkt 43 °C, Siedepunkt 182 °C; Gewinnung aus Steinkohlenteer durch Destillation; Synthese aus Benzol und Propylen über Cumol.

Der Weg zu den Phenolharzen

Die Phenolharze werden stufenweise durch Polykondensation von Phenol mit Formaldehyd (s. S. 97) in wäßriger Lösung („Formalin") hergestellt (Lösungs-Polykondensation). Statt Phenol werden auch reaktionsfähigere Phenol-Abkömmlinge wie Kresole (z. B. meta-Kresol) oder Xylenole (z. B. 1,3,5-Xylenol) sowie Gemische dieser Verbindungen mit Phenol verwendet.

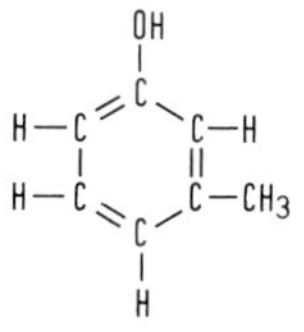

meta-(m-) Kresol-Formel

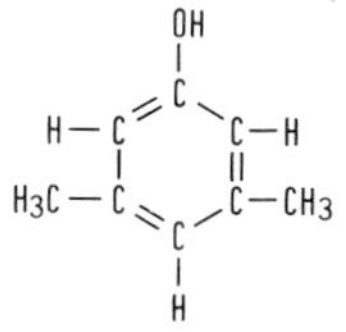

1,3,5-Xylenol-Formel

Die Umsetzung zur ersten Kondensationsstufe wird diskontinuierlich mit Säuren und Basen als Katalysatoren („Kondensationsmittel") in beheiz- und kühlbaren Rührkesseln, sog. Harzblasen, drucklos durchgeführt. Die exotherme Reaktion wird durch Wärmezufuhr gestartet und anschließend unter Kühlung bei 65 °C bis 100 °C weitergeführt. Nach einiger Zeit trennt sich das Gemisch in zwei Schichten: Harzphase und wäßrige Phase. Nach Erreichen des gewünschten Kondensationsgrades wird die wäßrige Schicht abgezogen, der Katalysator durch Neutralisieren oder Auswaschen mit Wasser entfernt und das noch im Harz verbliebene Wasser im Vakuum und bei erhöhter Temperatur teilweise oder vollständig abdestilliert. Die so entstehenden niedrigmolekularen, noch schmelzbaren und löslichen Phenolharze (Novolak bzw. Resol) werden flüssig aus dem Kessel in Aufnahmebehälter, beispielsweise flache Pfannen, abgelassen, in denen sie in der Regel erstarren.

Sie werden im allgemeinen fest in Stücken oder feinpulvrig gemahlen, gelegentlich auch als Harzlösungen, beispielsweise in Alkoholen oder Aceton, oder als lösungsmittelfreie, noch wasserhaltige flüssige Harze an den Weiterverarbeiter geliefert.

Die Katalysatoren beschleunigen die Reaktion nicht nur, sondern führen auch zu unterschiedlichen Harzen. Bei Verwendung von Säuren, wie Oxalsäure oder Salzsäure, und Phenolüberschuß erhält man Novolake. Mit Alkalien, wie Natronlauge oder Calciumhydroxid, und einem Formaldehydüberschuß bilden sich Resole (A-Stufe).

Die Reaktion läuft in beiden Fällen durch Anlagerung (Addition) von Formaldehyd an Phenol über die sehr reaktionsfähigen Phenolalkohole (Methylolphenole[5]). Die phenolische Hydroxylgruppe lockert („aktiviert") die beiden benachbarten (ortho-, o-) und die gegenüber liegende (para-, p-) Kohlenstoff-Wasserstoff-Bindungen und bewirkt, daß die Reaktion bevorzugt an diesen drei H-Atomen stattfindet.

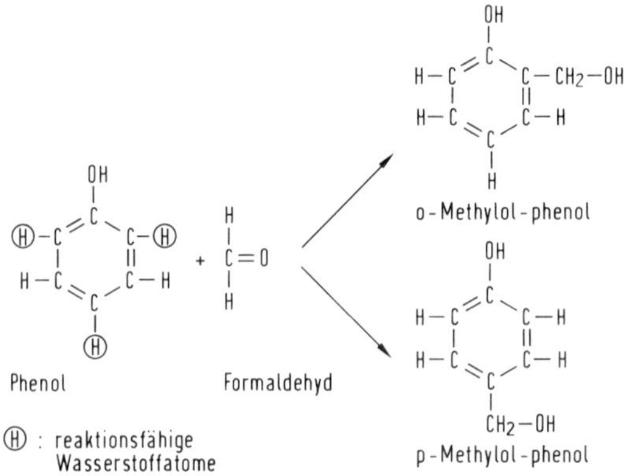

Diese Zwischenverbindungen reagieren unter Wasserabspaltung (Kondensationsreaktion) mit anderen, ebenfalls gebildeten Phenolalkoholen oder mit Phenol:

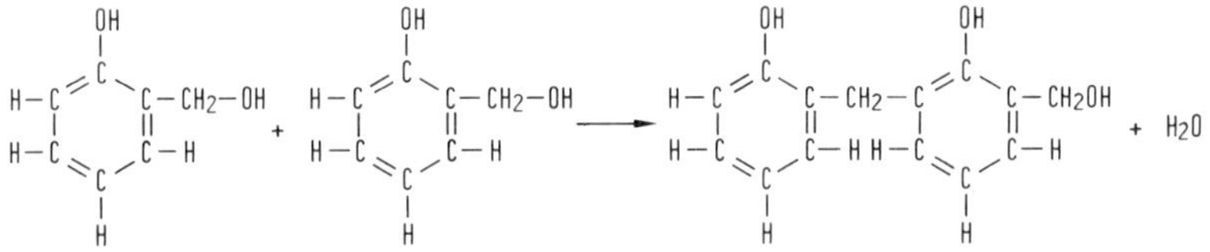

Novolake erhalten durch saure Weiterkondensation etwa folgende, wegen des verwendeten Phenolüberschusses weitgehend Methylolgruppen-freie, Strukturen:

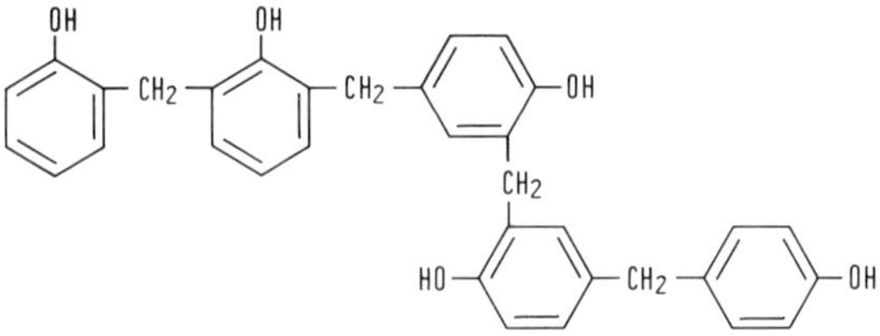

Resole, die durch alkalische Weiterkondensation entstehen, besitzen wegen des verwendeten Formaldehydüberschusses andere, noch Methylol- und Ethergruppen-haltige Molekülstrukturen:

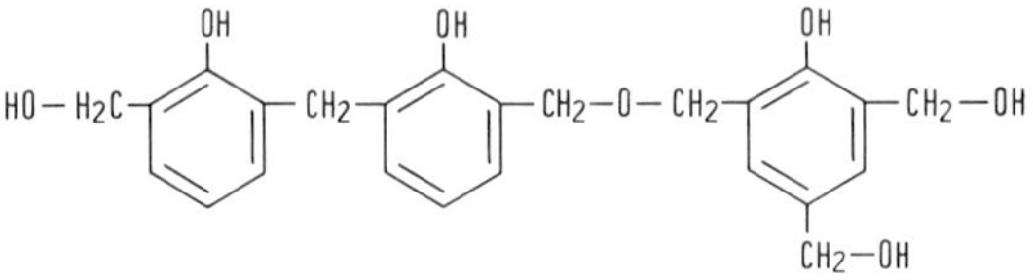

5) Methylol-Gruppe: $-CH_2-OH$

Resole sind schmelzbar und in verschiedenen Lösungsmitteln löslich. Sie reagieren ohne weitere Zusätze langsam bereits bei Raumtemperatur („selbsthärtende Phenolharze", nicht unbegrenzt lagerfähig), schneller bei 100 bis 180 °C unter Wasser- und Formaldehydabspaltung (Polykondensation) und Molekülvergrößerung über eine durch Wärme noch erweichbare, durch Lösungsmittel nur noch quellbare Zwischenstufe (Resitol, B-Stufe) zur unlöslichen und unschmelzbaren Endstufe (Resit, C-Stufe). Diese Reaktion kann durch Säurezusatz beschleunigt werden.

Novolake sind ebenfalls schmelzbar und löslich, reagieren jedoch wegen der fehlenden Methylolgruppen ohne Zusätze auch bei höheren Temperaturen nicht weiter („nicht selbsthärtende Phenolharze", lagerstabil). Durch Zusatz, beispielsweise Einwalzen, von Hexamethylentetramin („Hexa", Urotropin) werden auch Novolake härtbar.

Hexamethylentetramin reagiert bei Verarbeitungstemperatur unter dem Einfluß des bei der Polykondensation abgespaltenen Wassers zu Formaldehyd und Ammoniak:

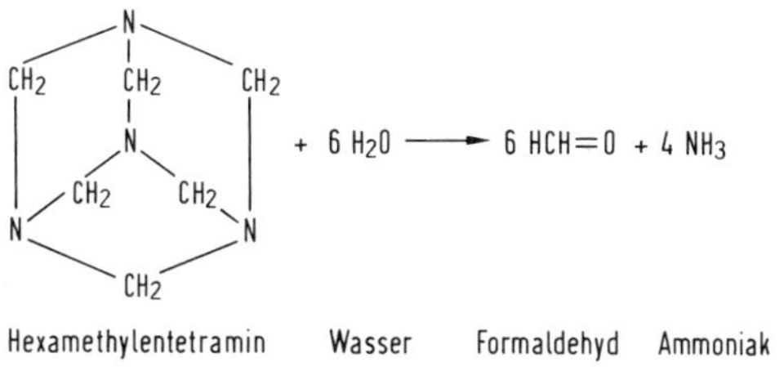

Formaldehyd bildet mit Novolaken resolartige, methylolgruppenhaltige Verbindungen, die unter dem Einfluß des Ammoniaks als Katalysator über Resitolstufen zum Resit rasch polykondensieren.

Chemie der Aushärtung von Phenolharz-Formmassen

Novolake oder Resole werden meist im gemahlenen Zustand mit Füll- bzw. Verstärkungsstoffen und weiteren Zusätzen, wie Katalysatoren, Gleitmitteln, Farbmitteln, vermischt und dann in temperierten Schneckenknetern oder auf Walzwerken durchgeknetet, wobei die Polykondensation ein wenig voranschreitet.

Nach dem Abkühlen und Zerkleinern, gegebenenfalls Mahlen liegen die Phenolharz-Formmassen vor, wobei die Harze sich im Resitol- bzw. Novolak-Zustand befinden. Die meist körnigen oder schnitzelförmigen bzw. tablettierten Formmassen können nun in geeigneten Werkzeugen durch Druck und bei Temperaturen zwischen 145 bis 170 °C zu unlöslichen und unschmelzbaren Formteilen oder Halbzeug verarbeitet werden. Bei Beginn der Aushärtung werden die Massen für kurze Zeit soweit fließbar, daß sie beim Pressen oder Spritzgießen das Formwerkzeug voll ausfüllen. Die Aushärtungszeit ist hauptsächlich von der Harzart, dem verwendeten Katalysator, der Härtungstemperatur und der Wanddicke des Formteils abhängig. Das ausgehärtete Formteil wird aus dem ungekühlten Werkzeug ausgestoßen.

Die Harzkomponente der Formmasse ist durch eine weitere Polykondensation bei erhöhter Temperatur in den Resit-Zustand übergegangen und weitgehend ausgehärtet worden. Durch die drei Reaktionsmöglichkeiten jedes Phenolmoleküls mit Formaldehyd sind räumlich engmaschig vernetzte Molekülstrukturen entstanden. Jede Phenolgruppe ist durch Methylengruppen (-CH_2-) mit benachbarten Phenolgruppen verbunden:

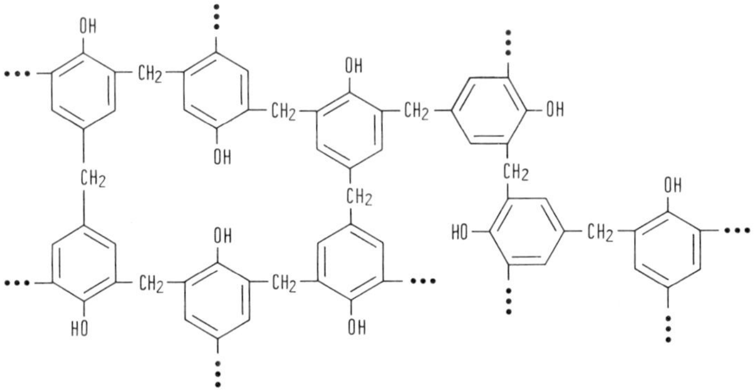

Mögliche Struktur eines ausgehärteten Phenolharzes
(Formelschema, Teilbild)

Die Einzelglieder eines solchen Makromoleküls bestehen aus Methylenphenol-Gruppen:

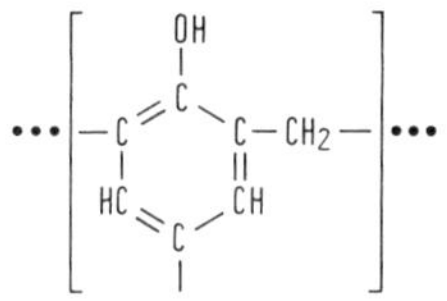

Eigenschaften von Phenol-Formaldehyd-Formstoffen

Die Eigenschaften sind stark abhängig von Art und Menge an Füll- bzw. Verstärkungsstoffen, die häufig mehr als die Hälfte des Formstoffs ausmachen. Daher werden diese Zusätze auch als „Harzträger" bezeichnet. Sie müssen aus folgenden Gründen, die auch für UF, MF und MPF zutreffen, zugesetzt werden: Aufnahme der in den Formmassen bzw. Formstoffen enthaltenen Feuchte, Verringerung der Schwindungswerte, Erhöhung der mechanischen Festigkeit (z.T. besonders der Schlagzähigkeit), Verbesserung anderer physikalischer Eigenschaften (wie z.B. Wärmebeständigkeit, vgl. Tab. 4.1-1), Verbilligung der Produkte.

Nach ihrem chemischen Aufbau lassen sich die Harzträger einteilen in anorganische, wie Gesteinsmehl, Asbest, Glimmer, Glasfasererzeugnisse, und in organische Materialien, wie Holzmehl, Zellstoff- bzw. Papier- und Baumwoll-Fasern, Gewebeschnitzel und Gewebebahnen sowie Chemiefasern (meist aus Polyester). Die Harzträger besitzen verschiedene Struktur, wie Pulverform (Holz-, Gesteinsmehl, Glimmer), Faser- und Schnitzelform (Zellstoff, Baumwolle, Polyester, Asbest und Glasfaser) sowie Bahn oder Matte (Papier, Gewebe). Der Einfluß von chemischem Aufbau und Struktur auf die Eigenschaften von PF-Formstoffen geht aus den Tab. 4.1-1 und -2 hervor, die auch weitgehend für Formstoffe auf Basis von UF, MF und MPF gelten.

Folgende Eigenschaften sind insgesamt für Phenol-Formaldehyd zu nennen:

Die Festigkeit ist je nach Harzträger niedrig bis hoch; Steifigkeit und Härte sind im Vergleich zu anderen Kunststoffen sehr hoch. Die Kerbschlagzähigkeit ist niedrig, jedoch bei gewebeverstärkten Sorten gut. PF zeigt wie alle Duroplaste nur geringe Kriechverformung.

Tabelle 4.1-1: Einfluß der Harzträgerart auf die Eigenschaften von Phenol-Formaldehyd-Formstoffen

Harzträger	Festigkeit	Schlagzähigkeit	Wärmebeständigkeit	elektr. Isoliereigensch.	Wasseraufnahme	Maßhaltigkeit	Preis
Gesteinsmehl	–	–	+	+	+	+	+
Asbest*)	○ bis +	+ bis –	+	–	○	+	○
Glimmer	–	○	+	+	+	+	–
Holzmehl	○	○	–	–	–	–	+
Zellstoff/ Baumwolle	+	+	–	–	–	○	–

*) je nach Faserlänge. Es bedeuten: + günstige Wirkung; ○ geringe Wirkung; – ungünstige Wirkung.

Tabelle 4.1-2: Einfluß der Struktur von Harzträgern auf die Eigenschaften von Phenol-Formaldehyd-Formstoffen

Harzträger-Struktur	Festigkeit	Schlagzähigkeit	Wärmebeständigkeit	elektr. Isoliereigensch.	Maßhaltigkeit	Preis
Pulver	–	–	○	○	○	+
Faser/Schnitzel	+	+	○	○	+	–
Bahn/Matte	+	+ +	○	○	+	–

Es bedeuten: + bzw. + + günstige bzw. sehr günstige Wirkung; ○ geringe Wirkung; – ungünstige Wirkung

Einsatzgrenzen bis +100 °C (organische Harzträger) bzw. +150 °C Dauereinsatz (anorganische Harzträger), kurzzeitig bis 110/140 °C bzw. 150/170 °C, Sondereinstellungen bis 280 °C. Die Wärmedehnung ist klein.

Phenolharz ist gelb bis braun gefärbt und zeigt durch Lichteinwirkung weitere Farbvertiefung. PF wird daher nur schwarz oder in kräftigen Farbtönen, wie dunkelgrün, -blau oder -rot, eingefärbt.

PF zeigt mäßige elektrische Isolierwerte und Kriechstromfestigkeit.

Es ist beständig gegenüber Wasser und wäßrigen Salzlösungen, verdünnten Säuren und Basen, organischen Lösungsmitteln, wie aliphatischen, aromatischen und halogenierten

Kohlenwasserstoffen, Ketonen, Estern, Alkoholen. PF ist unbeständig gegen kochendes Wasser (bei längerer Einwirkung), konzentriertere Säuren und Basen. Es zeigt keine Spannungsrißbildung und geringe Durchlässigkeit für Geruchs- und Geschmacksstoffe. Je nach Füllstoff besitzt es geringe bis hohe Wasseraufnahme, ist kaum zu entzünden oder brennt nach Entzündung nicht weiter. PF-Teile sind für den Einsatz mit Lebensmitteln nicht zugelassen.

Phenol-Formaldehyd ist ein wichtiger Duroplast, denn er bestreitet etwa ein Drittel des Marktes an härtbaren Formmassen. PF gehört zu den preiswerten technischen Kunststoffen.

Verarbeitung von Phenol-Formaldehyd-Harzen und -Formmassen

Die Verarbeitung erfolgt hauptsächlich durch Form-, Spritz- und Schichtpressen sowie Spritzgießen. Profile werden stranggepreßt, Rohre gewickelt. Die beste Verarbeitbarkeit zeigt PF mit Holzmehl als Harzträger. Die so hergestellten Halbzeuge, besonders Hartgewebe, werden häufiger durch Spanen bearbeitet. Die Verwendung von Phenolharz ohne Füllstoff als Gießwerkstoff wird nur noch wenig angewendet.

Verwendung von Phenol-Formaldehyd-Formstoffen

Tafelmaterial als „Schichtpreßstoffe": Hartpapier (Hp), Hartgewebe (Hgw), Kunstharzpreßholz (KP); Rund-, Flach-, Vier- und Sechskantrohre, Rund-, Vier- und Sechskant-Vollprofile, Flachleisten; Blöcke.

Hartpapier verwendet man als isolierenden Konstruktionswerkstoff in der Elektrotechnik (Bild 4.1-1), z. B. für Schalttafeln, Kontaktträger und -leisten, Isolierrohre, Klemmleisten. Aus Hartgewebe fertigt man: Lagerschalen und -buchsen, Gleitbahnen, Zahnräder, Seilscheiben, Druck- und Laufrollen, Spulenscheiben, Kugellagerkäfige.

Bild 4.1-1:
Geschachtelter Spulenkörper mit Einzelteilen aus Phenolharz-Hartpapier geschnitten

Aus Formmassen: Isolatoren, Kabelabzweigdosen, Stecker, Schalter, Schaltergehäuse, Spulenkörper, Kollektoren, Motorenteile, Röhrensockel, Lampenfassungen; Meßinstrumenten- und Zählergehäuse, Handräder, Drehknöpfe, Schweißgerätegriffe, Schraubfüße; Heizungsarmaturen; Lenkräder, Warmluftkanäle, Vergaserflansche; Schraubkappen und -deckel; Geschirrbeschläge, Teile für Toaster, Bügler, Warmwasserbereiter, Pfannenstiele, Griffe für Heizungen, Öfen, Herde; Büromaschinenwalzen. Möbelprofile.

Aus Spachtelmassen: Behälter- und Pumpenauskleidungen im chemischen Apparatebau.

Phenolharze werden auch als Bindemittel für feinteilige Feststoffe, wie Quarzsand, Korund, Holz, angewendet zur Herstellung von Filtereinsätzen, Trenn- und Schleifscheiben sowie -bändern, Kupplungs- und Bremsbelägen, Formen und Kerne für Metallguß (Croningverfahren), Kohleelektroden, Kunstkohle, Sperrholz.

Das Wichtigste in Kürze über Phenol-Formaldehyd-Kunststoffe

Phenol-Formaldehyd gehört zu den Polykondensations-Duroplasten, ist polar und wird regelmäßig unter Zusatz von Füllstoffen, insbesondere Holzmehl, verwendet. Der ausgehärtete Kunststoff ist ein sehr harter, fester Konstruktionswerkstoff mit guten thermischen Eigenschaften und Spannungsrißbeständigkeit. Die Verarbeitung erfolgt bevorzugt durch Preßverfahren zu Schichtpreßstoffen und zu technischen Teilen von guter Maßhaltigkeit. Phenol-Formaldehyd ist der mengenmäßig wichtigste Duroplast und preiswert.

4.2 Aminoplaste

Geschichtliches

Der Wunsch nach helleren Duroplasten als dem nur in gedeckten Farbtönen herstellbaren Phenol-Formaldehyd führte zu Versuchen mit den Aminogruppen[6] enthaltenden Verbindungen Harnstoff und Melamin, die sich ebenfalls mit Formaldehyd vernetzend polykondensieren lassen.

Zunächst wendete man sich dem Harnstoff zu, der 1773 von Rouelle als Bestandteil des Harns entdeckt worden war und den Wöhler 1827 als erste organische Verbindung aus anorganischen Verbindungen synthetisierte. Im Jahre 1884 erforschte der Chemiker K. Hölzer, Göttingen, die Reaktion von Harnstoff mit Formaldehyd zu einem Harz. Die Folgerungen daraus zog erst in den Jahren 1920 bis 1923 der Wiener Chemiker F. Pollak, der die technische Produktion des Kunststoffs verwirklichen konnte. Der Name Pollopas® für die 1926 entwickelte Harnstoff-Formaldehyd-Formmasse geht auf ihn zurück. Aus Melamin, 1834 von J. Liebig erstmals dargestellt, werden seit 1935 Melamin-Formaldehyd-Harze produziert. 1938 kamen die ersten Melaminharz-Formmassen auf den Markt.

Zur neueren Entwicklung gehören die Harnstoffharz-Schaumstoffe und Melamin-Phenol-Formaldehyd-Copolykondensate (MPF), die seit 1957 am deutschen Markt sind, sowie Mischungen aus Melamin-Formaldehyd und Polyester.

4.2.1 Harnstoff-Formaldehyd-Kunststoffe (UF)

Harnstoff

```
NH2
|
C=O
|       Harnstoff-
NH2     Formel
```

Chem. Bezeichnung auch: Carbamid; chem. Formel: CH_4N_2O; farblose, wasserlösliche Kristalle; Schmelzpunkt 133 °C; Herstellung aus Kohlendioxid und Ammoniak unter Druck.

6) daher Aminoplaste.

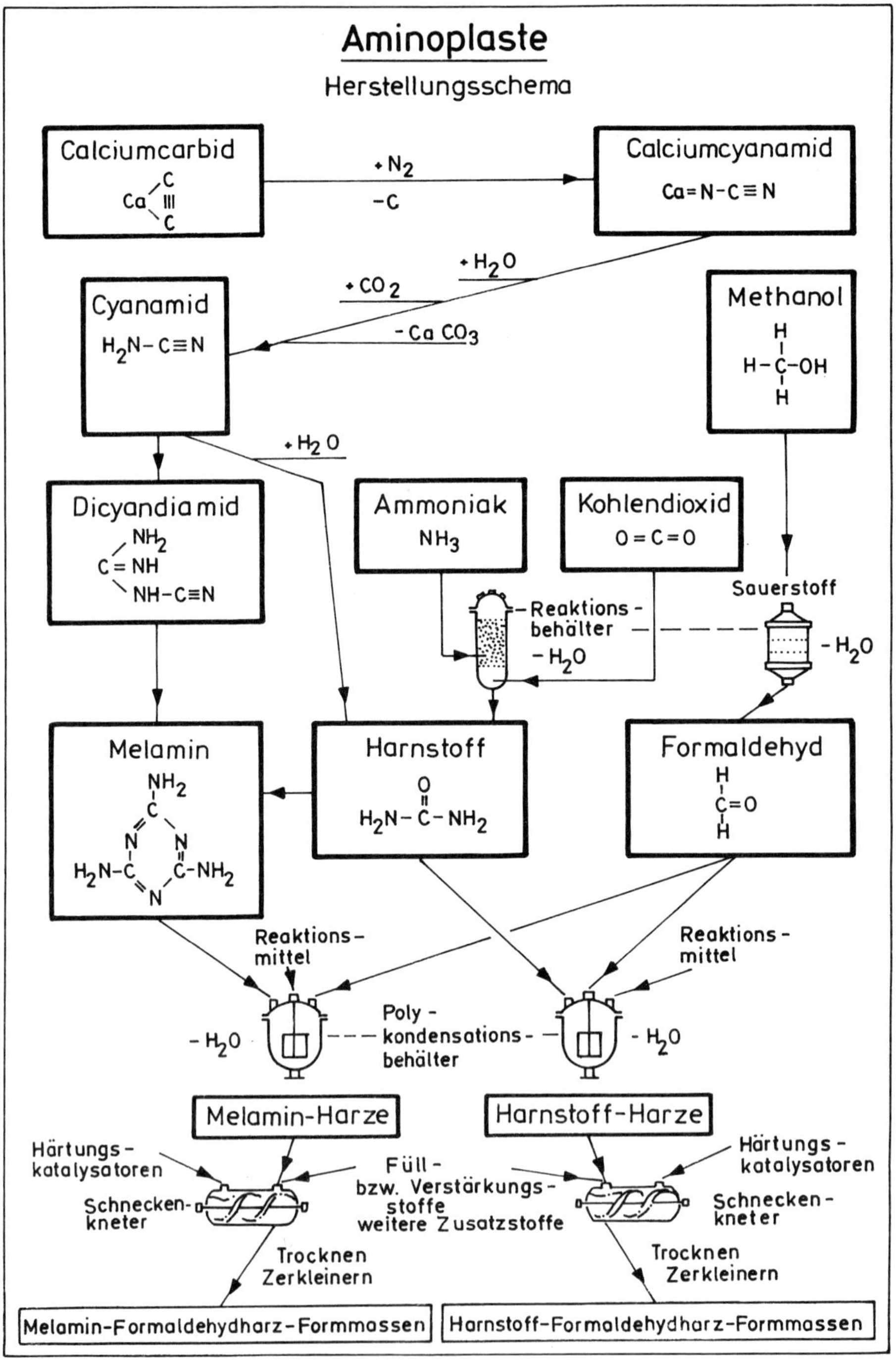
Aminoplaste
Herstellungsschema
Calciumcarbid
+N2
-C
Calciumcyanamid
Ca=N-C≡N
+H2O
+CO2
-Ca CO3
Cyanamid
H2N-C≡N
Methanol
H-C-OH
+H2O
Dicyandiamid
NH2
C=NH
NH-C≡N
Ammoniak
NH3
Kohlendioxid
O=C=O
Sauerstoff
Reaktions-
behälter
-H2O
-H2O
Melamin
Harnstoff
H2N-C-NH2
Formaldehyd
C=O
Reaktions-
mittel
Reaktions-
mittel
-H2O
Poly-
kondensations-
behälter
-H2O
Melamin-Harze
Harnstoff-Harze
Härtungs-
katalysatoren
Füll-
bzw. Verstärkungs-
stoffe
weitere Zusatzstoffe
Härtungs-
katalysatoren
Schnecken-
kneter
Schnecken-
kneter
Trocknen
Zerkleinern
Trocknen
Zerkleinern
Melamin-Formaldehydharz-Formmassen
Harnstoff-Formaldehydharz-Formmassen

Der Weg zum Harnstoffharz

Aus Harnstoff und Formaldehyd (s. S. 97) in wäßriger Lösung bilden sich stufenweise durch Polykondensation die „Harnstoff-Harze" (Lösungs-Polykondensation, s. S. 24).

Zunächst werden durch Anlagerung von Formaldehyd an Harnstoff lösliche Zwischenverbindungen gebildet.

Durch Addition von Formaldehyd an eine oder beide Aminogruppen des Harnstoffs entstehen Mono- bzw. Di-methylol-harnstoff:

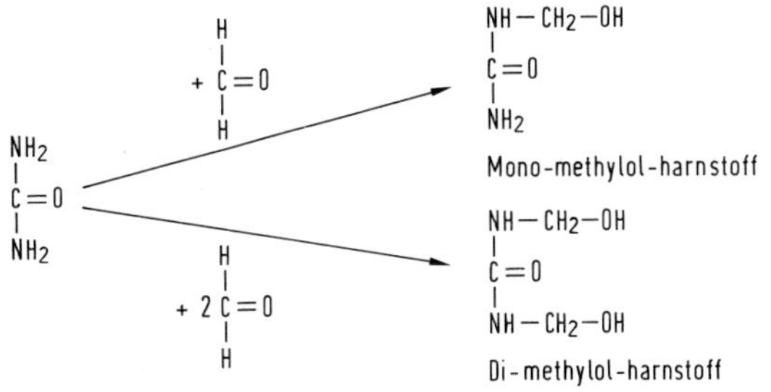

Diese reagieren, meist bei 50 bis 60 °C, mit Basen als Katalysatoren und mit Formaldehyd-Überschuß unter Wasserabspaltung (Kondensation) und Kettenverlängerung zu etwas höhermolekularen, noch unvernetzten Produkten („Vorkondensaten") weiter.

Die einzelnen Harnstoffmoleküle sind in den Vorkondensaten meist über Methylengruppen miteinander verknüpft:

Diese Produkte enthalten zahlreiche reaktionsfähige, an Stickstoff gebundene Wasserstoffatome, mit denen sie weiterkondensieren können.

Die Vorkondensate sind bei Raumtemperatur einige Monate, bei tieferen Temperaturen länger lagerstabil. Sie werden im sprühgetrockneten Zustand oder in Form der wäßrigen Lösung mit Füll- bzw. Verstärkungsstoffen, vorzugsweise Zellstoff, und weiteren Zusätzen, wie Härtungs-Katalysatoren, Gleitmitteln, gegebenenfalls Farbmitteln in Schneckenknetern oder auf Walzwerken gründlich vermischt, bei nicht zu hohen Temperaturen schonend getrocknet und anschließend, beispielsweise durch Mahlen, zerkleinert.

Chemie der Aushärtung der Harnstoffharz-Formmassen

Als Härtungskatalysatoren werden Säuren oder in der Wärme Säure abspaltende Stoffe wie Ammoniumchlorid (spaltet Salzsäure ab) verwendet.

Die so entstehenden Formmassen werden in geeigneten Werkzeugen durch Druck und bei Temperaturen zwischen 140 und 150 °C zu unlöslichen und unschmelzbaren UF-Formteilen verarbeitet.

Durch die unter diesen Bedingungen ablaufende Polykondensation bilden sich unter Wasserabspaltung räumlich vernetzte Makromoleküle:

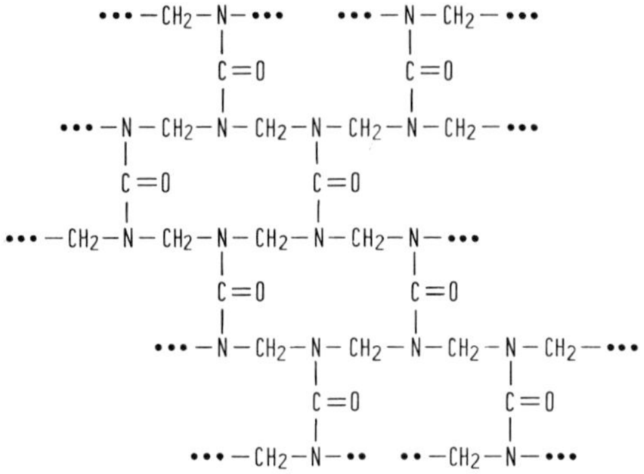

Mögliche Struktur eines ausgehärteten Harnstoffharzes (Formelschema, Teilbild)

Als Einzelglieder der Makromoleküle treten Methylenharnstoff-Gruppen auf:

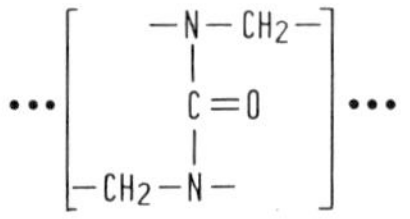

Eigenschaften von Harnstoff-Formaldehyd-Formstoffen

Wie PF kann auch UF nur mit Füllstoffen zu Formteilen verarbeitet werden. Wegen der im Vergleich zu PF in vielen Fällen (vgl. Tab. 4.2-1) weniger guten Eigenschaften von UF verwendet man aber nur organische Zusätze, hauptsächlich Zellstoff, der als fasriger Füll- bzw. Verstärkungsstoff gegen die erhebliche Nachschwindung wirksam ist, aber auch Holzmehl. Im ganzen ähneln sich aber Amino- und Phenoplaste in ihren Eigenschaften, ihrer Verarbeitung und Anwendung im Vergleich zu anderen Kunststoffen. Tab. 4.2-1 dient ihrer Gegenüberstellung, so daß nachfolgend nur die weiteren Unterschiede genauer aufgeführt werden.

Tabelle 4.2-1: Eigenschaftsvergleich von PF, UF und MF

Kunststoff	Festigkeit	Kerbschlagzähigkeit	Wärmeformbeständigkeit	optisches Aussehen	Kriechstromfestigkeit	Schwindungswerte	Preis
PF	+	+	+	–	–	+	+
UF	–	–	–	+	+	–	○
MF	+	–	○	+	++	–	–

Bedeutung der Symbole vgl. Fußnote zu Tab. 4.1-2

Die Einsatzgrenzen für UF liegen bei +70 °C Dauertemperatur bzw. kurzzeitig bis 100 °C. Die Wärmedehnung ist klein. Im Gegensatz zu PF ist UF farblos, daher ist die Herstellung von weißen oder hellfarbigen Artikeln möglich. Durch Licht- oder Wärmeeinwirkung tritt keine Verfärbung auf. Die elektrischen Isoliereigenschaften sind mäßig. Die chemische Beständigkeit entspricht derjenigen von PF, UF ist aber beständig gegen verdünnte Basen. Nach Entzünden brennt UF von selbst nicht weiter.

Die hauptsächliche Bedeutung von UF liegt in Anwendungen, wo PF wegen seiner begrenzten Einfärbungsmöglichkeit und Kriechstromfestigkeit nicht in Frage kommt.

Verarbeitung und Anwendung von Harnstoff-Formaldehyd

Die Verarbeitungsverfahren von UF entsprechen denen von PF. Die Harzgehalte der Formmassen betragen aber allgemein etwa 60%. UF ist nur in einem relativ engen Temperaturbereich zu verarbeiten, und die Teile neigen zur Rißbildung infolge größerer Nachschwindung als bei PF.

Anwendung findet UF besonders in der Elektroinstallation (Bild 4.2-1): Stecker, Schalter und Schaltergehäuse, Steckdosen, Abdeckplatten, Leuchtensockel, Klingelknöpfe; ferner Gehäuse und Gehäuseteile z. B. für Projektoren, Bedienungsknöpfe; Schraubverschlüsse; Toilettensitze, Haartrockenhauben; Haushaltgeräteteile; Möbelbeschläge.

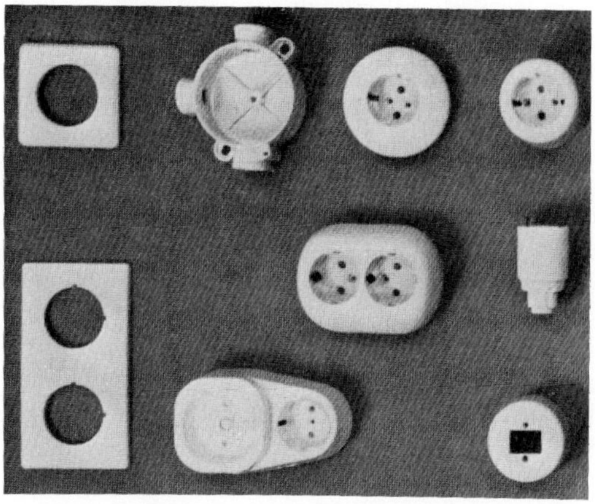

Bild 4.2-1:
Preßteile von Abdeckplatten, Steckern, Steckdosen und Schaltern aus UF-Formmasse

Das Wichtigste in Kürze über Harnstoff-Formaldehyd-Kunststoffe

Harnstoff-Formaldehyd gehört wie Phenol-Formaldehyd zu den Polykondensations-Duroplasten und ähnelt diesem auch in Eigenschaften und Anwendung. Es ist aber für die Herstellung hellfarbiger bzw. weißer und kriechstromfester Teile geeignet, jedoch nur Temperaturen bis 100 °C gewachsen. Schwerpunkt der Verwendung sind Elektroinstallationsteile.

4.2.2 Melamin-Formaldehyd-Kunststoffe (MF)

Melamin

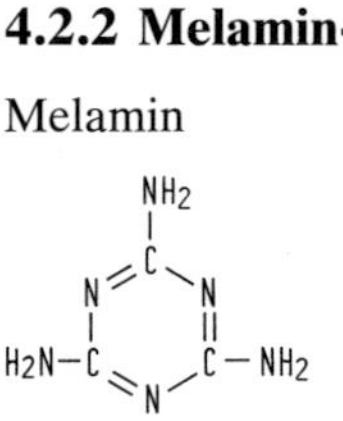

Melamin-Formel

Chem. Bezeichnung: Triamino-triazin; chem. Formel: $C_3H_6N_6$; weißes Kristallpulver;

Schmelzpunkt 350 °C; Herstellung aus Calciumcarbid über Kalkstickstoff und Dicyandiamid bei 300 °C unter Druck oder aus Harnstoff.

Der Weg zum Melaminharz

Aus Melamin und Formaldehyd entstehen stufenweise durch Anlagerung (Addition) und anschließende Polykondensation die Melaminharze (Lösungs-Polykondensation bei Verwendung wäßriger Formaldehyd-Lösung).

Zunächst werden wasserlösliche Zwischenverbindungen durch Anlagerung von Formaldehyd an Melamin gebildet. Das wasserunlösliche Melamin löst sich mit fortschreitender Reaktion vollständig auf.

Jede der drei Aminogruppen des Melamins kann ein bzw. zwei Formaldehyd-Moleküle anlagern. Es entstehen so Trimethylol- bis Hexamethylol-melamin:

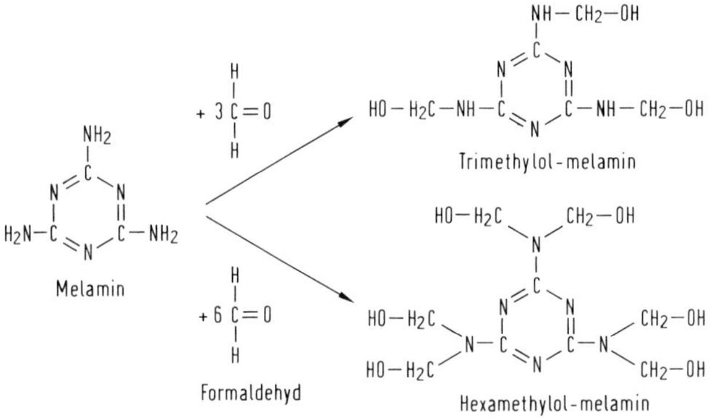

Diese Zwischenstufen werden wie die Harnstoff-Formaldehyd-Harze in wäßriger Lösung oder nach einer Sprühtrocknung als Pulver weiterverarbeitet. Durch Mischen mit Füll- bzw. Verstärkungsstoffen und weiteren Zusatzmitteln (s. Harnstoffharz-Formmassen, S. 155), Trocknung und Zerkleinerung entstehen die Melaminharz-Formmassen, die bei 140 bis 160 °C unter Druck durch Polykondensation zu unlöslichen und unschmelzbaren MF-Formteilen und -Halbzeug verarbeitet werden.

Im vollständig ausgehärteten Zustand sind die Melamin-Moleküle räumlich engmaschig über vom Formaldehyd stammende Methylengruppen (-CH_2-) miteinander verknüpft.

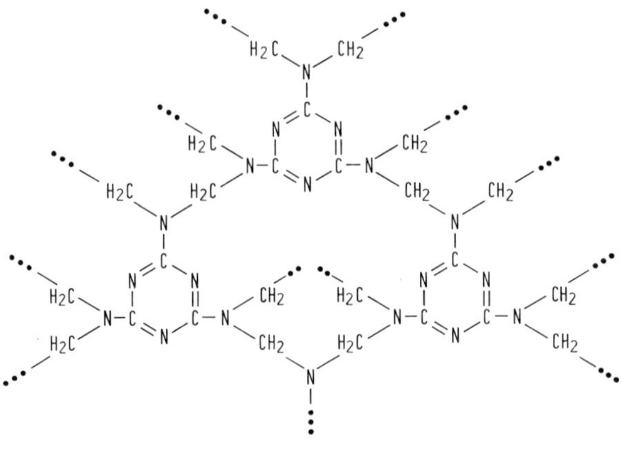

Mögliche Struktur eines ausgehärteten Melaminharzes (Formelschema, Teilbild)

Als Einzelglieder der Makromoleküle treten Methylenmelamin-Gruppen auf:

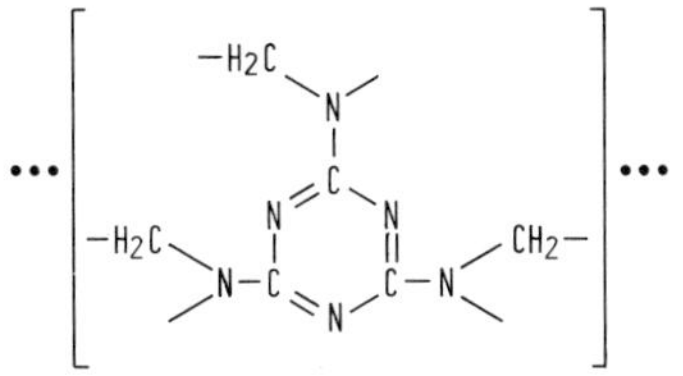

Eigenschaften von Melamin-Formaldehyd-Kunststoffen

Dieser Duroplast, der allgemein Ähnlichkeit mit PF und UF besitzt, wird unter Zusatz von anorganischen und organischen Füllstoffen bei Harzgehalten von 50 bis 60% verwendet. Einen Vergleich einiger Eigenschaften von MF, PF und UF liefert Tab. 4.2-1 (S. 156).

Die Einsatzgrenzen liegen bei +80 °C Dauertemperatur bzw. bei +120 °C bei kurzzeitiger Wärmeeinwirkung. Die Wärmedehnung von MF ist klein.

MF besitzt mäßige elektrische Isoliereigenschaften bei ausgezeichneter Kriechstromfestigkeit.

Allgemein ist MF chemisch etwas besser beständig als UF und PF; dies gilt besonders gegenüber Heißwasser sowie verdünnten Säuren und Basen. Im Gegensatz zu PF und UF ist eine bestimmte Type von MF für den Kontakt mit Lebensmitteln zugelassen.

Verarbeitung und Anwendung von Melamin-Formaldehyd

Die Verarbeitungsmöglichkeiten entsprechen denen von PF. Wie bei UF neigen die ausgehärteten Produkte infolge größerer Nachschwindung zur Rißbildung.

Verwendet wird MF zur Herstellung von Hartgewebe mit Glasseiden- oder Baumwollgewebeverstärkung in Form von Tafeln oder gewickelten Rundrohren und als Deckschicht für dekorative Schichtpreßstoffe (deren Kern aus PF-getränktem Papier besteht). Diese setzt man für Möbel-, Tür- und Wandbeläge für Küchen, Krankenhäuser, Schulräume, Büros, Laboratorien und Gaststätten sowie als Regalböden ein.

Formteile aus MF: elektrische Isolierteile, Schalterteile, Funkenlöschkammern; Programmsteuerscheiben; Verschraubungen; Eßgeschirr (Bild 4.2-2), Griffe und Beschläge für Kochgeschirr, Haushaltteile.

Bild 4.2-2:
Geschirr aus MF-Formmasse

Eigenschaften und Anwendung von modifizierten Melamin-Formaldehyd-Kunststoffen

Melamin-Phenol-Formaldehyd (Kurzzeichen MPF), das mit organischen und anorganischen Füllstoffen versetzt wird, vereinigt die jeweils günstigeren Eigenschaften der Komponenten. So zeigt es hellere Farben, bessere Lichtechtheit und Kriechstromfestigkeit als PF sowie geringere Neigung zur Nachschwindung und Rißbildung als MF. Mit anorganischen Füllstoffen besitzt MPF Ähnlichkeit mit Keramik bzw. Steatit. Außerdem ist es billiger als MF. MPF wird verwendet für hellfarbige Teile für elektrisches Installationsmaterial und Schalter, Gehäuse für Haushalts- und Küchengeräte, Schraubverschlüsse, Möbelbeschläge, Aschenbecher.

Melamin-Polyester besitzt im Vergleich zu PF, UF und MF bessere elektrische Isoliereigenschaften und im Verhältnis zu den Aminoplasten geringere Nachschwindung und damit kaum Neigung zur Rißbildung. Es ist jedoch gegenüber organischen Lösungsmitteln, wie aromatischen Kohlenwasserstoffen und Estern nicht beständig. Das Material findet vor allem in der Elektrotechnik Anwendung.

Das Wichtigste in Kürze über Melamin-Formaldehyd-Kunststoffe

Melamin-Formaldehyd ist wie Phenol- und Harnstoff-Formaldehyd ein Polykondensations-Duroplast und besitzt etwas bessere mechanische, thermische und Beständigkeits-Eigenschaften als Harnstoff-Formaldehyd. Es wird vor allem angewendet als Deckschicht von dekorativen Schichtpreßstoff-Tafeln, für elektrische Isolierteile und Eßgeschirr.

4.3 Reaktionsharz-Kunststoffe

4.3.1 Ungesättigte Polyester-Kunststoffe (UP)

Die duroplastischen, räumlich engmaschig vernetzten ungesättigten Polyester werden aus ungesättigten Polyesterharzen durch vernetzende Copolymerisation hergestellt. Ungesättigte Polyesterharze (UP-Harze) sind zähflüssige Lösungen (Gießharze) von unvernetzten, ungesättigten Polyestern in polymerisierbaren monomeren Vinylverbindungen, meist Styrol. Durch Mischen mit Verstärkungs- bzw. Füllstoffen und weiteren Zusatzstoffen entstehen UP-Reaktionsharzmassen.

Geschichtliches

Die ersten ungesättigten linearen Polyester wurden 1894 von D. Vorländer beschrieben.

Die Vernetzung ungesättigter linearer Polyester wurde erstmals 1934 von H. Staudinger (s. S. 11) untersucht. Im Jahre 1936 fand C. Ellis, daß die Härtungsgeschwindigkeit ungesättigter linearer Polyester zu Duroplasten durch Zugabe ungesättigter Monomerer, sog. Vernetzungsmittel, wesentlich erhöht werden kann. Damit waren die Grundlagen zur technischen Herstellung ungesättigter Polyesterharze geschaffen.

1942 wurde in den USA gefunden, daß die mechanischen Eigenschaften dieser Kunststoffe durch Glasfaserverstärkung erheblich verbessert werden können. Dies führte zu einer bedeutenden Ausweitung der Anwendung und Produktionsmenge.

Zu den neueren Entwicklungen gehören Harze erhöhter Schlag- und Wärmeformbeständigkeit, im Brandverhalten verbesserte ungesättigte Polyesterharze, erhöht chemikalienbeständige und flexibel-elastische Harze sowie UP-Schaumstoffe.

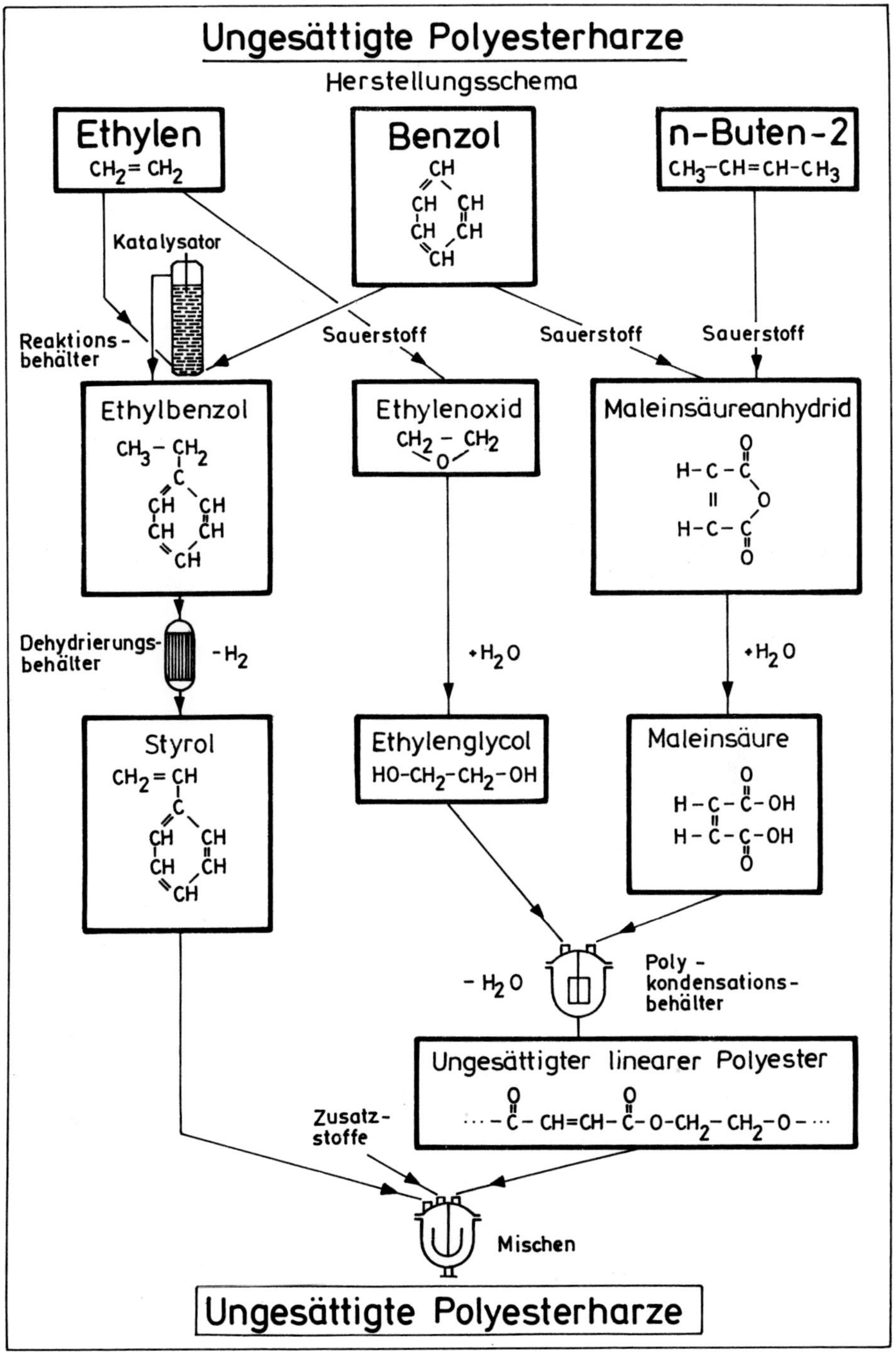
Ungesättigte Polyesterharze
Herstellungsschema
Ethylen
CH2= CH2
Benzol
n-Buten-2
CH3-CH=CH-CH3
Katalysator
Reaktions-
behälter
Sauerstoff
Sauerstoff
Sauerstoff
Ethylbenzol
Ethylenoxid
Maleinsäureanhydrid
Dehydrierungs-
behälter
-H2
+H2O
+H2O
Styrol
Ethylenglycol
HO-CH2-CH2-OH
Maleinsäure
-H2O
Poly-
kondensations-
behälter
Ungesättigter linearer Polyester
Zusatz-
stoffe
Mischen
Ungesättigte Polyesterharze

Der Weg zu den ungesättigten Polyesterharzen

Die in diesen Harzen enthaltenen ungesättigten linearen Polyester werden durch Polykondensation von ungesättigten bzw. durch Copolykondensation von ungesättigten und gesättigten Dicarbonsäuren mit Dialkoholen hergestellt (s. auch Abschnitt 3.5.3, gesättigte Polyester).

Für die sog. Normalharze werden als Dialkohole meist Ethylenglycol oder Butylenglycol (s. S. 115), als ungesättigte Dicarbonsäure Maleinsäure bzw. -anhydrid und als gesättigte Dicarbonsäure Phthalsäure verwendet.

Maleinsäure

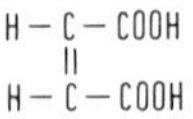

Maleinsäure-Formel

Chem. Bezeichnung auch: cis-Buten-disäure; chem. Formel: $C_4H_4O_4$; wasserlösliche Kristalle, die bei 130 °C schmelzen; Herstellung aus Benzol durch Luftoxidation oder aus Buten bzw. Butadien über Maleinsäure-anhydrid.

Die Reaktion wird meist als Schmelz-Polykondensation bei 150 bis 200 °C während einiger Stunden durchgeführt und muß unter Stickstoff erfolgen, um eine Polymerisation der Moleküle mit Doppelbindungen zu vermeiden:

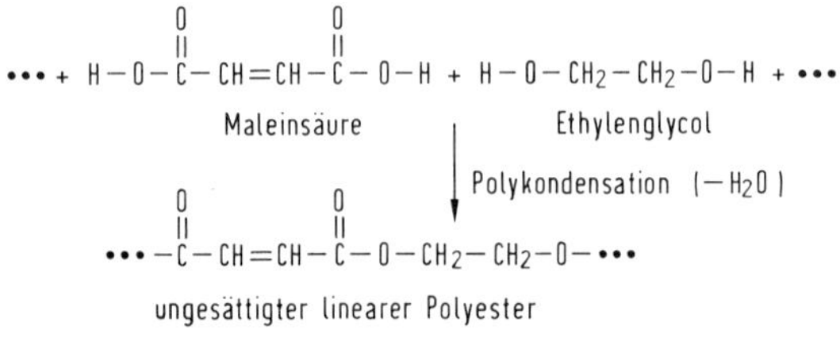

Das abgespaltene Wasser wird abdestilliert.

Die weichen, nicht besonders hochmolekularen Produkte ($\overline{M}$: 3000 . . . 4000) werden noch warm in 30 bis 40% Styrol gelöst und kommen als stabilisierte Flüssigharze (Gießharze) in den Handel.

Durch Mitverwendung von Isophthalsäure oder Terephthalsäure an Stelle von Phthalsäure bei der Polykondensation wird die Chemikalienbeständigkeit der daraus hergestellten ungesättigten Polyester verbessert.

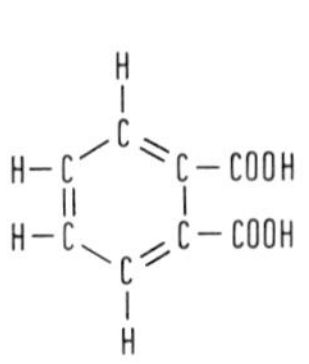

Phthalsäure-Formel

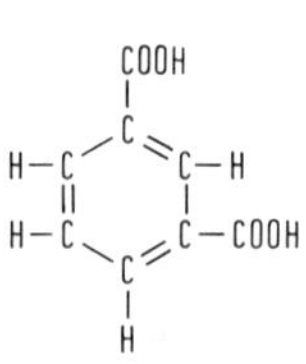

Isophthalsäure-Formel

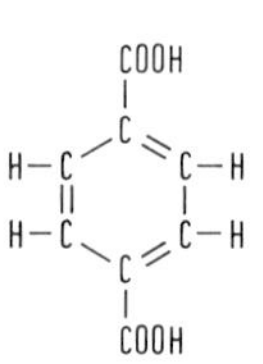

Terephthalsäure-Formel

Tetrahydrophtalsäure erhöht die Schlag- und Wärmeformbeständigkeit.

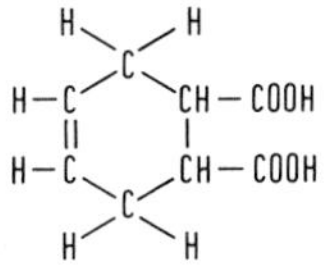

Tetrahydrophthalsäure-Formel

Durch Diallylphtalat statt Styrol als Monomeres wird die Wärmebeständigkeit erhöht. Chlorierte Phtalsäure oder Hetsäure (Kurzbezeichnung für Hexachlor-endomethylen-tetrahydrophtalsäure[7]) führen zu „selbstlöschenden", Adipinsäure (s. S. 131), besonders in Kombination mit höhermolekularen Dialkoholen, zu flexiblen ungesättigten Polyestern.

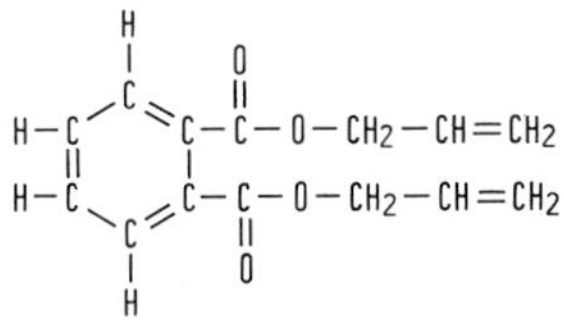

Diallylphthalat-Formel

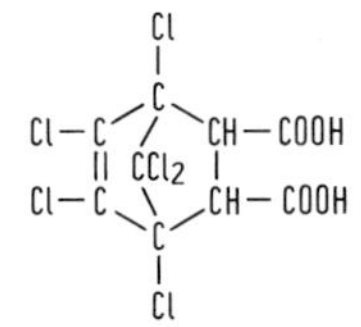

Hetsäure-Formel

Die Verwendung von Bisphenol A (s. S. 109) an Stelle von Dialkoholen ergibt hoch hydrolyse- und verseifungsbeständige ungesättigte Polyester.

Chemie der Aushärtung von UP-Reaktionsharzmassen

Ungesättigte Polyesterharze sind Lösungen[8] von linearen, ungesättigten und damit noch polymerisationsfähigen Polyestern in polymerisierbaren Monomeren[9]. Sie reagieren nach Zugabe von Initiatoren („Härtern"), im allgemeinen organischen Peroxiden, bei höheren Temperaturen („Warmhärtung") oder von Initiatoren und Beschleunigern[10] als Reaktionsmittel (s. S. 22) bereits bei Raumtemperatur („Kalthärtung") durch Polymerisation. Die mit Reaktionsmitteln und gegebenenfalls Füll- und Verstärkungsstoffen versehenen, verarbeitungsfertigen Mischungen der Reaktionsharze werden als Reaktionsharzmassen bezeichnet.

Bei der Polymerisation werden die linearen ungesättigten Polyester durch ihre Doppelbindungen über im Schnitt zwei bis drei Styrolmoleküle als Brücken miteinander räumlich engmaschig zu duroplastischen ungesättigten Polyestern vernetzt.

Bei der Warmhärtung werden den UP-Harzen 1 bis 4% Peroxide, wie Benzoylperoxid oder Methylethylketonperoxid zugesetzt. Die Polymerisation springt durch Erwärmen auf ca. 60

7) endon (gr.), innen.
8) Diese Lösungen gehören zu den Reaktionsharzen.
9) Auch als Vernetzungsmittel bezeichnet.
10) Härter und Beschleuniger dürfen nicht unmittelbar miteinander vermischt werden (Explosionsgefahr!). Aminbeschleuniger sind ätzend und Peroxide können sich zusätzlich unter stark exothermer Reaktion zersetzen. Umgang daher nur mit Schutzbrille und Schutzhandschuhen.

bis 100 °C an. Bei diesen Temperaturen werden aus den Peroxiden Radikale (s. S. 40) gebildet, die die dann exotherm weiterlaufende Reaktion starten:

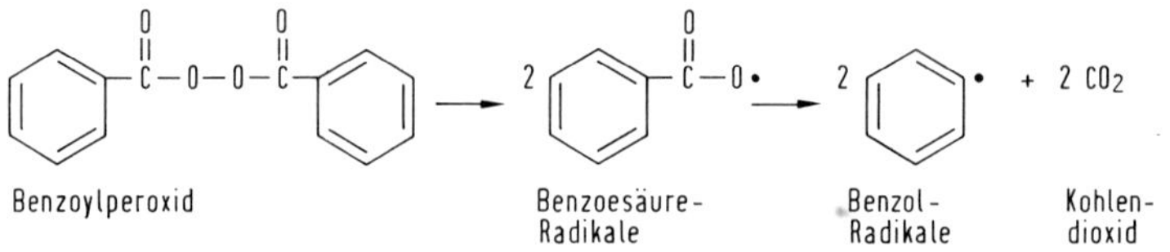

Bei der Kalthärtung werden bevorzugt zwei unterschiedliche Härter/Beschleuniger-Systeme als Reaktionsmittel verwendet: Methylethylketon- oder Cyclohexanonperoxid als Initiator („Härter") mit Kobaltseifen als Beschleuniger[11] und Benzoylperoxid als Initiator mit Aminen, beispielsweise Dimethyl- oder Diethylanilin, als Beschleuniger. Die üblichen Beschleunigermengen liegen zwischen 0,1 bis ca. 1%. Die Härtungszeit liegt je nach verwendeter Beschleunigermenge bei wenigen Minuten bis zu einigen Stunden. Auch die Kalthärtung verläuft – wie alle Polymerisationen – exotherm.

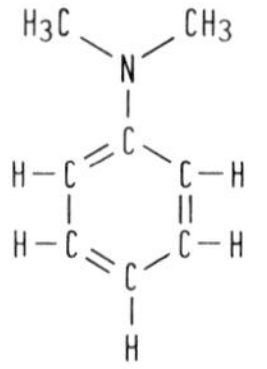
Dimethylanilin-Formel

Nur mit Beschleunigern versetzte UP-Harze sind längere Zeit haltbar und werden als „vorbeschleunigte Harze" geliefert. Der Härterzusatz erfolgt dann unmittelbar vor der Verarbeitung. Ungesättigte Polyesterharze mit Peroxid-Härtern und Kobaltbeschleunigern polymerisieren ab ca. +12 °C. Die so ausreagierten Kunststoffe zeigen gute Licht- und Alterungsbeständigkeit. Harze, die mit Peroxiden und Aminbeschleunigern gehärtet werden, reagieren bereits ab ca. 0 °C. So hergestellte Kunststoffe vergilben jedoch am Licht.

Die Polymerisation von ungesättigten linearen Polyestern mit monomerem Styrol verläuft nach folgendem Schema:

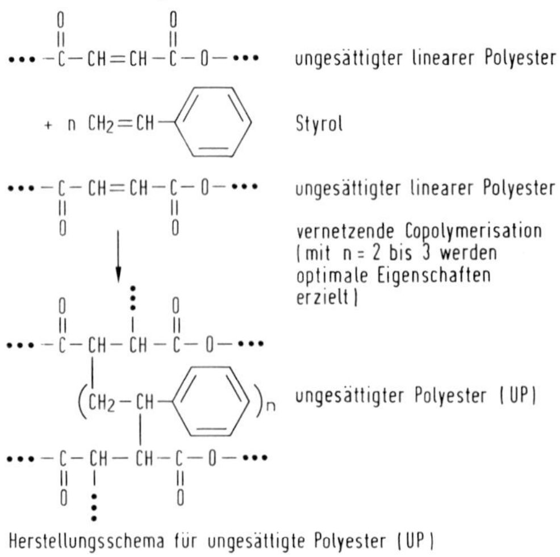

Herstellungsschema für ungesättigte Polyester (UP)

Eigenschaften von ungesättigten Polyester-Formstoffen

Die Eigenschaften der Formstoffe aus ungesättigten Polyestern sind von zahlreichen Einflüssen abhängig. Zunächst sind etliche Harztypen, wie Normalharze, Harze mit höherer Wärmeformbeständigkeit, sogenannte „selbstlöschende" Harze, chemikalienbeständige (besonders alkalibeständige) Harze und flexibel-elastische Harze zu unterscheiden. Von großer Wirkung vor allem auf die Festigkeitseigenschaften sind Art und Gewichtsanteil an Verstärkungsmitteln, wie Stränge („Rovings"), Stapelfasern, Matten und Gewebe (verschiedene Webarten) aus Glas- oder Kohlenstoff-Fasern, Metalldrähten. Schließlich spielen eine Rolle: die Auswahl des Reaktionsmittelsystems, Aus- und Nachhärtungsbedingungen. Infolge unterschiedlicher Zusammensetzung und Verarbeitungsbedingungen unterscheiden sich in ihren Eigenschaften auch die UP-Formstoffe aus Laminaten, aus Formmassen und aus unverstärkten Gießharzen. Wegen dieser Vielfalt der Einflußgrößen ist eine pauschale Beschreibung der Eigenschaften der UP-Formstoffe schwierig.

Die Festigkeitswerte der Formstoffe aus Formmassen sind niedrig bis mittel, die der unverstärkten Gießharze mittel, dagegen die von Laminaten hoch bis sehr hoch. Steifigkeit und Härte sind durchweg hoch bis sehr hoch. Durch Verstärkungsmittel können diese mechanischen Eigenschaften um eine Größenordnung angehoben werden. Die Kerbschlagzähigkeit unverstärkter UP-Formstoffe ist mäßig, die von Formstoffen aus Formmassen mäßig bis sehr gut, die von Laminaten hoch bis sehr hoch.

Die Einsatzgrenzen liegen für unverstärkte Gießharzformstoffe bis +120 - 140°C Dauertemperatur, kurzzeitig bis 160 - 180 °C; für Formstoffe aus Formmassen und Laminaten liegen die Werte bis + 160 °C Dauertemperatur, kurzzeitig bis 200 °C. Die Wärmedehnung von Formstoffen aus Laminaten und Formmassen ist klein, die von unverstärkten Gießharzformstoffen von mittlerer Größe.

Je nach Zusammensetzung sind glasklar-durchsichtige, durchscheinende bis undurchsichtige Materialien, sowohl farblos als auch beliebig eingefärbt erhältlich. Die UP-Werkstoffe neigen aber im Sonnenlicht zu einer gewissen Vergilbung. UP-Werkstoffe zeigen mäßige bis gute elektrische Isoliereigenschaften und meist ausgezeichnete Kriechstromfestigkeit.

Die Chemikalienbeständigkeiten sind stark abhängig von den oben erwähnten Harzarten. So sind z. B. Normalharze beständig gegen Wasser, wäßrige Salzlösungen, verdünnte Säuren, aliphatische Kohlenwasserstoffe, Treibstoffe, Fette und Öle; sie sind unbeständig gegen dauernde Einwirkung von heißem Wasser, gegen organische und anorganische konzentrierte Säuren, Alkalien, Alkohole und andere organische Lösungsmittel. Die chemikalienbeständigen UP-Harze sind unbeständig gegenüber konzentrierten Säuren, aromatischen bzw. halogenierten Kohlenwasserstoffen, Estern und Ketonen. Die Wasseraufnahme ist mittel bis klein. UP-Werkstoffe sind witterungsbeständig, auf Vergilbungserscheinungen bei Sonnenlichteinwirkung (Abhilfe: Zusatz von UV-Stabilisatoren) wurde oben hingewiesen. Durch Wahl von im Brandverhalten verbesserten UP-Harzen bzw. Zusatz flammhemmender Mittel kann das Weiterbrennen von UP verhindert werden.

Die UP-Werkstoffe gehören zu den wichtigen Duroplasten, sie werden zunehmend zur Lösung technischer Konstruktionsprobleme herangezogen.

11) Als Beschleuniger werden auch Mangan- und Kupferseifen verwendet.

Verarbeitung von ungesättigten Polyester-Harzen und -Formmassen

Ohne Zusätze von Verstärkungs- bzw. Füllstoffen werden die UP als Gießharze, d. h. zum Gießen von glasklaren Blöcken und Formteilen verarbeitet, wobei Gegenstände aus Metall, Keramik, Holz, Papier (z. B. Briefmarken), Mineralien, biologische Objekte und Fossilien eingebettet werden können. Mit geeigneten Zusätzen werden auch künstliches Elfenbein, Horn und Bernstein so gefertigt.

Formmassen werden durch Form-, Spritz- und Schichtpressen sowie durch Spritzgießen zu Formteilen bzw. Halbzeug verarbeitet.

Für die drucklos oder mit nur geringen Drücken verarbeitbaren UP- und EP-Reaktionsharze unter Verwendung von Verstärkungsmaterialien sind spezielle Verarbeitungsverfahren zu Formteilen oder Halbzeugen für Kalthärtung entwickelt worden, die teils handwerklich, teils maschinell durchgeführt und als „Laminierverfahren" zusammengefaßt werden. Dabei versteht man unter Laminieren den schichtweisen Aufbau des Werkstoffs aus Verstärkungsmaterial (z. B. Glasmatten und -gewebe) und Gießharz unter gegenseitiger inniger Durchdringung und kalter oder warmer Aushärtung. Beim „Handlaminieren" („Handauflegeverfahren") z. B. werden in offene Werkzeuge von Hand abwechselnd Harzschichten und Zuschnitte aus Verstärkungsmaterial eingebracht, durchgetränkt, verdichtet und ausgehärtet. Beim „Faser-Harz-Spritzverfahren" (vgl. Bild 4.3-1) wird dagegen die aufwendige Handarbeit durch Verwendung einer Spritzvorrichtung, die gleichzeitig Glasseidenstränge schneidet, teilweise ersetzt. Weitere Verfahren arbeiten nach Wickel- oder Schleudergußtechniken. Es sind auch kontinuierlich arbeitende Verfahren zur Herstellung von GF-UP-Halbzeugen (ebene und gewellte Platten) in Anwendung.

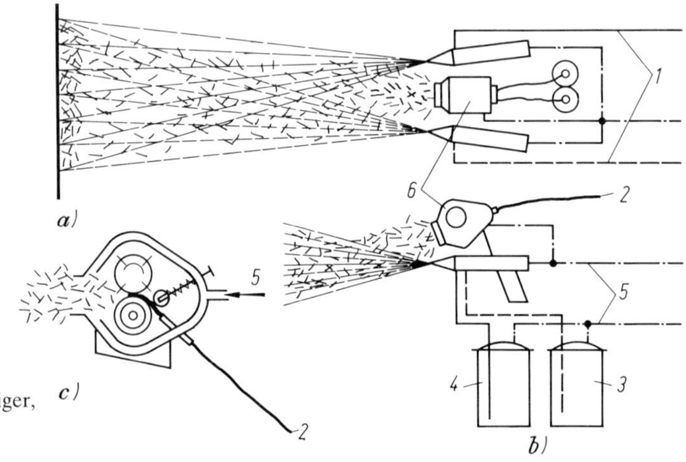

Bild 4.3-1:
Prinzip des Faser-Harz-Spritzens
a – Aufsicht,
b – Seitenansicht des Geräts,
c – Schnitt durch den Schneidkopf (6);
1 – Harzleitungen,
2 – Glasfaserroving,
3 – Harz mit Härter,
4 – Harz mit Beschleuniger,
5 – Druckluft,
6 – Schneidkopf

Verwendung von ungesättigten Polyester-Formstoffen

Platten, auch Well- und Profil- sowie Knopfplatten, Rohre, Profile; aus künstlichem Elfenbein und dergl. auch Stangen, Blöcke, Kugeln.

Aus GF-UP-Laminaten: Behälter, Tanks, Silos, Kühltürme, Schwimm- und Wasserbekken, Abwasserrohre; Schiffs- und Bootskörper (vgl. auch Bild 4.3-2) und -teile, Autokarosserien, Segel- und Sportflugzeuge, Aufbauteile von Schienen- und Straßenfahrzeugen, Autobahnschilder; Container, Lagerbehälter, Paletten, Briefkästen; Bauteile für Balkonbrüstungen, Treppenaufgänge, Dach-, Fassaden-, Kunststeinelemente, Dachkonstruktionen, Lichtwände, -kuppeln und -platten, Sanitärzellen, Badewannen, Türen, Dachrinnen, Betonschalungen, Verkaufs- und Informationsstände, Transformatorenstationen.

Bild 4.3-2:
Leuchtturm aus GF-UP

Aus UP- bzw. GF-UP-Formmassen: Klemm- und Lötleisten, Spulenkörper, Stecker-, Schalter- und Relaisteile, Montageplatten, Lampenfassungen, Röhrensockel, Zündkerzenstecker, Zündspulen, Verteilerkappen, Kabelverteilerschränke; Leuchten-, Maschinen- und Gerätegehäuse (z. B. für Handbohrmaschinen), Bauteile für Kfz. (z. B. Kotflügel, Kühlergrill, Stoßstangen), Haushaltgeräte, Möbel, auch Großteile für Schiff- und Flugzeugbau. Schutzhelme.

Aus UP-Gießharzen: Einbettungen für elektronische Bauteile, Isolatoren, Knöpfe.

Ferner: Baumaterialien, wie Reaktionsharzbeton, Estrichmassen.

Das Wichtigste in Kürze über ungesättigte Polyester-Kunststoffe

Die durch Polykondensation hergestellten ungesättigten Polyesterharze werden durch Polymerisation mit einem Vernetzungsmittel, häufig Styrol, in einen duromeren Kunststoff verwandelt und erhalten ihre besonders geschätzten mechanischen Eigenschaften überwiegend erst durch den Verbund mit gewebe-, matten-, strang- oder fadenartigen Verstärkungsmaterialien, in der Regel auf Basis von Glas. Die hervorragenden mechanischen Eigenschaften von optimal „glasfaserverstärkten ungesättigten Polyestern" reichen etwa an die von Leichtmetallen heran; ihre Zugfestigkeit entspricht sogar derjenigen von Baustählen, ihre Steifigkeit bleibt allerdings um eine Größenordnung darunter. Durch Auswahl der chemischen Ausgangsstoffe bei der UP-Harz-Herstellung und durch Variation der Verstärkungszusätze sind vor allem die mechanischen, thermischen, optischen und Beständigkeitseigenschaften in weiten Grenzen einstellbar. Verarbeitet werden die UP-Harze entweder mit Verstärkungs- bzw. Füllstoffen nach den Laminierverfahren oder als Formmassen durch Form- und Spritzpressen sowie Spritzgießen, seltener als unverstärkte Gieß- und Einbettungsharze. Schwerpunkte der Verwendung von UP sind Formteile für die Elektrotechnik, Behälter und Rohre für den Apparatebau, Bauteile für Fahr- und Flugzeuge, Schiffe sowie Bauelemente für den Hochbau, die Sanitär- und Beleuchtungstechnik.

4.3.2 Epoxid-Kunststoffe (EP)

Die engmaschig vernetzten, duroplastischen Epoxid-Kunststoffe werden aus kettenförmigen, unvernetzten Epoxidharzen (EP-Harzen) durch Polyaddition hergestellt. Epoxidharze entstehen durch abwechselnde Additions- und Kondensationsschritte aus niedermolekularen Epoxid-Verbindungen und Phenolen bzw. Alkoholen.

Geschichtliches

1934 beschrieb P. Schlack (s. S. 128) Herstellung und Aufbau von aromatischen Epoxidharzen, die er aus verschiedenen Phenolen erhalten hatte.

Die für die technische Verwendung entscheidende Härtungsreaktion solcher Harze, beispielsweise mit mehrwertigen Carbonsäure-anhydriden oder Aminen, fand P. Castan 1943 in der Schweiz. Dies führte 1946 zur Herstellung der ersten Epoxid-Gieß- und -Lackharze sowie -Klebstoffe auf Basis des aromatischen Bisphenol A und Epichlorhydrin („Bisphenol-A-Epoxidharze") durch die Firma Ciba[12]. Die ersten cycloaliphatischen Epoxidharze wurden 1950 von R. E. Foster in den USA hergestellt und kamen 1957 auf den Markt. In den folgenden Jahren wurden zahlreiche Variationsmöglichkeiten für die Eigenschaften vernetzter Epoxidharze durch Verwendung unterschiedlicher Ausgangsstoffe, verschiedener Vernetzungsmittel und durch Zusatz von Füllstoffen, Weichmachern bzw. Flexibilisatoren gefunden.

Zu den Entwicklungen der letzten Zeit gehören relativ niedrig viskose und damit besser verarbeitbare Epoxidharze und erhöht wärmebeständige sowie im Brandverhalten verbesserte Epoxid-Kunststoffe.

12) Ciba-Geigy AG, Basel/Schweiz.

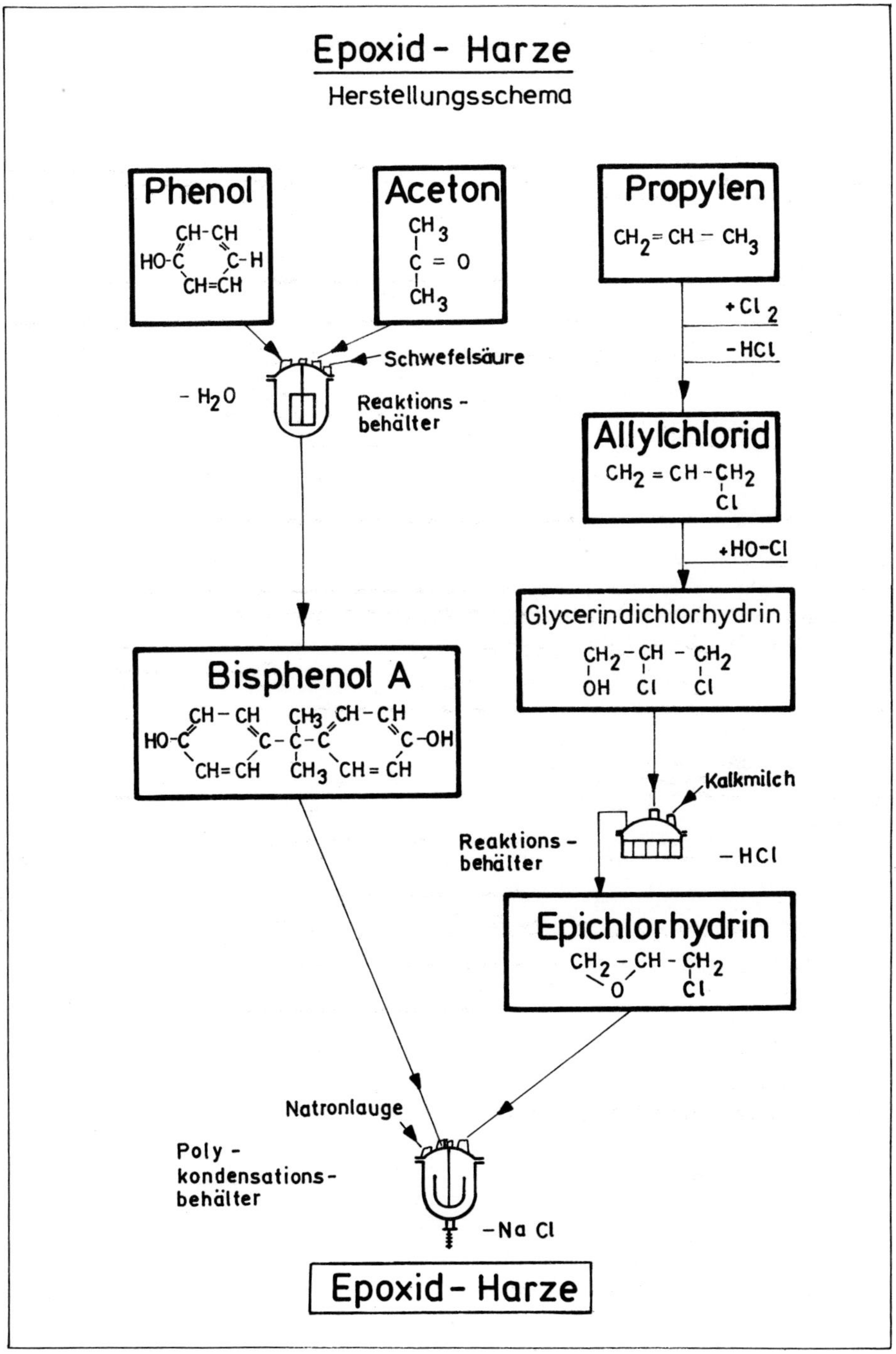
Epoxid-Harze
Herstellungsschema
Phenol
CH-CH
HO-C C-H
CH=CH
Aceton
CH3
C = O
CH3
Propylen
CH2=CH-CH3
+Cl2
-HCl
Schwefelsäure
-H2O
Reaktions-
behälter
Allylchlorid
CH2=CH-CH2
Cl
+HO-Cl
Glycerindichlorhydrin
CH2-CH-CH2
OH Cl Cl
Bisphenol A
CH-CH CH3 CH-CH
HO-C C-C-C C-OH
CH=CH CH3 CH=CH
Kalkmilch
Reaktions-
behälter
-HCl
Epichlorhydrin
CH2-CH-CH2
O Cl
Natronlauge
Poly-
kondensations-
behälter
-Na Cl
Epoxid-Harze

Der Weg zu den Epoxidharzen

Epoxidharze werden aus niedermolekularen Epoxid-Verbindungen[13], gewöhnlich Epichlorhydrin, und Verbindungen mit reaktionsfähigen („aktiven") Wasserstoffatomen in Gegenwart von Basen hergestellt.

Epichlorhydrin

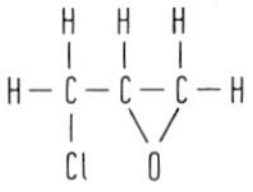

Epichlorhydrin-Formel

Chem. Bezeichnung auch: 1-Chlor-2,3-epoxypropan; chem. Formel: C_3H_5ClO; farblose, leicht bewegliche Flüssigkeit, Siedepunkt 117 °C; Herstellung aus Propylen über Allylchlorid mit unterchloriger Säure (HOCl).

Für die sog. „Normalharze" werden meist mehrwertige Phenole, insbesondere Bisphenol A (s. S. 109), mit Epichlorhydrin bei 50 bis 80 °C unter Ausschluß von Wasser umgesetzt.

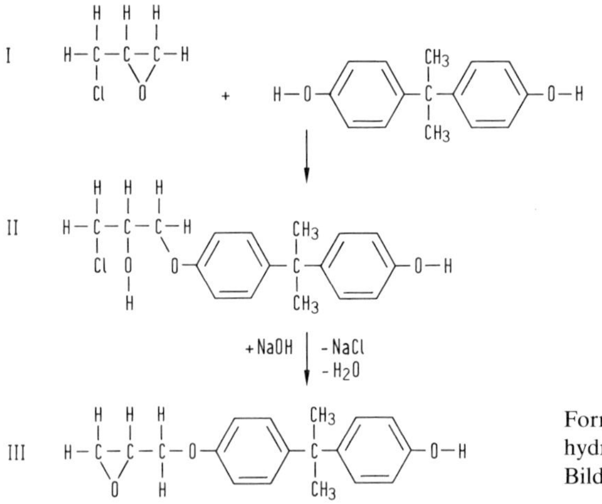

Formelschema zur Reaktion von Epichlorhydrin mit Bisphenol A und anschließender Bildung eines neuen Epoxidringes.

Die Reaktion beginnt mit der Aufspaltung des Epoxidrings im Epichlorhydrin (I → II). An die dabei frei gewordene Bindung des Sauerstoffatoms wandert das Wasserstoffatom (Addition) aus einer phenolischen OH-Gruppe des Bisphenol A. Dadurch ist eine neue (alkoholische) OH-Gruppe gebildet worden. Zugleich lagert sich der Bisphenolrest mit seiner freien Sauerstoffbindung an die freie Kohlenstoffbindung des Epichlorhydrins an (II). Durch die Gegenwart von Alkalien, z. B. NaOH, wird aus dem Wasserstoffatom der neu gebildeten OH-Gruppe und dem benachbarten Chloratom Chlorwasserstoff gebildet und als NaCl und H_2O abgespalten (Kondensation). Dadurch entsteht ein neuer Epoxidring am Ende des Moleküls (III).
Die Epichlorhydrin- und Bisphenol-A-Bausteine sind über Ethergruppen miteinander verbunden. Name daher auch Glycidether.

13) Epoxidgruppe: 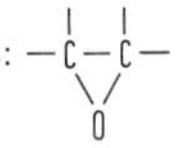 ; einfachstes Epoxid: 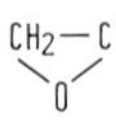 (Ethylenoxid); epi (gr.), über, auf.

Bei Verwendung eines großen Überschusses an Epichlorhydrin werden niedriger-molekulare, zähflüssige Epoxidharze, sog. „monomere" Diglycid[14)]-ether, erhalten:

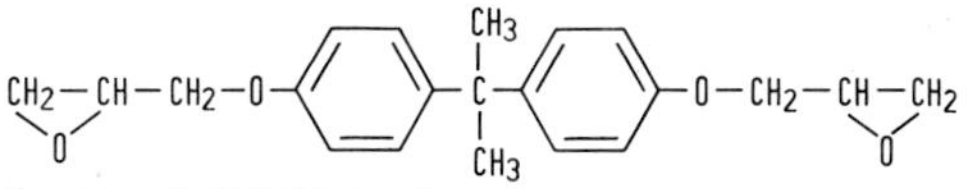

"monomer"-Diglycidether-Formel

Bei geringerem Überschuß an Epichlorhydrin entstehen durch mehrfache Reaktion mit Bisphenol A höhermolekulare, feste, schmelzbare Epoxidharze, die neben den Ether- auch noch Hydroxylgruppen im Molekül enthalten und ebenfalls an den Molekülenden die stark reaktionsfähigen Epoxidgruppen tragen (sog. lineare Diglycid-Polyether):

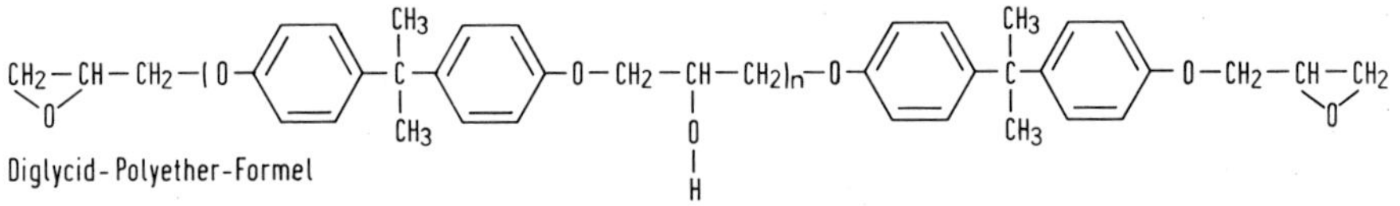

Diglycid-Polyether-Formel

Durch Verwendung anderer Ausgangsstoffe an Stelle von Bisphenol A bzw. Epichlorhydrin können die Eigenschaften der Epoxidharze und der daraus durch Vernetzung hergestellten Epoxid-Kunststoffe verändert werden.
Mit Dicarbonsäuren an Stelle von Bisphenol A kommt man zu Diglycid-esterharzen.
Aus halogenhaltigen Polyphenolen, beispielsweise Tetrabrom- oder Tetrachlor-bisphenol A, und Epichlorhydrin entstehen im Brandverhalten verbesserte EP-Kunststoffe.

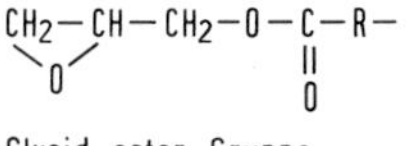

Glycid-ester-Gruppe

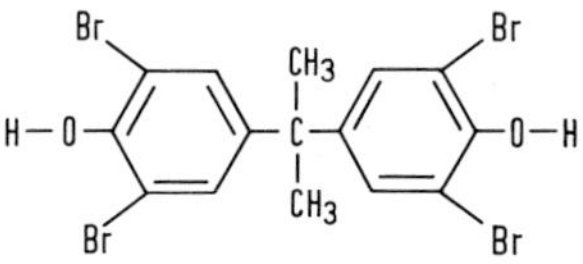

Tetrabrom-bisphenol-A-Formel

Aromatische Amine, beispielsweise Anilin, an Stelle von Bisphenol A reagieren zu niedrigviskosen Epoxyaminen, die als „reaktive Verdünner" den Bisphenol-A-Epoxidharzen zugesetzt werden können.

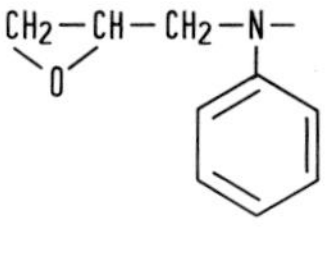

Epoxy-anilin-Gruppe

14) Glycid: 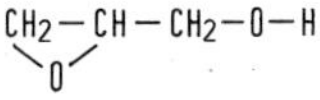 ; Glycidgruppe: 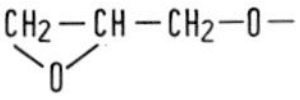

Längerkettige aliphatische, mehrwertige Alkohole, z. B. Butandiol-1,4, führen bei der Reaktion mit Epichlorhydrin zu aliphatischen Epoxidharzen und lassen sich allein oder im Gemisch mit Bisphenol-A-Epoxidharzen zu flexiblen bis gummielastischen Formstoffen vernetzen. Phenol-Formaldehyd-Novolake (s. S. 148) reagieren an den freien phenolischen Hydroxylgruppen mit Epichlorhydrin und ergeben hochvernetzte Epoxide mit erhöhter Formbeständigkeit in der Wärme.

$$H-O-(CH_2)_4-O-H$$

Butandiol-1,4-Formel

Cycloaliphatische Epoxidharze sind Di-Epoxide cycloaliphatischer Verbindungen. Sie enthalten neben aliphatischen kettenförmigen einen oder mehrere gesättigte ringförmige Kohlenwasserstoffreste sowie zwei am aliphatischen Ring oder an der aliphatischen Seitenkette gebundene Epoxidgruppen.
Sie werden durch Reaktion von Epichlorhydrin mit cyclischen Aminen oder Di-carbonsäuren (z. B. Hexahydrophthalsäure) bzw. durch direkte Oxidation cyclischer Olefine (z. B. Di-cyclopentadien) erhalten.
Die aus solchen Verbindungen hergestellten vernetzten Epoxide haben gegenüber Bisphenol-A-Epoxiden erhöhte Formbeständigkeit in der Wärme und verbesserte Witterungsbeständigkeit.

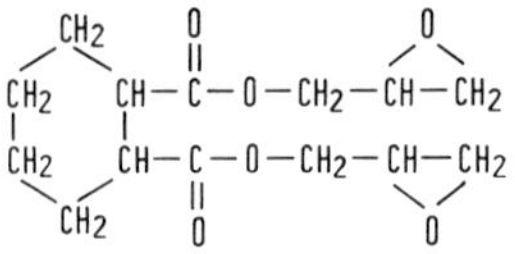

Hexahydrophthalsäure-diglycidester-Formel

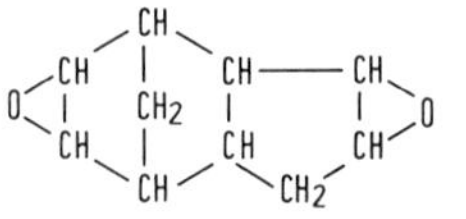

Di-cyclopentadien-dioxid-Formel

Chemie der Aushärtung von EP-Reaktionsharzmassen

Die Epoxidharze sind kettenförmige, unvernetzte zähflüssige oder feste schmelzbare Verbindungen. Sie werden gelegentlich auch als Epoxidharz-Vorprodukte bezeichnet. Sie reagieren mit Verbindungen, die mehrere reaktionsfähige Wasserstoffatome im Molekül enthalten (sog. Vernetzungs- oder Härtungsmittel, z. B. mehrwertige aromatische bzw. aliphatische Amine oder Dicarbonsäuren bzw. -anhydride) unter engmaschiger Vernetzung („Härtung") zu den eigentlichen duroplastischen Epoxid-Kunststoffen aus. Die Epoxidharze werden mit den entsprechenden Härtern versetzt und gegebenenfalls noch mit weiteren Zusatzstoffen zu den EP-Reaktionsharzmassen vermischt. Für Gießharze werden Epoxidharze und Härter getrennt geliefert und erst unmittelbar vor der Formung gemischt.

Da die Härtungsmittel nicht als Katalysatoren oder Initiatoren wirken, sondern als Reaktionspartner in das Makromolekül eingelagert werden, müssen die vorgeschriebenen Mengenverhältnisse von Epoxidharz und Härter genau eingehalten werden. Die Art des verwendeten Härtungsmittels hängt unter anderem vom chemischen Aufbau des Epoxidharzes ab und bestimmt die Härtungstemperatur. So können beispielsweise cycloaliphatische Epoxidharze nur mit Säureanhydriden, wie Phthalsäureanhydrid gehärtet werden.

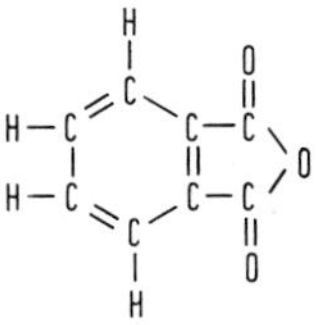

Phthalsäureanhydrid-Formel

$H_2N-(CH_2)_2-NH-(CH_2)_2-NH_2$

Diethylentriamin-Formel

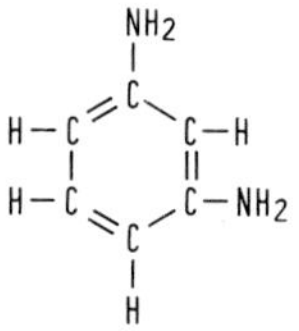

meta-Phenylendiamin-Formel

Eine Kalthärtung wird meist mit mehrwertigen aliphatischen Aminen, wie Diethylentriamin, die Warmhärtung mit Dicarbonsäuren bzw. -anhydriden oder mit mehrwertigen aromatischen Aminen, wie meta-Phenylendiamin, durchgeführt. Diese unterschiedlichen Harz/Härter-Systeme ermöglichen eine Vielzahl weiterer Modifikationen der Eigenschaften von Epoxidharzen bzw. Epoxid-Kunststoffen.

Epoxidharze und Härter reagieren bei normalem Druck und in exothermer Reaktion bereits bei Raumtemperatur (Kalthärtung, z. B. mit aliphatischen Aminen) oder bei erhöhter Temperatur (Warmhärtung, z. B. mit Dicarbonsäureanhydriden, bei über 80 °C, meist 120 bis 160 °C) unter Polyaddition. Je nach verwendetem Harz/Härter-System sind sie spröd-hart, hartgummi-lederartig oder weichgummiartig.

Die Vernetzung der Epoxidharz-Kettenmoleküle, beispielsweise mit dem aliphatischen mehrwertigen Diethylentriamin, durch Polyaddition erfolgt an den Epoxid-Endgruppen:

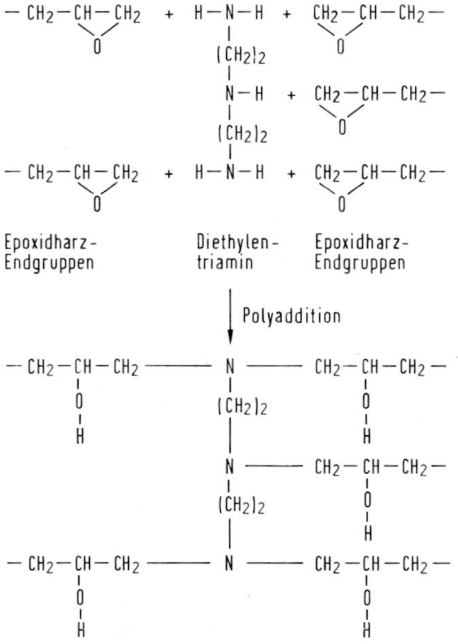

Formelschema zur Vernetzung von Epoxidharzen mit Diethylen-triamin

Die dabei gebildeten oder in den Epoxidharzen bereits vorhandenen Hydroxyl- oder Epoxidgruppen können ebenfalls, beispielsweise mit mehrwertigen Isocyanaten (s. S. 193) oder Dicarbonsäuren, unter Vernetzung weiterreagieren.

Eigenschaften von Epoxid-Formstoffen

Ähnlich den ungesättigten Polyestern hängen die Eigenschaften der Formstoffe aus Epoxiden vom chemischen Aufbau der EP-Harze, von Verstärkungs- bzw. Füllstoff-Zusätzen und vom Verarbeitungsverfahren ab. Insbesondere sind zu unterscheiden die Eigenschaften der Formstoffe aus reinen, d. h. unverstärkten Gießharzen, aus Formmassen (die meist erhebliche Mengen an Füllstoffen enthalten) und aus Laminaten.

Die Festigkeitseigenschaften der Formstoffe aus Formmassen sind niedrig bis mittel, die der unverstärkten Gießharze mittel bis hoch und die von Laminaten sehr hoch, wobei die Werte ähnlicher UP-Erzeugnisse übertroffen werden können. Steifigkeit und Härte sind hoch bis sehr hoch, auch hier übertreffen vergleichbare Produkte aus EP die Werte von UP. Die Kerbschlagzähigkeiten entsprechen den UP-Materialien. Die thermischen Einsatzgrenzen liegen allgemein zwischen etwa +130 und 240 °C Dauertemperatur, Formstoffe aus Formmassen können kurzzeitig meist nur bis etwa +180 °C eingesetzt werden. Die Wärmedehnungen der EP-Erzeugnisse entsprechen etwa denen der UP-Materialien.

Unverstärkte Gießharzteile sind glasklar-durchsichtig, jedoch von gelblichem Farbton. Die undurchsichtigen Form- bzw. Bauteile auf Basis gefüllter bzw. verstärkter EP-Massen lassen sich beliebig einfärben; helle Farbtöne dunkeln jedoch unter Lichteinfluß etwas nach.

EP-Werkstoffe weisen mäßige bis gute elektrische Isoliereigenschaften auf. Die Kriechstromfestigkeiten hängen stark von der Zusammensetzung der EP-Werkstoffe ab.

Allgemein sind EP-Formstoffe beständig gegenüber dem Einfluß von Wasser, verdünnten Säuren und Basen, wäßrigen Salzlösungen, aliphatischen Kohlenwasserstoffen und Treibstoff, Alkoholen, Fetten und Ölen. Sie werden angegriffen durch heißes Wasser (bei Dauereinwirkung), konzentrierte Säuren und Basen, aromatische und Halogen-Kohlenwasserstoffe, Ester und Ketone. Es gibt jedoch Spezial-EP-Harze, die gegenüber der einen oder anderen genannten Stoffklasse auch gute chemische Beständigkeit zeigen. Auch die Brennbarkeit von EP hängt stark von der chemischen Zusammensetzung ab, d.h. teils brennen die EP-Erzeugnisse nach Entzündung weiter, teils lassen sie sich kaum zur Entzündung bringen. Allgemein zeigen die EP gute Witterungsbeständigkeit.

Die besondere Bedeutung der EP ist daraus abzuleiten, daß sie besonders hohe Anforderungen bezüglich Festigkeit und thermischer Beständigkeit sowie Maßgenauigkeit bei der Fertigung und Maßhaltigkeit der Formteile erfüllen.

Verarbeitung von Epoxid-Harzen und -Formmassen

Die Verarbeitungsverfahren ähneln denen der UP-Harze. Formmassen werden durch Spritz- und Schichtpressen oder Spritzgießen, seltener durch Formpressen verarbeitet. Die Gießharze verarbeitet man unverstärkt durch Gießen zu Formteilen oder zum Ein- bzw. Vergießen, Tränken und Imprägnieren vor allem von elektrotechnischen Teilen. Als Füll- bzw. Verstärkungsstoffe für Formmassen und zum Laminieren (vgl. S. 166) werden Gesteinsmehl (besonders Quarzmehl) und Metallpulver (vor allem Aluminiumpulver bzw. -grieß) sowie Matten, Gewebe, Stränge bzw. drahtartige Erzeugnisse auf Basis von Glasfaser, Kohlenstoff- bzw. Graphitfasern oder auch Metallen eingearbeitet.

EP-Pulver-Formmassen werden auch zum Beschichten, z. B. zum elektrostatischen Beschichten von Metallteilen, verwendet.

Verwendung von Epoxid-Formstoffen

Schichtpreßstofftafeln auf Basis von EP-Hartpapier, -Hartgewebe und -Hartmatte, Wickel- und Schleuderrohre, Profile.

Isolieren bzw. Einbetten von elektrischen und elektronischen Bauteilen (z. B. Meßwandler, Kondensatoren, Transformatoren, Dioden, Transistoren, Moduln, Spulen, Wicklungen), Herstellen von Schalterteilen, Hochspannungsisolatoren, Kontaktträgern, Steckverbindungen, Trägermaterial für gedruckte Schaltungen; Werkzeuge (Bild 4.3-3) oder Werkzeugteile für die Kunststoff- und Metallverarbeitung und andere Fertigungsmittel, Meß- und Prüflehren, Kopier- und Arbeitsmodelle, technische Präzisionsteile besonders mit Metalleinlagen, Höchstdruckbehälter; Bauteile für Flugzeuge, Flugkörper und Raumfahrzeuge; Reaktionsklebemörtel für Betonfertigteile und für die Bauwerkssanierung, ferner Beschichtungsmassen für Korrosionsschutz und Industriebodenbeläge.

Angelruten, Hockeyschläger, Trommelstöcke.

Bild 4.3-3:
EP-Werkzeug zur Herstellung von Bootskörpern

Das Wichtigste in Kürze über Epoxid-Kunststoffe

Epoxid-Kunststoffe sind Duroplaste, die ganz überwiegend durch Polyaddition entstehen. Sie sind hochwertige Materialien, besonders in mechanischen und thermischen Eigenschaften, wobei anorganische Verstärkungsstoffe auf Basis von Glas- und Kohlenstoff-Fasern, Gesteins- und Metallpulver wichtige Beiträge leisten. Verarbeitet werden die EP-Harze als Laminier- und Gießharze sowie als Formmassen durch Form-, Spritz- und Schichtpressen sowie Spritzgießen. Schwerpunkte der Anwendung liegen in der Elektrotechnik, im Flugzeug- und Flugkörperbau sowie in der Herstellung von Fertigungsmitteln.

5 Hochtemperaturbeständige Kunststoffe

Die Verbesserung der mechanischen Eigenschaften und die Erhöhung der Temperaturbeständigkeit sind wichtige Ziele bei der Entwicklung neuer Kunststoffe. Seit Anfang der sechziger Jahre waren vor allem die Fortschritte in der Flugzeug-, Flugkörper- und Raumfahrttechnik Anlaß für intensive Entwicklungsarbeiten auf dem Gebiet der hochtemperaturbeständigen Kunststoffe.

Eine Erhöhung der Formbeständigkeit in der Wärme und der chemischen Wärmebeständigkeit, insbesondere gegen oxidativen Abbau, ist bei herkömmlichen Kunststoffen in begrenztem Maße möglich durch Verwendung von Verstärkungsstoffen, besonders Glasfasern, und durch Zusatz von Stabilisatoren. Daneben führt ein hoher Polymerisationsgrad zur Erhöhung der Festigkeit in der Wärme (s. z. B. PE im Vergleich zu UHMWPE, S. 44).

Bis zu einer Dauergebrauchstemperatur von etwa 130 °C wird die Temperaturbeständigkeit thermoplastischer Kunststoffe durch Einbau aromatischer (Benzol-) Kettenglieder in die Makromoleküle erhöht. Beispiele solcher technischer Thermoplaste sind Polycarbonat (S. 109), die Polyalkylenterephthalate (S. 114) und Polyphenylenoxid (S. 100). Entsprechend aufgebaute, verstärkte und mit besonderen Zusatzstoffen versehene Duroplaste, z. B. Phenol-Formaldehyd (S. 145), haben Einsatzgrenzen bei etwa 150 °C. Die Einführung von Fluor als Seitengruppe (s. Fluorkunststoffe) erhöht die Temperaturbeständigkeit noch mehr, führt jedoch zu Kunststoffen mit weniger hoher Festigkeit, Steifigkeit und Härte.

Hochtemperaturbeständige aromatische Polymere, die dauernd bei Temperaturen von 175 °C, teilweise bis zu 260 °C eingesetzt werden können, erhält man durch lineare Verknüpfung von Benzol- oder Diphenylgliedern über Sauerstoff- bzw. Sulfon-Brücken (beide in den Polysulfonen) oder über Schwefel-Brücken (in Polyphenylsulfid, PPS).

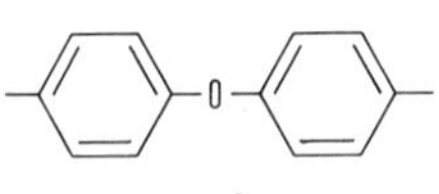
Diphenylether - Gruppe

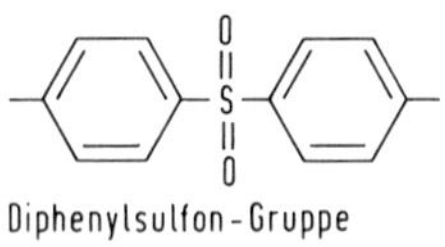
Diphenylsulfon - Gruppe

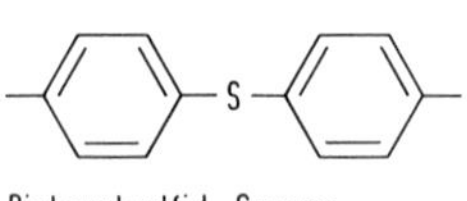
Diphenylsulfid - Gruppe

Diese Kunststoffe mit sehr steifen aromatischen Kettengliedern schmelzen, wenn überhaupt, meist erst bei sehr hohen Temperaturen und sind daher schwierig zu verarbeiten.

Die Polyimide (PI) werden dagegen über thermoplastische, lösliche und schmelzbare Zwischenstufen (Pre-Polymere) hergestellt und sind dadurch leichter zu verarbeiten. Die aus aromatischen Säureanhydriden mit aromatischen Aminen oder Aminalkoholen bzw. Diphenolen hergestellten Zwischenprodukte werden anschließend unter Bildung heterocyclischer[1)] Ringe zu den eigentlichen Polyimiden, den Polyamid-imiden bzw. den Poly-

1) heteros (gr.), anderer; kyklos (gr.), Kreis, Ring; ringförmige Verbindungen, die neben C- auch noch andere Atome im Ring tragen.

ester-imiden polykondensiert. Die stickstoffhaltigen ringförmigen Gruppen tragen erheblich zur Temperaturbeständigkeit der Polymeren bei.

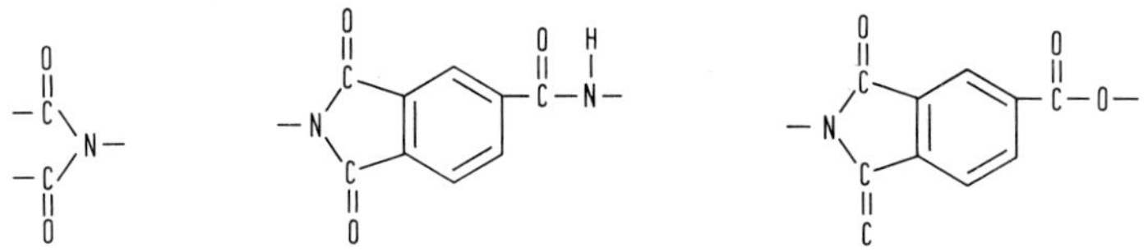

Imid-Gruppe Amid-imid-Gruppe Ester-imid-Gruppe

Geschichtliches

Die Polyimide (PI) sind die ältesten und bekanntesten hochtemperaturbeständigen Kunststoffe. 1953 wurden DuPont (s. S. 87) in den USA die ersten Patente für die Herstellung von Polyimid aus Pyromellithsäure mit aliphatischen und 1959 mit aromatischen Diaminen erteilt. 1963 kamen hochwärmebeständige Lacke und Folien aus diesem Kunststoff auf den amerikanischen Markt. Es folgten PI-Präzisionsteile, die nach den Methoden der Pulver-Sintertechnik geformt wurden. Seit 1965 werden auch Polyimid-Schichtpreßstoffe angeboten.

Ebenfalls seit Mitte der sechziger Jahre sind die Polyesterimide der General Electric (S. 109) und die Polyamidimide der Amoco[2)] im Handel. Ein wichtiger Schritt war 1969 die Entwicklung des Poly-bis-maleinimids durch die Rhône-Poulenc[3)]. Dieses duromere Polyimid wird über ein thermoplastisches Vorprodukt durch Polymerisation hergestellt und kann durch Spritzgießen oder Extrudieren geformt werden.

Die Polyimide, die zunächst überwiegend in der Luft- und Raumfahrt sowie der Wehrtechnik Verwendung fanden, sind seit Anfang der siebziger Jahre wegen ihres inzwischen stark gesunkenen Preises auch der allgemeinen Technik zugänglich. Sie stehen heute unter den am Markt befindlichen hochtemperaturbeständigen Kunststoffen an erster Stelle.

Die Polysulfone sind in Form von drei Modifikationen unterschiedlicher chemischer Zusammensetzung im Handel. 1965 lief die großtechnische Produktion von Polysulfon (PSU) bei der UCC[4)] an, 1971 brachte die 3M[5)] das Polyarylsulfon (PAS) auf den Markt und seit 1972 wird das Polyethersulfon (PES) von der ICI (s. S. 38) hergestellt.

Polyphenylensulfid (PPS) wurde 1968 von der Phillips Co.[6)] in den USA entwickelt und wird seit 1973 produziert.

5.1 Polyimide (PI)

Der Weg zu den Polyimiden

Polyimide können durch Polykondensation oder Polymerisation bzw. Polyaddition hergestellt werden.

2) Amoco Chemical Corp., Chikago (USA).
3) Rhône-Poulenc-Polymères, Paris (Frankreich).
4) Union Carbide Plastics Corp., New York (USA).
5) Minnesota Mining & Mfg. Co., St. Paul, Minn. (USA).
6) Phillips Chemical Corp., Bartlesville, Okla. (USA).

Besonders hochschmelzende und oxidationsbeständige Polyimide entstehen in einem Zweistufenverfahren durch Lösungs-Polykondensation von Pyromellithsäure-di-anhydrid[7)] mit zweiwertigen aromatischen Aminen, z. B. 4,4'-Diamino-diphenylether oder Benzidin.

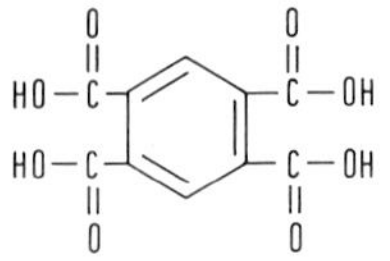

Pyromellithsäure-Formel

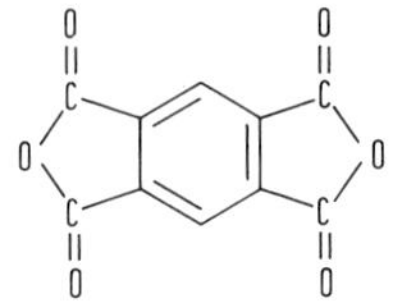

Pyromellithsäure-di-anhydrid-Formel

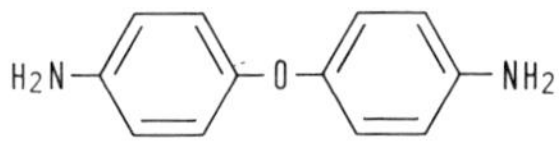

4,4'-Diamino-diphenylether-Formel

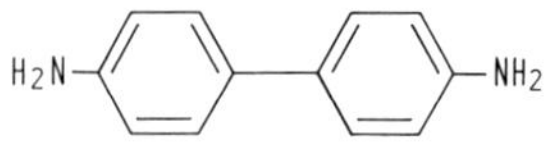

Benzidin-Formel

In der ersten Stufe wird aus den beiden Komponenten bei 20 bis 40 °C in einem polaren Lösungsmittel ein noch lösliches Vorprodukt mit freien Carboxylgruppen hergestellt (Poly-amid-carbonsäure als Prepolymeres). Die Lösungen werden zu Lacken bzw. Filmen und Folien oder durch Sprühtrocknung zu Pulver weiterverarbeitet. In dieser zweiten Stufe bildet sich der Kunststoff bei allmählichem Erwärmen bis 300 °C durch Polykondensation unter Ringschluß (cyclisierende Polykondensation) und Abspaltung von Wasser.

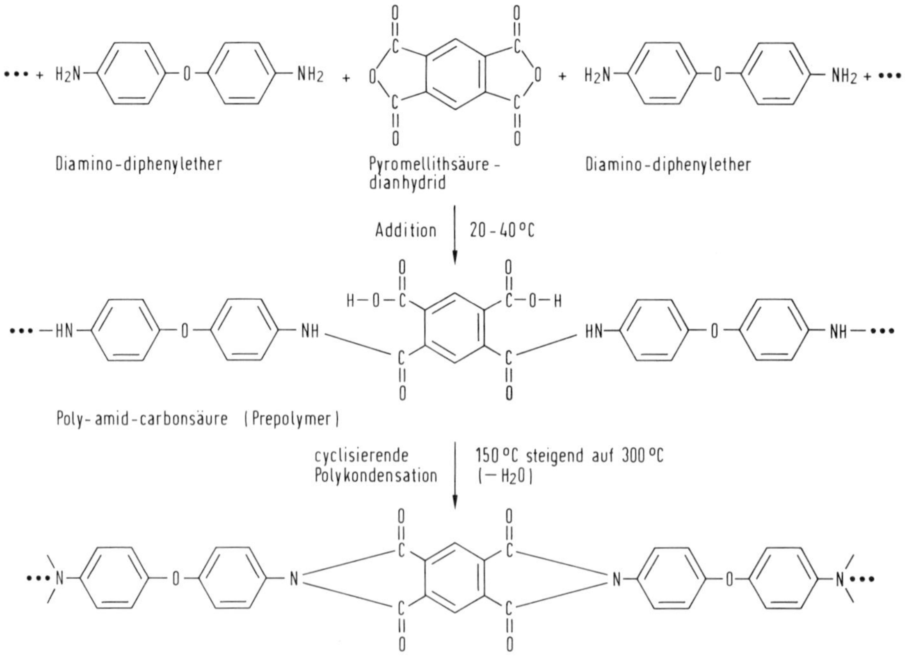

Herstellungs- und Formelschema des Polyimid-Makromoleküls

7) entsteht durch Wasserabspaltung aus Pyromellithsäure, chem. Bezeichnung auch: Benzol-tetracarbonsäure.

Diese Polyimide werden wegen Herstellungsschwierigkeiten im allgemeinen bereits vom Kunststoff-Hersteller zu Folien, Halbzeug oder einer begrenzten Auswahl an Formteilen weiterverarbeitet.

Die Polyimid-Makromoleküle sind kettenförmig, also unvernetzt aufgebaut. Wegen ihres hohen Gehalts an ringförmigen, überwiegend aromatischen Kettengliedern und ziemlich hoher relativer Molekülmasse sind diese Polyimide jedoch unschmelzbar und unlöslich.

Die Verarbeitungseigenschaften der Polyimide können durch Verwendung anderer Ausgangsstoffe so verbessert werden, daß sie als Formmassen verarbeitbar sind („thermoplastische Polyimide").

Ebenfalls verarbeitungstechnisch einfacher zu handhaben sind Polyesterimide und Polyamidimide. Diese modifizierten Polyimide werden durch Lösungs-Polykondensation von Trimellithsäure-anhydrid über Zwischenstufen erhalten.

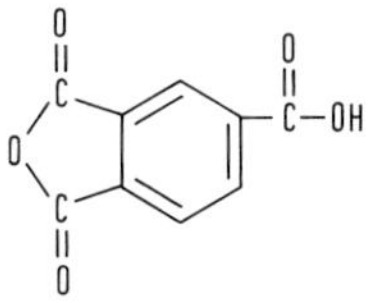

Trimellithsäure-anhydrid-Formel

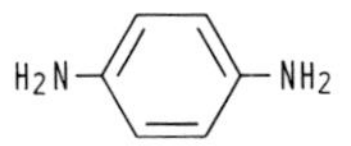

Diamin-Formel, aromatisch (Formel-Beispiel: p-Phenylendiamin)

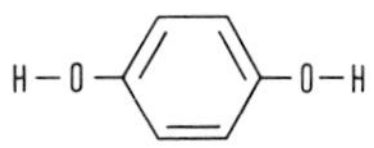

Diphenol-Formel (Formel-Beispiel: Hydrochinon)

Für die Polyamidimide werden aromatische Diamine und für die Polyesterimide Diphenole bzw. deren Ester und aromatische Diamine als Reaktionspartner verwendet.

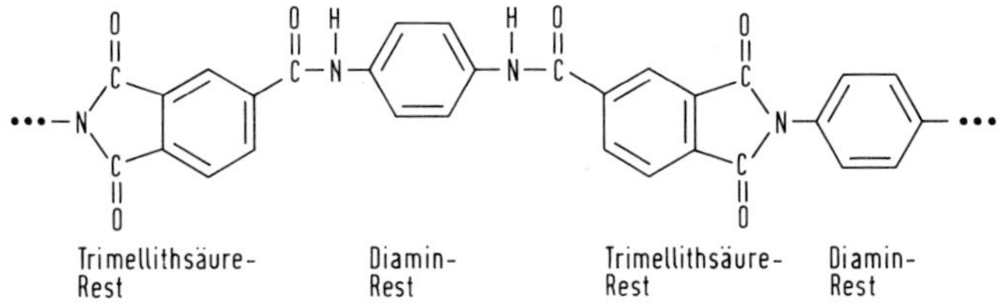

Formelschema eines Polyamid-imid-Makromoleküls

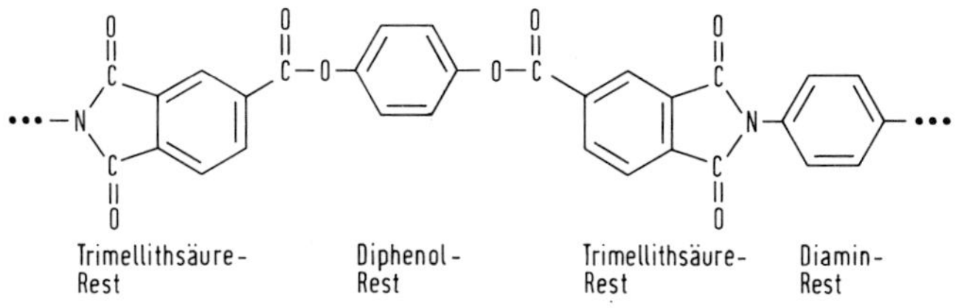

Formelschema eines Polyester-imid-Makromoleküls

Die schmelzbaren und löslichen prepolymeren Zwischenstufen sind als Formmassen im Handel. Die ausreagierten Kunststoffe sind je nach Wahl der Ausgangsstoffe und Reaktionsbedingungen unvernetzt oder vernetzt, in jedem Falle jedoch unschmelzbar und unlöslich.

Polyimide, die in letzter Stufe durch Polymerisation oder Polyaddition gebildet werden, bereiten die geringsten Verarbeitungsschwierigkeiten. Ihre Vorprodukte sind wie die klassischen Duroplaste formbar. Diese ausreagierten Kunststoffe sind stets vernetzt. Ein Beispiel für solche Polyimide ist das Poly-bis-malein-imid.

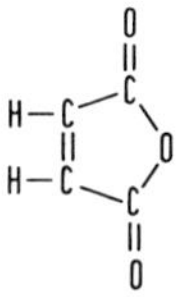

Maleinsäure-anhydrid-Formel

Aus Maleinsäure-anhydrid und aromatischen Diaminen wird zunächst unter Kondensation und Wasserabspaltung ein ungesättigtes niedermolekulares „monomeres Imid", das Bis-malein-imid, hergestellt. Dieses kann durch Polymerisation bei 220 bis 250 °C unter Öffnung der C-C-Doppelbindung über thermoplastische Zwischenstufen zum engmaschig vernetzten duromeren Poly-bis-malein-imid umgesetzt werden:

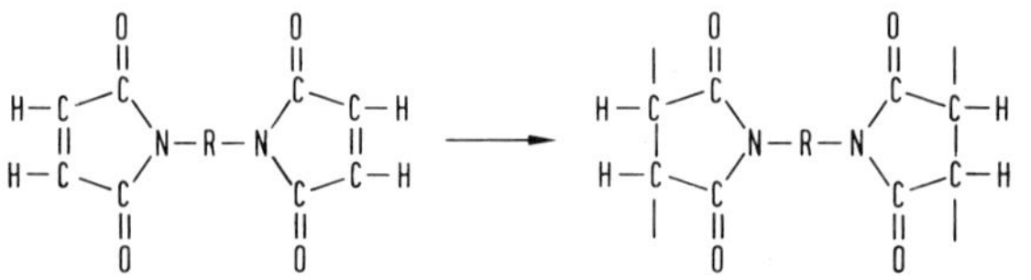

Bis-malein-imid Poly-bis-malein-imid-Makromolekül

Eigenschaften der Polyimid-Formstoffe

Polyimide weisen hohe Festigkeit und sehr hohe Steifigkeit auf; über 150 °C sind sie sogar fester als Aluminiumlegierungen. Sie besitzen geringe Kerbschlagzähigkeit und gutes Verschleiß- und Gleitverhalten.

Ihr Einsatzbereich reicht von −240 bis +260 °C Dauertemperatur, kurzfristig bis 400 °C, in manchen Fällen sogar bis +650 °C. Ab 800 °C tritt Verkohlung ein. Sie zeigen eine kleine Wärmedehnung.

Ihr Aussehen ist bernsteinfarben, dunkelbraun oder schwarz. Folien sind glasklar durchsichtig und gelbbraun, dickwandige Teile und Halbzeug sind durch Zusatzstoffe undurchsichtig.

Polyimide besitzen gute, zum Teil sehr gute elektrische Isoliereigenschaften.

Sie sind beständig gegen verdünnte Säuren, organische Lösungsmittel, Treibstoffe, Fette und Öle. Nicht beständig erweisen sie sich gegenüber konzentrierten Säuren, Basen und Aminen, Heißwasser und Wasserdampf. Sie zeigen mittlere Wasseraufnahmewerte, gute Spannungsrißbeständigkeit (außer in Basen), schlechte Witterungsbeständigkeit und brennen nach Zündung nicht von selbst weiter.

Verarbeitung der Polyimid-Formmassen

Ursprünglich wurden sie nur nach den Methoden der Pulversintertechnik geformt. Es sind aber jetzt Formmassen ähnlich denen für die Herstellung von Duroplasten erhältlich für Form-, Spritz- und Schichtpressen sowie Spritzgießen, Extrudieren und Beschichten. Polyimid läßt sich kleben und spanen. Das Material wird häufig unter Zusatz von Glas- oder Kohlenstoff-Fasermaterialien, von Graphit, Mineralien (Asbest, Glimmer), Molybdändisulfid oder auch PTFE verarbeitet.

Verwendung der Polyimid-Formstoffe

Folien, beschichtete Gewebe, Schichtpreßstoff-Tafeln. Radome (elektrisch durchlässige Abschirmungen) für Flugzeuge und Geschosse, Isolierfolien, elektronische Verbindungselemente, Spulenkörper, Kabel- und Drahtummantelungen, Basismaterial für gedruckte Schaltungen; Kolbenringe, Ventilsitze, Lager (Bild 5.1-1), Rollen, Gleit- und Führungsschienen, Strahltriebwerks- und Kompressor-Teile, Dichtungen; Laufräder für Flugzeuge, Flugzeugteile (Sandwichkonstruktionen mit Titanlegierungen), Bremsbeläge; Isolierungen der Raumfahrzeuge und der Astronauten-Raumanzüge gegen Strahlungs-, Wärme- bzw. Kälteeinwirkung.

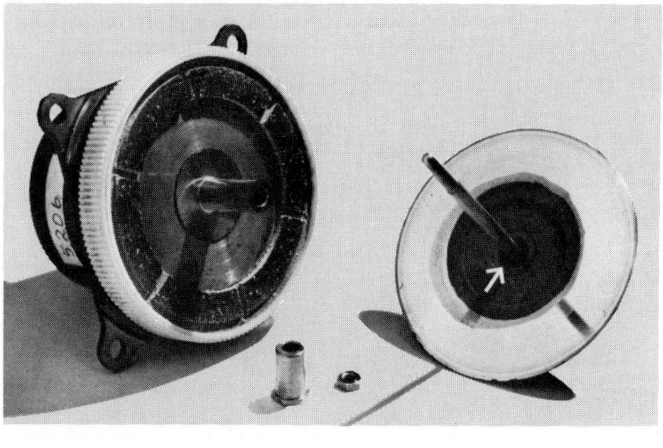

Bild 5.1-1:
Wartungsfreie Lager aus PI für Bordradar (Betriebstemperatur 110°C)

Das Wichtigste in Kürze über Polyimide

Unvernetzte und vernetzte Polyimide werden durch Polykondensation, Polymerisation oder auch Polyaddition hergestellt. Sie enthalten N-haltige Ringsysteme und sind amorph und polar. Sie haben sehr gute Festigkeitseigenschaften und einen besonders breiten Temperatureinsatzbereich vor allem zu höheren Temperaturen bis etwa 650 °C. Ihre wichtigsten Anwendungen liegen auf den Gebieten der Elektrotechnik und Elektronik bei höheren Einsatztemperaturen, in der Flugzeug-, Flugkörper- und Raumfahrttechnik.

5.2 Polysulfone

Der Weg zu den Polysulfonen

Polysulfone sind in verschiedenen Modifikationen auf dem Markt. Sie werden durch

Lösungs-Polykondensation von aromatischen Chlorsulfonen mit Diphenolen oder von Sulfonsäurechloriden (Sulfochloriden) hergestellt.

Polysulfon (PSU) entsteht in mehrstufiger Reaktion aus Bisphenol A (s. S. 109) und 4,4'-Dichlor-diphenylsulfon bei 150 bis 230 °C:

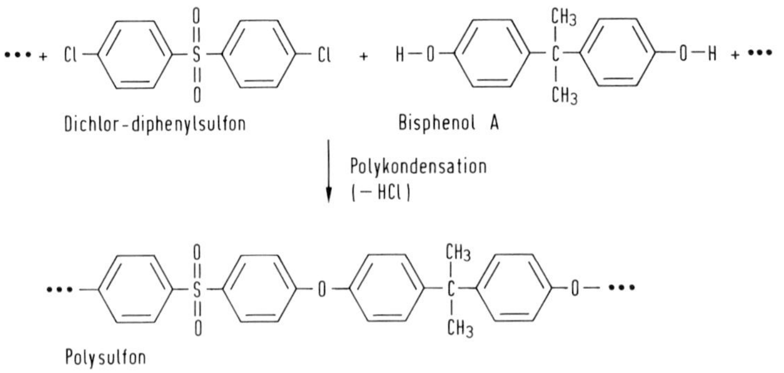

Polyarylsulfon (PAS) kann durch Polykondensation von Diphenylether-sulfochlorid und Diphenyl-sulfochlorid hergestellt werden:

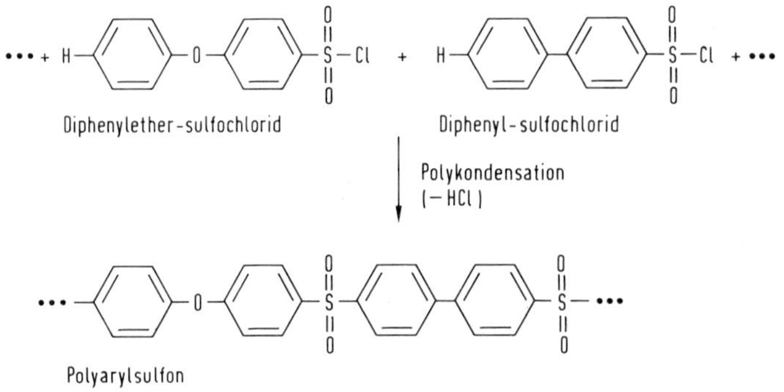

Polyethersulfon (PES) entsteht durch Chlorwasserstoffabspaltung aus jeweils zwei Diphenylether-sulfochlorid-Molekülen:

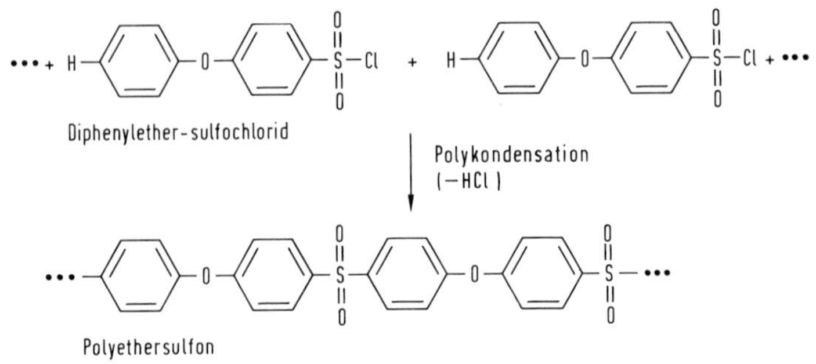

Die drei Polysulfone sind amorphe Thermoplaste. Die gemeinsame, stark polare Diphenylsulfongruppe 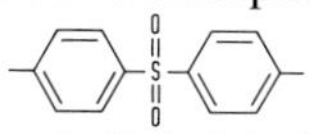 verleiht ihnen hohe Festigkeit, auch in der Wärme. Die Temperaturbeständigkeit ist bei PSU wegen der zahlreichen aliphatischen und Ether-Zwischenglieder am niedrigsten. PAS hat wegen der kleinsten Zahl an Ether-Brücken die höchste Temperaturbeständigkeit, erfordert jedoch Verarbeitungstemperaturen über 400 °C.

Eigenschaften von Polysulfonen

Die Eigenschaften dieser amorphen, polaren Kunststoffe: Polysulfone (PSU), Polyether- (PES) und Polyarylsulfone (PAS), die sich im wesentlichen in ihren Temperatureinsatzgrenzen unterscheiden, sind folgende:

Hohe Festigkeit und Steifigkeit, gute Schlagzähigkeit aber mittlere bis geringe Kerbschlagzähigkeit.

Die Einsatzgrenzen in der Kälte liegen für alle Polysulfone bei etwa −70 bis −100 °C. Die Dauertemperaturbeständigkeiten bei +150 °C für PSU, bei 200 °C für PES, bei 260 °C für PAS; Kurzzeitwerte bei 200 °C für PSU, bei 260 °C für PES, bei 300 °C für PAS. Die Wärmedehnzahlen sind klein.

Die Polysulfone sind glasklar bis durchsichtig und weisen schwachgelbe bis Bernstein-Farbe auf.

Sie besitzen gute (PSU) bis mäßige (PES, PAS) elektrische Isoliereigenschaften und mäßige Kriechstromfestigkeit.

Sie sind beständig gegenüber Säuren und Basen, Alkoholen, Fetten, Ölen sowie teilweise (PES, PAS) gegenüber aliphatischen Kohlenwasserstoffen und Treibstoff. Sie werden angegriffen von Heißwasser (bei Dauereinwirkung), aromatischen und Halogen-Kohlenwasserstoffen, Estern, Ketonen; PES wird von konzentrierter Schwefelsäure und Salpetersäure angegriffen. Sie besitzen mittlere bis hohe Wasseraufnahme, Neigung zur Spannungsrißbildung und gute Witterungsbeständigkeit, wobei PES allerdings im Freien vergilbt und an Festigkeit einbüßt. Nach Zündung brennen Polysulfone nicht weiter.

Ihre Preise nehmen stark in der Reihenfolge PSU, PES, PAS zu.

Verarbeitung und Anwendung von Polysulfonen

Die Verarbeitung erfolgt nach den üblichen Verfahren für Thermoplaste, wie Spritzgießen, Extrudieren, Blasformen, Thermoformen, Schweißen, Kleben, Spanen. Folien sind auch durch Gießen herstellbar. PSU ist verträglich, d.h. mischbar, mit PC. Alle Polysulfone werden häufig mit Glas- oder Kohlenstoff-Fasermaterial verstärkt.

Verwendungen sind: Kontaktträger, Spulenkörper, Klemmleisten, Mikroschalter, Bauteile für Fernsehgeräte, Kohlebürstenhalter, elektrische Isolier- und Kondensatorfolien, Basismaterial für gedruckte Schaltungen; Gehäuse und Teile für Projektoren, Haartrockner, Ventilatoren, Zündverteiler, Bügeleisen- und Kochtopfgriffe, Meerwasserentsalzungsfolien; Kfz.- und Flugzeugbauteile; sterilisierbare Lebensmittelverpackungen; Heißwasserzähler; thermisch beanspruchte Bauteile an Haushaltmaschinen (z.B. Kochherde, Kaffeemaschinen, Bügelgeräte).

Heißsterilisierbare medizinisch-technische Teile, wie Atemfilter, Medizinflaschen, Entkeimungsgeräte (z.B. für Kontaktlinsen), zahntechnische Geräte.

5.3 Polyphenylensulfid (PPS)

Der Weg zu Polyphenylensulfid

Polyphenylensulfid wird durch Polykondensation des Natriumsalzes von para-Chlor-thio-phenol[8] oder von para-Dichlorbenzol mit Natriumsulfid in polaren organischen Lösungsmitteln hergestellt:

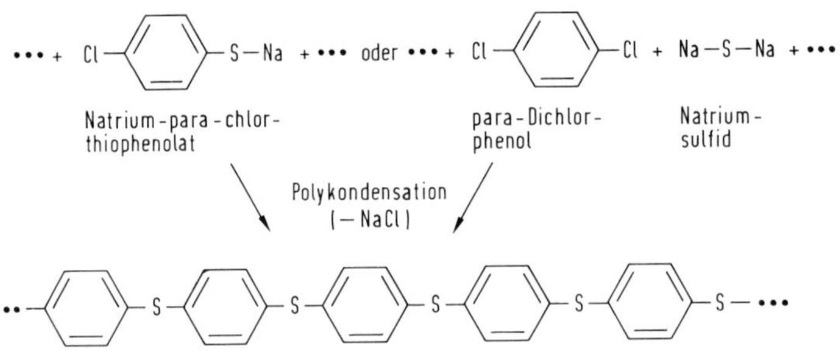

Herstellungs- und Formelschema des Polyphenylensulfid-Makromoleküls

Polyphenylensulfid ist ein linearer, hochkristalliner, unpolarer Thermoplast mit hoher Schmelzviskosität, der im Zuge der Verarbeitung chemisch oder thermisch vernetzt werden kann. PPS wird in Form eines feinkörnigen Pulvers, meist mit Glasfaserzusätzen, an den Weiterverarbeiter geliefert.

Eigenschaften von Polyphenylensulfid

Die Eigenschaften hängen wesentlich davon ab, ob und in welchem Umfang PPS vernetzt und mit Glasfasermaterial verstärkt ist. Insgesamt besitzen die PPS-Werkstoffe sehr hohe Festigkeit und Steifigkeit, aber geringe Kerbschlagzähigkeit (Abhilfe: GF-Zusatz) sowie gute Gleiteigenschaften.

Sie können bis etwa 230 °C Dauertemperatur eingesetzt werden, kurzzeitig bis 300 °C. PPS besitzt eine kleine Wärmedehnung. Das Material ist schwarzbraun und undurchsichtig.

Die elektrischen Isoliereigenschaften sind gut bis sehr gut, besonders bei höheren Temperaturen.

Chemische Beständigkeit liegt vor gegenüber verdünnten Säuren sowie konzentrierter Salzsäure und Schwefelsäure, verdünnten und konzentrierten Basen, aliphatischen, aromatischen und halogenierten Kohlenwasserstoffen, Ketonen, Alkoholen und Fetten. Unbeständig ist PPS gegenüber konzentrierter Salpetersäure, Chlorsulfonsäure sowie Ölen. Seine Feuchteaufnahme ist gering. Nach Entzünden brennt PPS nicht weiter.

Die Bedeutung von PPS, das etwa so teuer ist wie PTFE, liegt in der Verwendung auf den Gebieten Elektrotechnik, Elektronik und Chemiebau bei höheren Temperaturen.

Verarbeitung und Anwendung von Polyphenylensulfid

Die Verarbeitung erfolgt durch Spritzgießen, Pressen und Beschichten mittels der Pulver-

8) Salze der Phenole oder Thiophenole: Phenolate bzw. Thiophenolate; theion (gr.), Schwefel.

sintertechnik, wobei häufig mit Glas-, Asbest- oder Kohlenstoff-Faser- oder auch Eisenoxid-Zusätzen gearbeitet wird.

Anwendungen als: Spulenkörper, Kontakt-Träger und -Einbettungen, Gehäuse für integrierte Schaltkreise, Bürstenhalter, Bauteile für Fernsehgeräte und andere Elektrogeräte; Pumpengehäuse und -rotoren für heiße Chemikalien, Laufräder, Ventilkugeln, Lagerbuchsen.

6 Kunststoff-Schaumstoffe

6.1 Allgemeines über Herstellung und Eigenschaften

Das Prinzip der Herstellung von Kunststoff-Schaumstoffen basiert auf drei Arbeitsstufen: 1. Man benötigt zuerst einen flüssigen, geschmolzenen oder plastisch-fließfähigen Ausgangsstoff. Beim Schäumen von Thermoplasten erwärmt man, bis der thermoplastische Zustand (z. B. in Spritzgießmaschinen oder Extrudern) erreicht ist. Zur Herstellung von Duromer-Schaumstoffen geht man von flüssigen niedermolekularen Vorstufen aus. 2. In den flüssigen Stoffzuständen werden Gasblasen durch Zufuhr von Gas oder eines sog. Treibmittels (s. u.) erzeugt („Begasung"). 3. Der so gebildete flüssige Schaumzustand wird durch Abkühlung bzw. bei Duromer-Schäumen durch Vernetzen und ggf. Abkühlung verfestigt.

Grundsätzlich sind alle Kunststoffe auch als Schaumstoffe herstellbar. Besonders große Bedeutung haben Schaumstoffe auf Basis von Polystyrol-Kunststoffen und Polyurethanen gewonnen. Weitere ziemlich wichtige Schaumstoffe wurden bereits bei PE, PVC, PF, UF und UP erwähnt.

Zur Begasung werden entweder Gase, wie Druckluft, Stickstoff oder Kohlendioxid, oder Treibmittel verwendet. Bei den Treibmitteln unterscheidet man physikalische von chemischen. Physikalische Treibmittel liefern das erforderliche Gas durch Verdampfung. Diese sind daher niedrig siedende, d.h. leicht verdampfende Flüssigkeiten, z. B. aliphatische Kohlenwasserstoffe („Benzine", Petrolether), Chlor- oder Fluorchlorkohlenwasserstoffe („Frigene"[1]), die bei den Verarbeitungstemperaturen oder durch die Wirkung von Reaktionswärme verdampfen. Chemische Treibmittel liefern infolge von chemischen Reaktionen Gase; sie sind meist Azo-[2] oder Hydrazino-Verbindungen[3], die durch thermische Zersetzung CO_2, CO, N_2 bzw. NH_3 abspalten. Wichtig sind Azodicarbonamid und Derivate. Es wird auch ein dem Backpulver entsprechendes Gemisch aus Citronensäure und Natriumhydrogencarbonat ($NaHCO_3$) verwendet, das bei Verarbeitungstemperatur hauptsächlich CO_2 liefert. CO_2 bildet sich auch durch Reaktion von Isocyanaten und Wasser (vgl. S. 192), was bei der Herstellung von Polyurethan-Schaumstoffen zur Schaumbildung ausgenutzt wird.

```
                                    CH2—COOH
                                     |
                                HO—C—COOH
                                     |
H2N—CO—N=N—CO—NH2                   CH2—COOH
```

Formel für Azodicarbonamid — Formel für Citronensäure

1) Frigene® oder Freone® sind Fluor-Chlor-Kohlenstoffe. Z. B. Frigen 11, $CFCl_3$, Siedepunkt ca. 23 °C bei Normaldruck.

2) Azoverbindungen besitzen die Gruppe -N=N-.

3) Hydrazino-Verbindungen besitzen die Gruppe -NH-NH-.

Zur Herstellung von Formteilen oder Halbzeug aus Kunststoff-Schaumstoffen sind jeweils an den Kunststoff angepaßte Spezialverfahren entwickelt worden; z.B. für PUR-Schaumstoffe das Reaktionsschaumgießen („RSG-Verfahren", s.S. 197). Zur Fertigung von Struktur-Schaumstoffen (vgl. S. 30) aus Thermoplasten werden allgemein das Spritzgießen, das Blasformen von Hohlkörpern und das Extrudieren angewendet. Beim Thermoplast-Schaumspritzgießen (TSG-Verfahren) werden die Formmassen mit chemischen Treibmitteln versetzt und zu dickwandigen biegesteifen Formteilen mit etwa 5 bis 15 mm Wanddicke und Teilegewichten bis 40 kg entweder materialsparend zu technischen Formteilen, Sportgeräten, oder zu Großteilen für Möbel, Gehäuse, Behälter, Paletten, Fahrzeuge verarbeitet. Ähnlich erhält man mit Hohlkörperblasmaschinen (vgl. S. 35) nach dem TSB-Verfahren (TSB: Thermoplast-Schaum-Blasen) Hohlkörper mit dichter Außenhaut und zunehmendem Porengehalt im Materialinneren.

Zur Herstellung von geschäumten Kunststoff-Halbzeugen, besonders Tafeln, Folien und Profilen, nach dem TSE-Verfahren (TSE: Thermoplast-Schaum-Extrusion) werden entweder Formmassen mit zugesetzten physikalischen oder chemischen Treibmitteln verarbeitet, oder ein physikalisches Treibmittel bzw. Gas wird unter Druck durch eine Bohrung im Extrusionszylinder der Plastifizierzone zugeführt.

Die wichtigste Kenneigenschaft von Kunststoff-Schaumstoffen ist ihre Dichte, hier meist Raumgewicht (RG) genannt. Bei den „leichten" Schaumstoffen liegt sie zwischen etwa 10 und 100 kg/m^3, bei den „schweren" zwischen 100 und etwa 1 000 kg/m^3. Vom RG hängen vor allem die physikalischen Eigenschaften, wie Festigkeit, Dämmvermögen für Wärme und Schall und elektrische Werte, ab. Nach ihrem RG und ihren Haupteinsatzgebieten sind die Kunststoff-Hartschaumstoffe in folgende Gruppen einzuteilen:

RG etwa 10 bis 100 kg/m^3: für Wärme/Kälte-Dämmung, Verpackung, Auftriebskörper, Hohlraumausfüllung,

RG etwa 100 bis 200 kg/m^3: als Stützschaumstoffe, z.B. für Sandwichbauteile und im Bauwesen,

RG etwa 100 bis 1 000 kg/m^3: Integral- und Strukturschaumstoffe für Formteile und Teile für Möbel und Bauwesen.

Weiter unterscheidet man die Schaumstoffe nach ihrer Zellen- bzw. Porenstruktur. So können Schaumstoffe offen-, geschlossen- oder gemischt-zellig sein. Bei offenzelligen Schaumstoffen stehen die Zellen untereinander in Verbindung, was für geschlossenzellige nicht zutrifft. In gemischtzelligen Schaumstoffen stehen die Zellen z.T. miteinander in Verbindung und z.T. liegen geschlossene Zellen vor. Die Zellengröße kann mikrozellig (Zellendurchmesser unter 0,5 mm), feinzellig (Zellengröße etwa 1 mm) oder grobzellig (Zellengröße über 2 mm) sein. Nach ihrem mechanischen Verhalten unterscheidet man harte und weich-elastische Schaumstoffe, wobei die harten in zähharte und in sprödharte eingeteilt werden können. Harte Schaumstoffe zeigen bei Belastung nur eine relativ geringe Verformung. Bei genügend großer Druckbeanspruchung bricht bei einem spröd-harten Schaumstoff das Zellengefüge jedoch zusammen, während ein zähharter sich stärker zusammendrücken läßt und nach Entlastung teilweise zurückstellt. Weich-elastische Schaumstoffe haben schaumgummiähnliche Eigenschaften, sie lassen sich leicht zusammendrücken und kehren nach Entlastung wieder in ihre ursprüngliche Gestalt zurück. Die Festigkeit harter Schaumstoffe nimmt annähernd proportional mit dem Porengehalt ab. Dagegen nimmt die Steifigkeit eines Werkstücks mit der dritten Potenz der Wanddicke zu. Geschäumte Formteile sind daher mehrfach steifer als ungeschäumte (kompakte, massive) bei gleichem Gewicht und demselben Kunststoff.

6.2 Polystyrol-Schaumstoffe

Polystyrol-Kunststoffe dienen als Basis für wichtige und weit verbreitete Kunststoff-Schaumstoffe. Die wichtigsten Typen sind:

- Polystyrol-Hartschaumstoff, der nach dem Styropor-Verfahren als sog. Partikelschaumstoff hergestellt wird;
- Polystyrol-Hartschaumstoff, der als Extruder-Schaumstoff (z. B. nach dem Styrofoam-Verfahren) gewonnen wird;
- Polystyrol-Strukturschaumstoffe, die durch Spritzgießen (TSG-Verfahren) oder durch Extrusion (TSE-Verfahren) gefertigt werden.

Man geht dabei überwiegend von PS, SB oder ABS aus, denen entweder bereits bei der Polymerisation (Partikelschaum) oder als Granulat physikalische oder chemische Treibmittel zugesetzt werden. Für die Schaumextrusion wird auch die Begasung im Extruder mit permanenten Gasen[4)] angewendet. Polystyrol-Hartschaumstoffe werden auch als „expandiertes Polystyrol" (EPS) bezeichnet.

Polystyrol-Hartschaumstoff, Partikel-Schaumstoff

Eigenschaften

Dieser Schaumstoff auf Basis von PS oder SAN ist zähfest und geschlossenzellig mit Raumgewichten (RG) von 10 bis 35 kg/m^3, Folien und nachverdichtete Erzeugnisse bis 80 kg/m^3. Maximale Gebrauchstemperatur (Dauertemperatur) 75 °C, kurzfristig bis 100 °C. Der Schaumstoff ist weiß und der mengenmäßig wichtigste Kunststoff-Schaumstoff mit Anwendungsschwerpunkten für Wärme- und (nach Elastifizierung) Trittschalldämpfung sowie Verpackung.

Herstellung und Verarbeitung von Polystyrol-Partikelschaumstoff

Das Herstellungsverfahren verläuft in zwei Stufen: 1. Vorschäumen (Dampf bei 100 °C) von grießartigem Granulat, das als physikalisches Treibmittel Petrolether enthält, zu „Ballons" (mehrere Millimeter dicke kuglige Schaumpartikel) und Zwischenlagern. 2. Ausschäumen in Werkzeugen (bei 110 - 120 °C mit Dampf bei 0,5 bis 1,3 bar oder in Gegenwart von Wasser durch Hochfrequenzerwärmung) unter Verschweißen der Ballons zu Blöcken oder Formteilen. Weiterbearbeitung der Blöcke durch Schneiden mit Heißdrahtgeräten oder Schälen mit Messern zu Platten oder Folien.

Verwendung von Polystyrol-Partikelschaum

Wärmedämmplatten und -rohre, Trittschalldämmplatten, EPS-Leichtbeton, als Porenbildner in Leichtziegeln, Leichtschalkörper (Bild 6.2-1); Wärmedämmung von Thermosfahrzeugen, in Kühlschränken und -truhen; stoßfeste Leichtverpackungen für Werkzeuge, Möbel, feinwerktechnische und optische Geräte (wie Fotoapparate, Mikroskope). Zur Verbesserung landwirtschaftlich genutzter Böden („Styromull"®).

4) permanens (lat.), dauernd, bleibend. Permanente Gase bleiben bei Raumtemperatur auch trotz hoher Druckanwendung gasförmig und lassen sich ohne starke Abkühlung nicht verflüssigen.

Bild 6.2-1:
Leichtschalkörper aus Polystyrol-Partikelschaum

Polystyrol-Hartschaumstoff, Extruder-Schaumstoff

Eigenschaften

Dieser Schaumstoff auf Basis von PS hat ähnliche Eigenschaften wie Partikel-Schaumstoff. Es fehlt jedoch die Partikelstruktur, z. T. besitzt Extruder-Schaumstoff eine Schäumhaut. Er hat RG von etwa 30 bis 40 kg/m^3, ist höher druckbelastbar, nimmt etwas weniger Feuchte auf und hat geringere Wasserdampfdurchlässigkeit als Partikelschaum. Verpackungsfolien haben RG von ca. 100 kg/m^3.

Herstellung und Verarbeitung von Polystyrol-Extruder-Schaumstoff

Polystyrol wird entweder mit physikalischen Treibmitteln (Frigen® oder Methylchlorid) versetzt und extrudiert oder das Treibmittel wird unter Überdruck durch eine Bohrung im Extruderzylinder der Plastifizierzone zugeführt. Beim Durchtritt der Schmelze durch das Extrusionswerkzeug schäumt sie infolge Druckentlastung auf. Je nach Werkzeug bzw. Maschinenausrüstung (Blasformmaschine anstelle Extruder) erhält man Schaumstoff-Blöcke, -Platten, -Profile, -Folien oder geblasene Hohlkörper. Weiterverarbeitung der Folien durch Thermoformen.

Verwendung von Polystyrol-Extruder-Schaumstoff

Schwerpunkte: Wärmedämmplatten und -bahnen für Dächer, Böden und Wände, Kühl- (Bild 6.2-2) und Lagerhaus-, Gleis-, Straßenbau, Wintersportanlagen. Ferner aus Schaumstoff-Folien Eierverpackungen, Einweggeschirr.

Polystyrol-Strukturschaumstoff

Eigenschaften

Im Vergleich zu den kompakten Polystyrol-Kunststoffen sind die Strukturschaumstoffe bei gleichem Gewicht dickwandiger und daher biegesteifer. Nachteil: Ihre Oberfläche muß in vielen Fällen nachbearbeitet werden. Sie besitzen eine dichte (d.h. nicht geschäumte) rauhe, etwas gemaserte Außenhaut und nur im Inneren überwiegend geschlos-

Bild 6.2-2: Selbsttragende Kühlhauswände aus Polystyrol-Extruderschaum

senporige Struktur. Ihre Rohdichten liegen etwa zwischen 400 und 900 kg/m^3. Sie zeigen holzartiges, z.T. auch sprödhartes Verhalten. Ihre akustischen Eigenschaften ähneln denen von Holz. Maximale Gebrauchstemperatur (Dauertemperatur) 80 °C, kurzfristig bis 100 °C. Der Schaumstoff ist weiß; wegen seines holzähnlichen Charakters wird er häufig holzartig eingefärbt.

Herstellung und Verarbeitung von Polystyrol-Strukturschaumstoff

TSG-Verfahren: Überwiegend SB- oder ABS-Formmassen werden mit chemischen Treibmitteln versetzt und mit Sonder-Spritzgießmaschinen zu Formteilen verarbeitet. Wenn der holzartige Oberflächencharakter nicht erwünscht ist, muß geschliffen, grundiert und lackiert werden.

TSE-Verfahren: Analog TSG-Verfahren mittels Extruder zur Herstellung von Profil- oder Tafelmaterial.

Polystyrol-Strukturschaumstoffe werden auch glas- oder kohlenstoff-faserverstärkt angewendet.

Verwendung von Polystyrol-Strukturschaumstoff

Platten, Bau- und Möbelprofile.

Büromaschinengehäuse und -koffer; Paletten, Transport- und andere Behälter; Wärmedämmplatten für Dächer, Kühlhäuser, Straßenbau und Wintersportanlagen.

Büromöbel, technische Möbel (für Rechen-, Fernschreibanlagen u.ä.), Kleinmöbel, Schubkästen, Stuhlsitze, Tonmöbel; Sportgeräte.

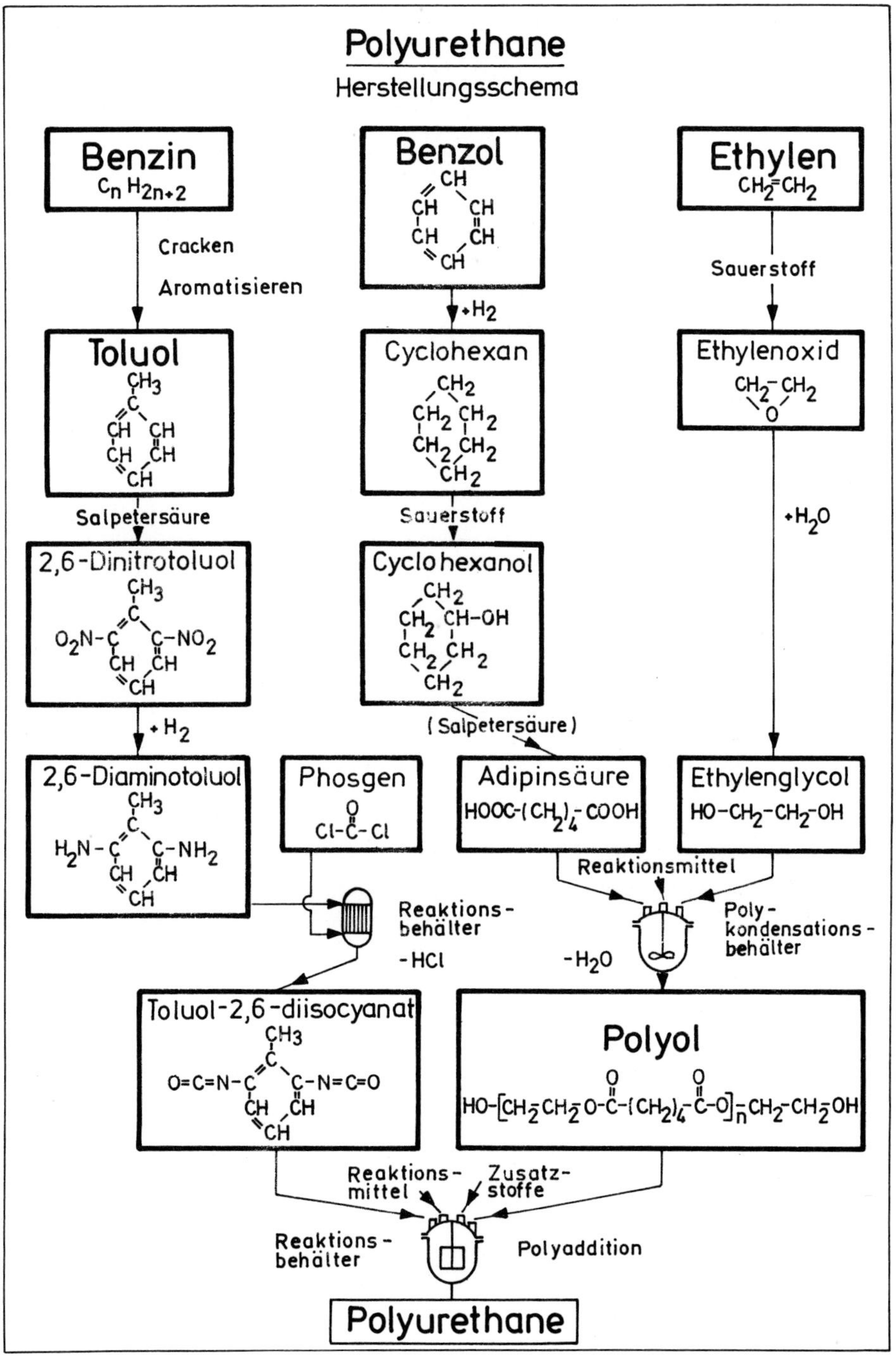
Polyurethane
Herstellungsschema
Benzin
Cn H2n+2
Benzol
Ethylen
CH2=CH2
Cracken
Aromatisieren
+H2
Sauerstoff
Toluol
Cyclohexan
Ethylenoxid
Salpetersäure
Sauerstoff
+H2O
2,6-Dinitrotoluol
Cyclohexanol
+H2
(Salpetersäure)
2,6-Diaminotoluol
Phosgen
Adipinsäure
HOOC-(CH2)4-COOH
Ethylenglycol
HO-CH2-CH2-OH
Reaktionsmittel
Reaktions-
behälter
-HCl
-H2O
Poly-
kondensations-
behälter
Toluol-2,6-diisocyanat
Polyol
Reaktions-
mittel
Zusatz-
stoffe
Reaktions-
behälter
Polyaddition
Polyurethane

6.3 Polyurethan-Schaumstoffe

Geschichtliches

Die Polyurethane (PUR) wurden 1937 von dem Chemiker O. Bayer in Leverkusen entwickelt. Sie werden seit 1940 im technischen Maßstab hergestellt und sind als Duromere, Elastomere, thermoplastisch verarbeitbare Elastomere (s. S. 140) sowie entsprechende Schaumstoffe auf dem Markt.

Die Entwicklung der PUR-Schaumstoffe wurde 1940 durch die Beobachtung von A. Höchtlen und W. Droste vom Leverkusener Arbeitskreis ausgelöst, daß carboxylgruppenhaltige Polyester bei der Reaktion mit Diisocyanaten stark blasige Polyester-Urethane bildeten. Ursache dafür war eine Abspaltung von Kohlendioxid-Gas, die heute bei der Herstellung von PUR-Schaumstoffen durch Zusatz genau dosierter, geringer Mengen Wasser erreicht wird.

1959 wurden die Polyether-Urethane und daraus hergestellte Schaumstoffe auf den Markt gebracht.

Zu den neueren Entwicklungen gehören flammhemmend eingestellte PUR-Schaumstoffe.

Der Weg zu den Polyurethanen

Polyurethane für PUR-Schaumstoffe werden aus mehrwertigen Alkoholen (Polyole) und mehrwertigen Isocyanaten (Polyisocyanate) durch Polyaddition hergestellt. Durch Wanderung des Wasserstoffatoms der alkoholischen Hydroxylgruppe zur Isocyanatgruppe bilden sich bei dieser Aufbaureaktion Urethangruppen[5] (-NH-CO-O-, s. auch Abschnitt 3.6.3), die der Kunststoffgruppe ihren Namen gegeben haben:

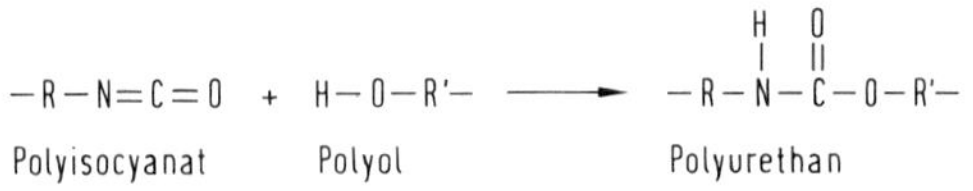

Durch Zusatz von genau dosierten Wassermengen reagiert ein Teil des Polyisocyanats gleichzeitig unter Aufschäumen durch abgespaltenes Kohlendioxidgas zu Aminen, die sich mit überschüssigem Polyisocyanat unter Bildung von Harnstoffgruppen verbinden:

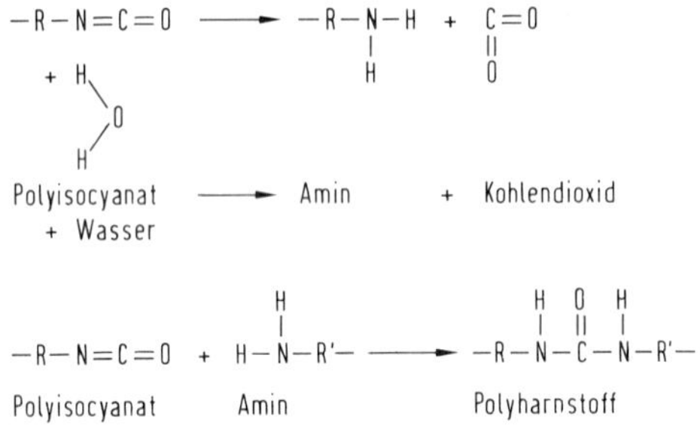

5) Urethangruppe: Carbamidsäure-estergruppe; Urethan: Carbamidsäure-ethylester $H_2N-C(=O)-O-CH_2-CH_3$

Im Laufe der Aufbaureaktion vernetzen die länger gewordenen Moleküle durch Reaktionen an end- oder seitenständigen Hydroxyl- bzw. Isocyanatgruppen und an den gebildeten Harnstoff- bzw. Urethangruppen weitmaschig (PUR-Weichschaumstoffe) oder engmaschig (PUR-Hartschaumstoffe). Auch diese Vernetzungsreaktionen sind Polyadditionen.

Für PUR-Weichschaumstoffe werden als Polyisocyanate (sog. Isocyanatharze) vorzugsweise aromatische Diisocyanate, beispielsweise technische Gemische von Toluol-2,4- und -2,6-diisocyanat oder relativ niedermolekulare Addukte von Diolen mit überschüssigen Diisocyanaten („Polyisocyanat-Prepolymere") verwendet. Als Polyole werden aliphatische, lineare oder wenig verzweigte Polyether-, gelegentlich auch Polyester-Polyole mit geringer Anzahl an Hydroxylgruppen im Molekül umgesetzt. Dies sind beispielsweise Polyethylenoxid (s. S. 141), Polypropylenoxid oder sog. „Polyol-Prepolymere" aus Adipinsäure und einem Überschuß an Diolen, wie Ethylenglycol oder Butandiol-1,4 (s. S. 115).

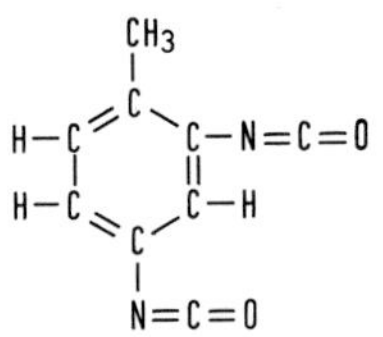

Toluol-2,4-diisocyanat-Formel

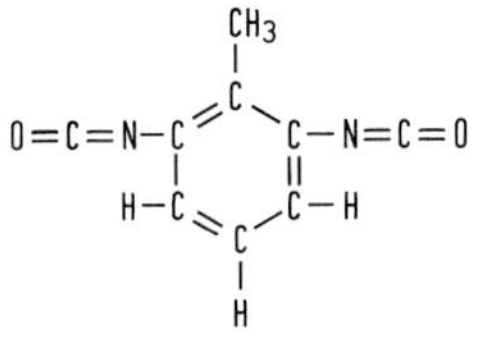

Toluol-2,6-diisocyanat-Formel

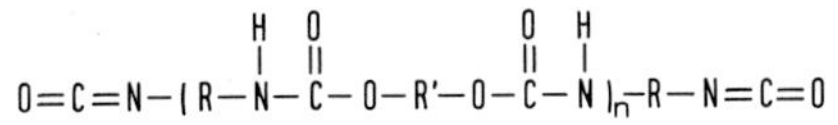

Polyisocyanat-Prepolymer-Formel
(R: aromatischer Rest
R': aliphatischer Rest)

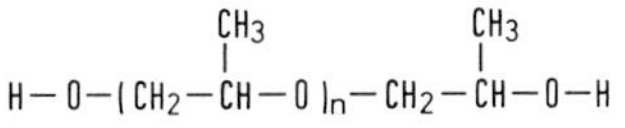

Polypropylenoxid-Formel

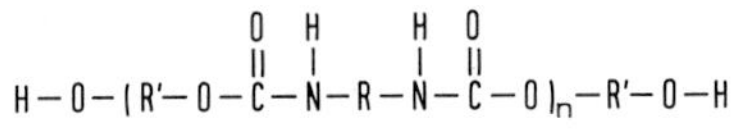

Polyol-Prepolymer-Formel
(R: aromatischer Rest)
R': aliphatischer Rest)

Wegen der kleinen Anzahl an Hydroxylgruppen in den relativ langkettigen Polyolen (relative Molekülmasse ca. 1 000 bis 3 000) werden die Moleküle weitmaschig vernetzt. Die Abstände der verbindenden, versteifend wirkenden Urethan- und Harnstoffgruppen sind groß und die entstehenden Kunststoff-Schaumstoffe daher weich-elastisch.

PUR-Hartschaumstoffe werden aus verzweigtkettigen Polyether-Polyolen mit verhältnismäßig vielen Hydroxylgruppen im Molekül hergestellt, beispielsweise Ethylenoxid- oder Propylenoxidaddukten an mehrwertigen Alkoholen, wie 1,2,3-(Trimethylol)-propan, oder an mehrwertigen Aminen, wie Ethylendiamin. Die Propylenoxidaddukte können zur Erhöhung der Hydroxylgruppenzahl und damit der Reaktivität zusätzlich noch mit Ethylenoxid gepfropft werden.

Als Polyisocyanat wird meist „rohes" (undestilliertes) Diphenylmethan-4,4'-diisocyanat verwendet.

Durch die große Zahl an Hydroxylgruppen werden die Moleküle engmaschig vernetzt. Die Abstände der versteifend wirkenden Urethan- und Harnstoffgruppen sind klein und die entstehenden Kunststoff-Schaumstoffe daher hart.

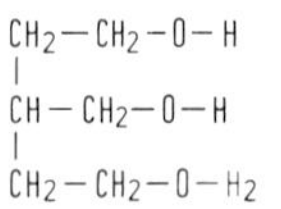

1,2,3-(Trimethylol)-propan-Formel

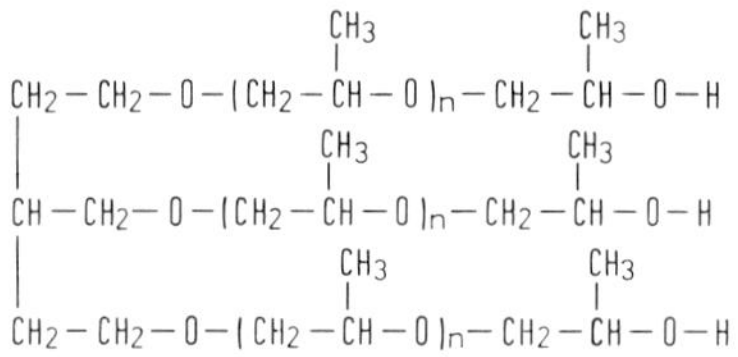

Trimethylolpropan-Propylenoxid-Addukt-Formel

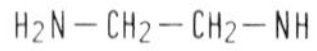

Ethylendiamin-Formel

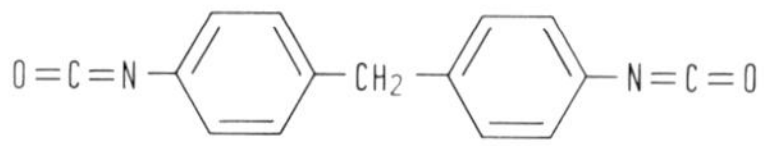

Diphenylmethan-4,4'-diisocyanat-Formel

Bei den Vernetzungsreaktionen bilden die entstandenen Harnstoffgruppen mit Polyisocyanaten Biuret[6]-Gruppen:

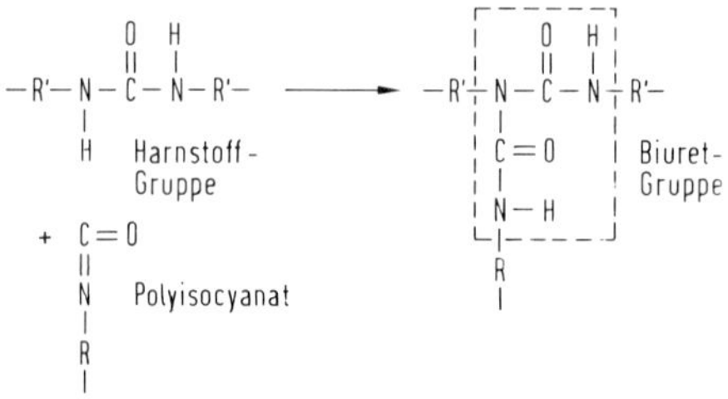

Die ebenfalls mögliche Reaktion der Urethangruppen mit Polyisocyanaten zu Allophangruppen ist bei der Herstellung thermoplastisch verarbeitbarer PUR-Elastomerer (s. Abschnitt 3.6.3) von Bedeutung.

Polyurethan-Schäumsysteme

PUR-Schäumsysteme bestehen stets aus mehreren Komponenten. Die wichtigsten sind: das Polyol (in der Praxis auch als „Komponente A" bezeichnet) und das Polyisocyanat („Komponente B"). Überwiegend werden Polyether-Polyole, für Weichschäume gelegentlich auch Polyester-Polyole angewendet. Weitere Komponenten, die zwecks Verringerung der Anzahl an zu dosierenden Förderströmen bereits beim Rohstoffhersteller dem Polyol beigemischt werden können, sind vor allem Treibmittel, Aktivatoren, Emulgatoren und Schaumstabilisatoren. Als Treibmittel verwendet man allgemein Chlorfluoralkane (Frigene) sowie Wasser, das mit Isocyanatgruppen unter Bildung von CO_2-Gas

6) Abgeleitet vom Biuret, das aus zwei (lat.: bi) Harnstoffmolekülen unter Abspaltung von Ammoniak entsteht: H_2N-CO-NH-CO-NH_2.

reagiert. Aktivatoren erhöhen die Geschwindigkeit der Schaumstoffbildung; es werden dazu häufig tertiäre Amine, wie Tri-ethyl-amin, $(CH_3\text{-}CH_2\text{-})_3N$, oder organische Zinnverbindungen, wie Dibutyl-zinn-dilaurat verwendet. Durch den Zusatz von Emulgatoren (z. B. Silikonöle) wird eine gleichmäßige Verteilung von Wasserzusätzen gewährleistet. Schaumstabilisatoren, häufig Polysiloxan-Derivate wie z. B. Polymethylsiloxan-Polyalkylenoxid-Blockpolymere, verhindern das Platzen von Schaumblasen, d. h. das Zusammenfallen des Schaums, während das in Reaktion befindliche System noch mehr oder weniger flüssig ist. Als weitere Bestandteile der Schäumsysteme kommen von Fall zu Fall vor: Flammschutzmittel, UV-Absorber, Farbmittelpasten und Füllstoffe.

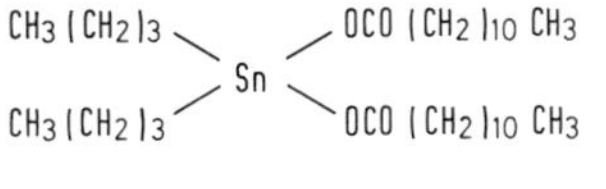

Formel für Dibutyl-zinn-dilaurat

Aus den Schäumsystemen können vier verschiedene PUR-Schaumstoff-Arten hergestellt werden: PUR-Hartschaumstoff, PUR-Weichschaumstoff, PUR-Struktur- und PUR-Integralschaumstoff. Zur Herstellung von Hartschaumstoff geht man von Polyether-Polyolen mit einer hohen Zahl an Hydroxylgruppen aus, wodurch engmaschige Vernetzung und damit ein duromerer Schaumstoff erzielt wird. Für den weichgummiähnlichen Weichschaumstoff benutzt man Polyether-, seltener Polyester-Polyole mit einer relativ geringen Anzahl von Hydroxylgruppen im Molekül, was zur weitmaschigen Vernetzung, d. h. zu einem elastomeren Schaumstoff führt. PUR-Struktur- und Integralschaumstoffe besitzen eine dichte, d. h. ungeschäumte Außenzone, nur das Innere besteht aus zelligem Material. Während Strukturschaumstoff duromeres, hartes Verhalten zeigt, ist Integralschaumstoff mehr oder weniger gummiartig-flexibel.

Chemische Verfahrenstechnik der PUR-Schäumsysteme

Meistens werden die PUR-Schaumstoffe direkt aus zwei Stoffen, Polyisocyanat und Polyol, in einer Stufe („Einstufenverfahren", „one-shot-Verfahren") chemisch aufgebaut. Es gibt aber auch „Zweistufen-Verfahren", bei denen zuerst aus Polyol und einem Polyisocyanatüberschuß ein „Polyisocyanat-Prepolymer" oder aus Polyisocyanat und einem Überschuß an Polyol ein „Polyol-Prepolymer" hergestellt werden. In der 2. Stufe gewinnt man dann das Polyurethan durch Umsetzen des Prepolymers mit dem noch fehlenden Anteil an Polyol bzw. Polyisocyanat. Gegenüber Einstufenverfahren sind Zweistufenverfahren zwar aufwendiger, sie erlauben aber die Herstellung härterer Schaumstoffe bei relativ geringem RG. Sowohl das Einstufen- wie das Zweistufenverfahren gehen von einem Zweistoffsystem aus. Neuerdings sind aber auch Einstoffsysteme für die Verarbeitung in Druckflaschen oder Sprühdosen auf dem Markt. Sie enthalten ein Prepolymer mit endständigen Isocyanatgruppen, Aktivatoren und Treibmittel. Ihre Vernetzung (Härtung) erfolgt durch Einwirkung von Feuchtigkeit (Luftfeuchte), die mit den Isocyanatgruppen reagiert.

Verarbeitung von Polyurethan-Schäumsystemen

Bei nahezu allen Verfahren sind folgende Arbeitsgänge erforderlich: Dosieren, Fördern und Mischen der Komponenten, Gießen oder Spritzen oder Sprühen der Mischung, Schäumen (unter Vernetzung, „Gelieren"), Entformen.

Für Muster und Kleinserien kann die Verarbeitung im Handansatz erfolgen. Benötigt werden dazu: Mischgefäße, Waage, Rührwerk mit hoher Drehzahl. Die Mischung wird in die auszuschäumenden Hohlräume oder Werkzeuge eingegossen, wo das Schäumen erfolgt. Für das entsprechende maschinelle Verarbeiten gibt es Gießmaschinen (Prinzip vgl. Bild 6.3-1), die auch transportabel sein können. Solche Maschinen aber mit beweglichem Mischkopf, der über eine längs bewegte Trägerbahn hin- und herläuft (Prinzip vgl. Bild 6.3-2), sind geeignet für die kontinuierliche Herstellung von harten und weichen PUR-Schaumstoff-Blöcken. Wird die Trägerbahn ersetzt durch eine Doppelbandtransportanlage (vgl. Bild 6.3-3) lassen sich Schaumstoffplatten mit flexiblen oder starren Deckschichten herstellen, die sich für die Fertigung von „Sandwich"[7]-Bauelementen hervorragend eignen.

Neben diesen Gießverfahren können PUR-Schäumsysteme auch nach der Sprühmethode (ähnlich dem Lackieren mit Pistole) zur Schaumstoffbeschichtung von Flächen herangezogen werden.

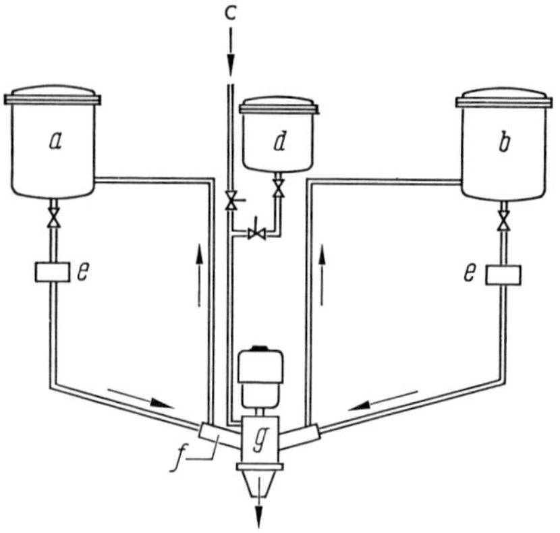

Bild 6.3-1:
Gieß- und Schäumanlage mit Kreislaufförderung
a – Komponente A, b – Komponente B,
c – Luft, d – Spülmittel, e – Dosierpumpen,
f – Umschaltventil, g – Mischkopf

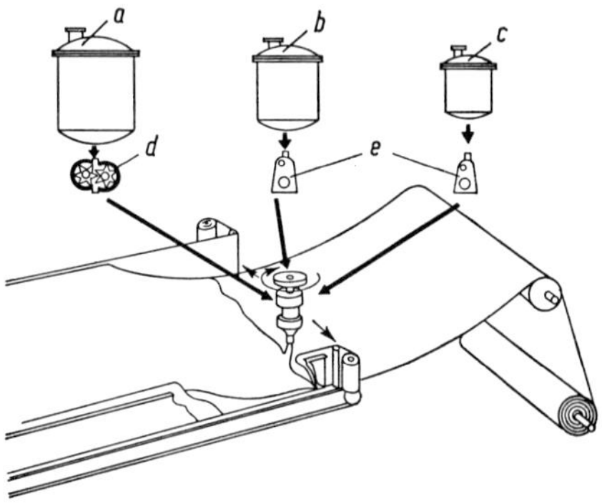

Bild 6.3-2:
Schema einer Anlage zur kontinuierlichen Fertigung von Schaumstoffblöcken
a – Komponente A, b – Komponente B,
c – Aktivatorgemisch, d – Zahnradpumpe für zähe, e – Kolbenpumpe für weniger viskose Flüssigkeiten

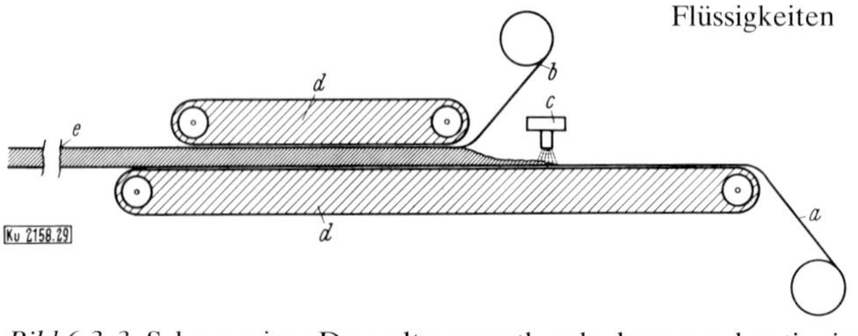

a,b – abrollbare Deckschicht,
c – Mischkopf,
d – Doppeltransportsystem,
e – Querschneider

Bild 6.3-3: Schema einer Doppeltransportbandanlage zum kontinuierlichen Herstellen von von Bauelementen

7) sandwich (engl.), belegtes Butterbrot. Bauelemente bestehen aus 2 oder mehreren Platten oder Schichten (aus Metall, Holz, Pappe oder Kunststoffen), die durch einen anderen Stoff (z. B. Kunststoff-Schaumstoff) verbunden sind.

Struktur- und Integral-Schaumstoffteile werden mittels des „Reaktionsspritzgieß-Verfahrens" (RSG) hergestellt. Die RSG-Anlagen bestehen aus Vorratsbehältern, Förder- und Dosieraggregaten für die Komponenten, Misch- und Angußbauteilen, einem schwenkbaren Werkzeugträger und dem Werkzeug zur Herstellung des Schaum-Formteils, wobei die Schaummischung in das Werkzeug eingespritzt wird. Die Bildung der ungeschäumten Formteil-Haut wird insbesondere durch Steuerung von Temperatur und Druck kontrolliert. Kleinere Struktur-Schaumformteile können auch drucklos durch Rotationsschäumen hergestellt werden, wobei das Werkzeug rotiert.

Die PUR-Schäumsysteme können auch zum Hinterschäumen tiefgezogener Teile (z.B. Sanitärteile aus PMMA, Armaturenbretter aus ABS) verwendet werden. Eine Armierung mit Glasfasermaterialien oder metallischen Einlagen ist möglich. In der „Depotbauweise" wird ein PUR-Stützschaumkern über durchschäumte genadelte Faservliese mit GFK-Deckschichten verbunden.

Allgemeine Eigenschaften von PUR-Schaumstoffen

Die meisten physikalischen Eigenschaften, besonders das mechanische Verhalten, hängen naturgemäß stark vom Porengehalt des PUR-Schaumstoffs und von seinem Vernetzungsgrad ab. Allgemein nehmen mit steigendem Raumgewicht (RG), d.h. abnehmendem Porengehalt, die mechanischen Werte zu. Wie bei allen Schaumstoffen besitzen auch die PUR-Materialien sehr gute Wärmedämmeigenschaften, was vor allem für die leichten PUR-Hartschaumstoffe zutrifft. Die PUR-Schaumstoffe besitzen eine Eigenfärbung, die zwischen schwachgelblich und bräunlich liegen kann. Durch Einfluß von Sonnenlicht tritt Farbvertiefung bis zur Braunfärbung auf. Die Schaumstoffe lassen sich gut einfärben. Sie besitzen sehr gute, niedrige dielektrische Werte, die leichten Schaumstoffe sind daher als Isolierstoffe im Hochfrequenzbereich einsetzbar.

Die PUR-Schaumstoffe sind beständig gegenüber Wasser (gegen Heißwasser nur kurzzeitig), Salz- und Waschmittel-Lösungen, verdünnten Säuren und Basen sowie aliphatischen Kohlenwasserstoffen, Mineralöl und Treibstoff. Sie werden angegriffen von konzentrierteren Säuren und Basen sowie organischen Lösungsmitteln. Ferner sind sie gut witterungsbeständig. PUR-Schaumstoffe können flammhemmend ausgerüstet werden, wobei die Brandgefahr mit zunehmendem RG abnimmt.

Eigenschaften und Verwendung von PUR-Hartschaumstoff

Diese Schaumstoffe besitzen RG zwischen etwa 10 und 200 kg/m^3. Sie sind geschlossenzellig, z.T. auch gemischtzellig aufgebaut. Mechanisch verhalten sie sich spröd- bis zähhart. Ihr Einsatzbereich liegt zwischen etwa −200 und +80 °C bei langzeitiger Temperatureinwirkung, kurzzeitig bis 160 °C, sie lassen sich sogar bei 200 °C mit Heißbitumen kleben.

Verwendung: Dachdämmplatten (auch Beschichtung von Dächern), Schaumstoffkerne für Sandwich-Elemente (z.B. Fassadenelemente, Installationswände, Fensterbänke, Treppenstufen), Schaumstoff-Leichtbeton (aus Blähglas- oder -ton und PUR-Hartschaumstoff), Füllschaum für Mauerschlitze, Kanäle. Wärme/Kältedämmung im Kühlmöbelbau, für Thermosbehälter, Tankwagen, Fernheiz- und andere Rohrleitungen, Heißwasserspeicher. Fertigbauteile im Fahrzeug-, Waggon-, Schiffs- und Raketenbau, für Schwimmer und Bojen, Hohlraumausschäumen von Kfz. und Booten, Hinterschäumen von tiefgezogenen Sanitärteilen (z.B. Badewannen, Bidets) aus Kunststoffen, Verpakkung bruchempfindlicher Güter. Sperrschaumkabel.

Polstermöbelteile (Sesselschalen, Couchgestelle). Schuhleisten. Prothesen und orthopädische Ausgleichsstücke.

Eigenschaften und Verwendung von PUR-Weichschaumstoff

PUR-Weichschaumstoffe besitzen ein RG zwischen etwa 20 und 60 kg/m^3, die sog. „halbharten" Typen etwa 40 bis 150 kg/m^3. Sie sind offen- und feinzellig und haben daher gute Schalldämpfungswirkung. Sie besitzen weiches, schaumgummiähnliches bis zähelastisches Verhalten. Ihr Einsatzbereich liegt zwischen etwa −40 und +100 °C Dauertemperatur.

Verwendung: Matratzen, Sitzauflagen, Sessel (Bild 6.3-4), PKW-Sitze, Polsterteile für Polstermöbel und PKW (halbharte Typen z. B. für Armlehnen, Knieleisten, Armaturenbretter, Lenksäulen- und Türseitenverkleidung, Sonnenblenden). Bodenbelags-Rückseitenbeschichtung. Schwämme. Bekleidungspolster bzw. Zwischenfutter, Füllung von Schlafsäcken. Ferner: Schallschluckelemente. PUR-Weichschaum-Kunstleder.

Bild 6.3-4:
Sessel aus PUR-Weichschaumstoff

Eigenschaften und Verwendung von PUR-Struktur-Hartschaumstoff

Bei diesem Material handelt es sich um einen harten, festen, biegesteifen, duromeren Schaumstoff mit homogener, ungeschäumter Außenhaut bzw. Randzone. Die RG (mittlere Dichten einschließlich Außenhaut) betragen zwischen 100 und 600 kg/m^3; die Randzone besitzt eine Rohdichte von ca. 1,2 g/ml (= 1200 kg/m^3), die Dichte in der Mitte des Schaumstoffs („Innendichte") ca. 400 bis 500 kg/m^3. Das Material besitzt ein geschlossenzelliges, mikroporöses Gefüge. Zur Erhöhung der Festigkeit kann mit Glasfasermaterialien oder Metallverstärkungen armiert werden. Die Wärmedehnung ist von mittlerer Größe. Das Einsatzgebiet liegt etwa von −50 bis +120 °C Dauertemperatur. Wegen ihrer Vergilbungsneigung und zur Farbgebung werden PUR-Strukturschaum-Formteile meistens lackiert.

Verwendung: vor allem für Großformteile bis über 150 kg Gewicht bei Wanddicken von mindestens 4 bis etwa 30 mm, und zwar für Rundfunk-, Fernsehapparate-, Computer-,

Zählergehäuse, Lautsprecherboxen, Schalt- und Kabelverteilerschränke, Kabeltrommeln. Kfz-Schaltarmaturen mit Holzeffekt, Karosseriebauteile. Fensterrahmen und -profile (mit Metallversteifung), Türen, Türfüllungen, Deckenkassetten und andere Bauelemente mit „Schnitzereien" und Profilierungen wie z. B. Holzbalkenimitationen, dekorative Formteile für Innenausbau und Werbung; Betonverschalungselemente. Lampenständer und -schirme.

Teile für Stilmöbel, Sitz- und Kastenmöbel (Bild 6.3-5), Schubladenfronten, Kleintische, Stühle, Spiegel- und Bilderrahmen. Wintersportgeräte (Skier, Skibobs, Rennschlitten). Kegel.

Bild 6.3-5:
Schrank mit Fronten aus PUR-Struktur-Hartschaumstoff

Eigenschaften und Verwendung von PUR-Integral-Weichschaumstoff

Diese Schaumstoffe sind flexibel und gummielastisch infolge weitmaschiger Vernetzung, sie besitzen eine zähelastische, lederartige, einreißfeste, porenfreie Außenhaut, die mit einer Leder- oder anderen Narbung oder Profilierung versehen werden kann. Die mittleren Dichten betragen etwa 70 bis 300 kg/m^3 für Verwendungen in der Automobilindustrie bzw. 200 bis 900 kg/m^3 für die Schuhfabrikation.

Verwendung: Sicherheitsabdeckungen im PKW (für Knieleisten, Hupringe, Arm- und Nackenstützen, Armaturenbretter), Umspritzungen von Lenkrädern, Handschuhfachabdeckungen; Sicherheitsstoßstangen. Umschäumte Möbelholzteile für Polstereffekte (Arm-, Rückenlehnen, Sitzflächen), Sitzauflagen. Kinderwagenreifen. Schuhabsätze und -sohlen, an vorgefertigte Schäfte angespritzte Schuhsohlen für Sportschuhe und Arbeitsstiefel; Ski-Innenschuhe.

7 Anhang

7.1 Erkennen der Kunststoffart

Kenntnisse und Fähigkeiten, mit einfachen Mitteln festzustellen, aus welchem Kunststoff ein Formteil, Halbzeug oder eine Formmasse besteht, muß jeder Praktiker, der mit Kunststoffen umgeht, besitzen. Die beschriebenen einfachen Erkennungsmethoden sind darüber hinaus gut geeignet, die eigentümliche Verhaltensweise und die Vielfalt der Kunststoffe kennen zu lernen. Diese Methoden gestatten allerdings nur in seltenen Fällen Aussagen über die Komponenten von Copolymerisaten, Polymerisatmischungen oder andere Spezialtypen von Kunststoffen. Auch Zusatzstoffe, wie Füllstoffe, Weichmacher, Stabilisatoren können meist nicht erkannt werden. Dazu sind besondere und aufwendige chemische oder physikalische Untersuchungen notwendig. Beim Versuch, die Kunststoffart zu erkennen, soll man sich nicht mit der Anwendung *einer* Methode begnügen, da keine der einfachen Prüfungen für sich allein in allen Fällen ein eindeutiges Ergebnis liefert. Es sollten vielmehr sämtliche beschriebene Versuche durchgeführt werden: Die Ermittlung der *Löslichkeit in organischen Flüssigkeiten,* die Beobachtung des *Schmelzverhaltens* und die Bestimmung der *chemischen Reaktion der Zersetzungsschwaden,* die Bestimmung des *Brandverhaltens* und des *Geruchs der Rauchschwaden.* Zusätzlich ist die Bestimmung der Rohdichte sehr nützlich.

7.1.1 Löslichkeit in organischen Flüssigkeiten

Grundlagen

Bei der Einwirkung von organischen Lösungsmitteln auf Kunststoffe werden diese entweder gelöst, gequollen oder überhaupt nicht angegriffen. Ausgehärtete Duroplaste werden meist nicht angegriffen und nur in Einzelfällen angequollen. Für die meisten Thermoplaste kennt man dagegen organische Flüssigkeiten, die sie lösen.

Für orientierende Untersuchungen genügen die in Tabelle 7.1-1 angegebenen Lösungsmittel. Zu beachten ist, daß besonders die Dämpfe von Toluol und Methylenchlorid gesundheitsgefährdend sind. Außer Methylenchlorid sind die Flüssigkeiten brennbar.

Versuch

In Erlenmeyer-Kolben mit 50 ml soviel Lösungsmittel (rd. 20 bis 30 ml) einfüllen, daß die möglichst fein zerteilte Probe völlig bedeckt ist. Kolben mit Korkstopfen dicht verschließen. Probe ohne Erwärmung mehrere Stunden bis Tage beobachten, von Zeit zu Zeit durchschütteln, da der Lösungs- oder Quellungsvorgang oft lange dauert.

Zur Auswertung: Befunde mit Angaben in Tabelle 7.1-1 vergleichen. Beachte, daß das in der Tabelle beschriebene Verhalten der Thermoplaste nicht in allen Fällen zutreffen muß.

Tabelle 7.1-1: Erkennen der Kunststoffart

Kunststoff	Löslichkeit in				Schmelzverhalten	Reakt. der Schwaden	Brennverhalten	Geruch der Schwaden
	TO	MC	EA	AC				
PE	u-q	u-q	u-q	u-q	I	n	IIb	paraffinartig
PP	u-q	u-q	u-q	u	I-II	n	IIb	wie PE m. fruchtigem Beigeruch (nach Rhabarber)
PS	l	l	l	l	I-II, IV	n	IIa +	süßlich, leuchtgasähnlich
SB	l	l	l	q	III	n	IIa +	wie PS u. gummiähnlich
SAN	l	q-l	l	l	II-III	a	IIa +	wie PS u. fruchtig-scharf
ABS	q	q-l	l	l	II-III	n (a, s)	IIb +	wie SAN
Hart-PVC	q	q	q	q	III	ss	l	stechend, brenzlig
Weich-PVC	q	q	q	q	III	ss	I-II	wie Hart-PVC u. mild-fruchtig
PTFE	u	u	u	u	V	ss	0	b. Rotglut stechend
PMMA	l	l	l	l	IV	n	IIa (b)	intensiv fruchtig
PC	q	l	q	q	I-II	n (s)	I ×	phenolartig
PETP, PBTP	u	q	q	u	II*	s	IIb +	schwach fruchtig-brenzl.
CA	u	q	l-u	l	II	s	IIb	stechend u. wie verbranntes Papier
CAB	q	l	l	l	II	s	IIb	schwach ranzig und wie verbranntes Papier
POM	u	u	u	u	II	n	IIa (b)	stark stechend
PPO, modif.	l	l	q	u	II-III	n (a)	IIa +	phenolartig-aromatisch
PA	u	u	u	u	II	a	IIb ×	verbrannt, wie Horn, Wolle
PUR (Etv)[1]	u	q	u	q	II	s	IIb	erstickend-stechend
PSU	l	l	q	q	II	ss	I	phenolartig
PF	u	u	u	u	III	a (n)	0-II	phenolartig-süßlich-stechend
UF	u	u	u	u	III	a	0-I	widerlich-fischig-stechend
MF	u	u	u	u	III	a	0-I	verbrannte Milch u. stechend
UP, GF-UP	u	q	q	q	II-III	n (a, s)	IIa +	süßlich-widerlich u. fruchtig
EP	u	q	q	q	II-III	a (n)	IIa + ×	z. T. fruchtig, z. T. fischig, verbr. Horn, phenolartig

u: unlöslich
q: Quellung, Erweichung od. Rißbildung
l: löslich

I: Schmelzen ohne Zersetzen
II: Schmelzen mit Zersetzen
III: Zersetzen ohne Schmelzen
IV: Zersetzen unter Verdampfen
V: kaum Veränderung
*: starkes Sublimat

a: alkalisch
n: neutral
s: sauer
ss: stark sauer

0: keine Entzündung
I: brennt nur in der Flamme
IIa: brennt weiter, tropft nicht
IIb: brennt weiter, tropft
+: stark rußend
×: schwer anzündbar

TO: Toluol MC: Methylenchlorid EA: Ethylacetat AC: Aceton

1) thermoplastisch verarbeitbares Elastomeres

Viele Copolymerisate und andere Modifikationen z. B. „Polyblends" zeigen teilweise abweichendes Verhalten. Bei Cellulose-Kunststoffen hängt zudem Löslichkeit erheblich vom Veresterungsgrad, bei anderen Ester-Kunststoffen von der Säure- und der Alkohol-Komponente ab. Aus den Ergebnissen darf auf keinen Fall auf das Verhalten des Kunststoffs bei Dauereinwirkung des Lösungsmittels geschlossen werden.

7.1.2 Schmelzverhalten und Bestimmung der Reaktion der Zersetzungsschwaden

Grundlagen

Beim Erwärmen von Kunststoffen läßt sich deren *Schmelz- bzw. Zersetzungsverhalten* beobachten. Die hierbei auftretenden Zersetzungsschwaden können auf ihre chemische Reaktion gegenüber Säure-Base-Indikatoren untersucht werden.

Nach ihrem Schmelz- bzw. Zersetzungsverhalten können die Kunststoffe in folgende Gruppen eingeteilt werden:

a) *Schmelzen ohne Zersetzung,* es tritt keine Verfärbung oder höchstens eine geringe Gelbfärbung der Schmelze auf, natürlich nur bei nicht eingefärbten Stoffen.

b) *Schmelzen unter Zersetzung,* es bildet sich eine meist braun bis schwarz gefärbte Schmelze.

c) *Zersetzen ohne Bildung von Schmelze,* hierbei verfärbt sich die Probe, behält aber weitgehend ihre Form. Es kann jedoch eine Erweichung eintreten.

d) *Verdampfen der Probe ohne nennenswerten Rückstand,* Kunststoffe werden dabei durch Erwärmung zu verdampfenden Stoffen (z. T. den Monomeren) abgebaut.

e) *Keine erhebliche Veränderung,* außer geringer Verformung und Verfärbung. Bei zu starker Erwärmung kann auch in diesen Fällen Verdampfung bzw. Zersetzung auftreten.

Nach der *Reaktion der Zersetzungsschwaden* können die Kunststoffe folgenden Gruppen zugeordnet werden:

a) *Schwaden reagieren alkalisch,* pH-Wert über 7.

b) *Schwaden reagieren neutral,* pH-Wert rd. 7.

c) *Schwaden reagieren schwach sauer, pH-Wert etwa zwischen 2,5 und 5.*

d) *Schwaden reagieren stark sauer,* pH-Wert unter 2,5.

Alkalische Schwaden treten bei N-haltigen Kunststoffen (außer PUR) infolge Abgabe von NH_3 bzw. Aminen auf. Schwach saure Schwaden deuten in vielen Fällen auf den Gehalt schwacher Säuren (z. B. Essigsäure, Propionsäure, Buttersäure oder CO_2) bzw. deren Ester hin, z. B. bei CA, CAB. Stark saure Schwaden entstehen durch flüchtige Mineralsäuren (HCl, HF, H_2SO_3).

Versuche

Kleine Probe in ein Glühröhrchen von 100 mm Länge und 10 mm Durchmesser einbringen und mit schwacher Flamme (kleingestellte Flamme eines Bunsenbrenners) langsam erwärmen und Schmelzverhalten beobachten. Erwärmt man rund eine Minute, treten Zersetzungsschwaden auf. Weiter erwärmen bis Zersetzungsschwaden das offene Ende des Glühröhrchens erreichen. Chemische Reaktion mit schwach angefeuchtetem Reagenzpapier ermitteln; dieses quer über das freie Ende des Glühröhrchens halten. Hierbei darauf achten, daß keine Feuchtigkeit in das heiße Glührohr gerät, da es sonst durch

„Spratzen" zu Verbrühungen kommen kann. Es wird ferner sehr davor gewarnt, den Geruch der Schwaden am offenen Ende des Glührohrs zu prüfen. Infolge Rücklaufs von Kondensat in die heiße Zone des Rohrs kann es zu spontaner Verdampfung kommen, die herausfliegenden heißen Tröpfchen und Gase können zu Verbrennungen führen. Daher Glührohr mit Halter oder Tiegelzange so halten, daß Umstehende nicht geschädigt werden können.

Als *Reagenzpapiere* sind geeignet: Universalindikatorpapier von pH 1 bis rd. 10, rotes und blaues Lackmus-Papier, Kongorot-Papier für stark saure Schwaden oder andere pH-Papiere mit Farbvergleichs-Skala. Die Zersetzungsschwaden sind meist brennbar. Man vermeide, daß sich die Schwaden an der Wärmequelle entzünden.

Zur Auswertung s. Tabelle 7.1-1. Das Auftreten von Schmelzen weist allgemein auf Thermoplaste hin. Es gibt jedoch einige Thermoplaste, bei denen die Zersetzung rascher erfolgt als das Schmelzen (PVC) oder Verdampfung auftritt (PMMA). Andererseits kennt man Duroplaste (UP, EP, vernetztes PUR), die neben Zersetzung auch eine Schmelzenbildung zeigen. Das Auftreten von Schmelzen ist bei Füllstoff-Zusätzen häufig nicht erkennbar. Bei teilkristallinen Thermoplasten (PE, PP, PA) ist bei sehr langsamem Erwärmen und Vorliegen von nicht oder schwach eingefärbten Materialien das Schmelzen der kristallinen Bereiche (Kristallit-Schmelzbereiche s. S. 205/206) zu beobachten. Hierbei wird die milchig-trübe Probe glasklar.

7.1.3 Brandverhalten und Geruch der Rauchschwaden

Nach ihrem Brandverhalten können die Kunststoffe in folgende Gruppen eingeteilt werden:

a) Stoff ist kaum entzündbar, kann sich jedoch durch Einwirkung einer Flamme zersetzen (verkohlen).

b) Stoff entzündet sich in der Flamme, brennt jedoch nach Wegnehmen der Zündquelle nicht weiter (selbstverlöschende Kunststoffe).

c) Stoff entzündet sich in der Flamme und brennt nach Entfernen der Flamme von selbst weiter, jedoch ohne Abtropfen einer Schmelze.

d) wie c), aber unter Tropfenbildung (dünnflüssige Schmelze).

e) Stoff brennt äußerst heftig ab und kann sogar verpuffen.

Beachte: Weichmacher, Füllstoffe, Harzträgerstoffe und feuerhemmende Zusätze können das Brandverhalten und auch den Geruch der Schwaden erheblich verändern.

Versuche

Kunststoffprobe mit Pinzette, Spatel oder Tiegelzange in eine Flamme halten (klein gestellte Flamme eines Bunsenbrenners, Flamme einer Kerze oder auch eines Feuerzeugs). Falls Entzündung der Probe erfolgt, meist erkenntlich an Gelbfärbung der Gasflamme, Probe aus der Flamme nehmen. Man beobachte, ob die Probe weiterbrennt oder die Flamme sofort verlischt. Brennt die Probe von selbst weiter, so achte man darauf, ob sich dabei eine abtropfende Schmelze bildet oder nicht. Unterlage benützen! Brennende Probe ablöschen, z. B. durch vorsichtiges Ausblasen. Man vermeide, daß fortgeblasene heiße Schmelze-Tropfen jemanden verletzen oder Kleidungsstücke beschmutzen (Reinigung praktisch unmöglich!). Nach Verlöschen der Probe vorsichtig an Brandschwaden riechen unter Zufächeln der Schwaden.

Zur Auswertung s. Tabelle 7.1-1. Die dort angegebenen Geruchsbeschreibungen sind nur Anhaltspunkte. Am besten prägt man sich die Geruchsnuancen an bekannten Kunststoffproben ein, die man ohnehin im Zweifelsfalle zum Vergleich heranziehen sollte.

7.2 Tabellen

7.2-1: Übersichtstabelle der wichtigsten Kunststoffe

Legende

Spalte „Kurzzeichen":	Die aufgeführten Kurzzeichen sind nur z. T. nach DIN 7728 genormt.
Spalte „chem. Name":	Die chemischen Namen entsprechen DIN 7728, Kunststoffe, Kurzzeichen, bzw. wurden entsprechend formuliert.
Spalte „Kunststoff-Gruppe":	Die Abkürzungen bedeuten T: Thermoplast TE: Thermoelast E: Elastomeres Etv: thermoplastisch verarbeitbares Elastomeres D: Duromeres am: amorph tk: teilkristallin Bei teilkristallinen Thermoplasten und Thermoelasten sind in () die Kristallit-Schmelzbereiche (KSB) in °C vermerkt.
Spalte „Aufbau":	Die Abkürzungen bedeuten H: Homo-polymerisat, -kondensat, -addukt Hch: dto., chemisch abgewandelt (vernetzt, chloriert . . .) C: Copolymerisat, -kondensat, -addukt CP: Pfropf-Copolymerisat B: Blend N: chem. abgewandelter Naturstoff
Spalte „Polarität":	Die Stufen 1 bis 5 zeigen steigende Polarität an (Stufe 1: unpolar bis Stufe 5: stark polar). Die Zuordnung erfolgte auf Grund dielektrischer Stoffdaten.
Spalte „Rohdichte":	Die Werte gelten für ungefüllte bzw. nicht verstärkte Stoffe, falls nichts anderes angegeben.
Spalte „Seiten":	Hier sind die Textseiten vermerkt, auf denen die wichtigsten Angaben über den betr. Kunststoff zu lesen sind.

Kurzzeichen	chemischer Name	Kunststoff-Gruppe, in () KSB in °C	Aufbau	Polarität (Stufe)	Rohdichte (g/ml)	Seiten	Kurzzeichen bzw. Name
	Polyolefine						
LDPE	Weich-Polyethylen (niedriger Dichte)	T, tk (105-115)	H	1	0,914-0,928	43	LDPE
HDPE	Hart-Polyethylen (hoher Dichte)	T, tk (125-140)	H	1	0,941-0,965	43	HDPE
UHMWPE	Polyethylen mit ultrahoher relativer Molekülmasse	TE, tk (135-138)	H	1	0,93-0,94	44	UHMWPE
PEP	Ethylen-Propylen	T, tk (114-125)	C	1	0,926-0,941	47	PEP
EVA	Ethylen-Vinylacetat	T, tk (91-96)	C	2-3	0,92-0,95	47	EVA
–	Ethylen-Acrylsäure	T, tk (97-101)	C	2	0,924-0,930	49	Ethylen-Acrylsäure
–	Ionomeres	T, am	C	2	0,94-0,96	49	Ionomeres
VPE	vernetztes Polyethylen	E, tk (105-126)	Hch	1	0,916-0,933	50	VPE
PP	Polypropylen						PP
	-, isotaktisch	T, tk (158-168)	H	1	0,896-0,907	52	
	-, ataktisch	T, am	H	1	0,86	53	
PIB	Polyisobutylen	T, am	H	1-2	0,91-0,93	54	PIB
PB	Polybuten-1	T, tk (125-130)	H	1-2	0,905-0,920	56	PB
PMP	Poly-4-methylpenten-1	T, tk (240)	H	1	0,83	56	PMP
	Polystyrol-Kunststoffe						
PS	Polystyrol	T, am	H	1	1,04-1,05	60	PS
SAN	Styrol-Acrylnitril	T, am	C	3	1,08	64	SAN
SB	Styrol-Butadien	T, am	CP, B	1-2	1,03-1,05	65	SB
ABS	Acrylnitril-Butadien-Styrol	T, am	CP, B	3	1,03-1,06	68	ABS
ASA	Acrylnitril-Styrol-Acrylester	T, am	CP	3	1,04-1,07	70	ASA
	Halogen-Kunststoffe						
Hart-PVC	Hart-Polyvinylchlorid	T, am	H	3-4	1,38-1,40	75	Hart-PVC
VCVAC	Vinylchlorid-Vinylacetat	T, am	C	4	1,35	78	VCVAC
–	Vinylchlorid-N-Cyclohexyl-maleinimid	T, am	C	3	1,38	78	Vinylchlorid-N-Cyclohexyl-maleinimid
HIPVC	besonders schlagzähes Polyvinylchlorid	T, am	CP, B	3-4	1,34-1,38	79	HIPVC
PVCC	Chloriertes Polyvinylchlorid	T, am	Hch	3	1,52	80	PVCC
Weich-PVC	Weich-Polyvinylchlorid	T, am	H	4	1,16-1,35	81	Weich-PVC
PEC	Chloriertes Polyethylen	T, am od. tk	Hch	3	1,1	85	PEC
PVDC	Polyvinylidenchlorid	T, am	C	4	1,65-1,72	86	PVDC
PTFE	Polytetrafluorethylen	TE, tk (327)	H	1	2,15-2,20	87	PTFE
FEP	Perfluorethylenpropylen	T, tk (285-295)	C	1	2,12-2,17	92	FEP
PFA	Perfluoralkoxy-Copolymeres	T, tk (300-310)	C	1	2,1-2,2	92	PFA
ETFE	Ethylen-Tetrafluorethylen	T, tk (270)	C	2	1,70-1,77	92	ETFE
PVDF	Polyvinylidenfluorid	T, tk (170-171)	H	4	1,77-1,78	92	PVDF
PVF	Polyvinylfluorid	T, tk (198)	H	4	1,38-1,57	93	PVF
PCTFE	Polychlortrifluorethylen	T, tk (185-200)	H	3	2,10-2,12	93	PCTFE
ECTFE	Ethylen-Chlortrifluorethylen	T, tk (245)	C	2	1,69	93	ECTFE

Kurz-zeichen	chemischer Name	Kunststoff-Gruppe, in () KSB in °C	Auf-bau	Polarität (Stufe)	Rohdichte (g/ml)	Seiten	Kurzzeichen bzw. Name
	Ether-Thermoplaste						
POM	Polyoxymethylen	T, tk (175)	H	3	1,42	95	POM
			C	3	1,41		
PPO	Polyphenylenoxid	T, am	B	2	1,04	100	PPO
	Ester-Thermoplaste						
PMMA	Polymethylmethacrylat	T, TE, am	H	3	1,17-1,20	104	PMMA
AMMA	Acrylnitril-Methylmethacrylat	T, am	C	3	1,17	108	AMMA
PC	Polycarbonat	T, am	H	3	1,20	109	PC
PETP	Polyethylen-terephthalat	T, tk (255-258)	H	3	1,37	117	PETP
		bzw. am	H	3	1,33	118	
PBTP	Polybutylen-terephthalat	T, tk (220-225)	H	3	1,31	118	PBTP
CA	Celluloseacetat	T, am	N	4	1,27-1,30	123	CA
CP	Cellulosepropionat	T, am	N	4	1,19-1,23	125	CP
CAB	Celluloseacetobutyrat	T, am	N	3	1,18-1,21	125	CAB
	Stickstoff-Thermoplaste						
PA 6	Polyamid 6	T, tk (215-225)	H	5	1,12-1,15	131	PA 6
PA 66	Polyamid 66	T, tk (250-265)	H	5	1,13-1,16	133	PA 66
PA 610	Polyamid 610	T, tk (210-225)	H	4	1,06-1,10	133	PA 610
PA 6-3-T	Polyamid 6-3-T	T, am	H	4	1,12	133	PA 6-3-T
PA 11	Polyamid 11	T, tk (180-190)	H	4	1,02-1,06	135	PA 11
PA 12	Polyamid 12	T, tk (170-180)	H	4	1,01-1,04	135	PA 12
PAN	Polyacrylnitril	T, am	C	4	1,10-1,17	137	PAN
PUR	Polyurethan	Etv, am	C	4	1,13-1,25	140	PUR
	Duroplaste						
PF	Phenol-Formaldehyd-Kunststoffe	D, am	H, C	4-5	1,8-2,1[1)] 1,35-1,50[2)]	145	PF
UF	Harnstoff-Formal-dehyd-Kunststoffe	D, am	H, C	4-5	1,5[2)]	153	UF
MF	Melamin-Formaldehyd-Kunststoffe	D, am	H	4-5	1,7-2,0[1)] 1,5-1,55[2)]	157	MF
MPF	Melamin-Phenol-Formaldehyd-Kunststoffe	D, am	C	4-5	1,5-1,6 [1+2)]	160	MPF
UP	ungesättigte Polyester-Kunststoffe	D, am	C	3-4	1,2[3)] 1,6-2,1[4)] 1,3-2,1[5)]	160	UP
EP	Epoxid-Kunststoffe	D, am	H, C	4	1,2[3)] 1,6-1,9[4)] 1,6-2,0[5)]	168	EP
	Hochtemperaturbeständige Kunststoffe						
PI	Polyimide	T, D, am	H, C	3	1,30-1,43	177	PI
PSU	Polysulfon	T, am	H	2	1,24	181	PSU
PES	Polyethersulfon	T, am	H	2	1,37	182	PES
PAS	Polyarylsulfon	T, am	H	2	1,36	182	PAS
PPS	Polyphenylensulfid	T, tk (280-288)	H	2	1,34	184	PPS

1) mit anorganischen Füllstoffen
2) mit organischen Füllstoffen
3) unverstärkte Gießharz-Formstoffe
4) Formstoffe aus Formmassen
5) Formstoffe aus Laminaten

Tabelle 7.2-2: Richtdaten und Wertungen für einige physikalische Eigenschaften von Kunststoffen

Eigenschaft	Maßeinheit	Prüfmethode	Wertungen				
			sehr hoch sehr groß	hoch groß	mittel gut	niedrig gering	sehr klein sehr gering
(Zug-, Reiß-)Festigkeit (Biegefestigkeit, Grenz-biegespannung)	N/mm^2	DIN 53 455 DIN 53 452	– –	über 60 über 90	60 bis 40 90 bis 60	unter 40 unter 60	– –
Steifigkeit (E-Modul)	N/mm^2	DIN 53 457	über 4 000	4 000 bis 2 000	2 000 bis 1 000	unter 1 000	–
Härte	N/mm^2	DIN 53 456	über 200	200 bis 150	150 bis 100	100 bis 50	unter 50
Kerbschlagzähigkeit	kJ/m^2	DIN 53 453	ohne Bruch, über 40	40 bis 20	20 bis 10	unter 10	–
Wärmedehnung	$10^{-6} \cdot K^{-1}$	DIN 52 328	über 150	150 bis 100	100 bis 60	unter 60	–
Wasseraufnahme (24 h Wasserlagerung)	%	ASTM D 570	–	über 0,5	0,5 bis 0,05	0,05 bis 0,02	unter 0,02

Daten gelten für Prüfungen bei Normalbedingungen.

7.3 Verzeichnis der Kunststoff-Rohstoffe, Zwischenprodukte, Grund-, Hilfs- und Zusatzstoffe

7.4 Sachverzeichnis

7.5 Hinweise auf weiterführende Fachliteratur

Makromolekulare Chemie

Batzer, H., Einführung in die makromolekulare Chemie; Alfred Hüthig Verlag, Heidelberg 1973

Cowie, J., Chemie und Physik der Polymeren; Verlag Chemie, Weinheim 1976

Elias, H. G., Makromoleküle; Alfred Hüthig Verlag, Heidelberg 1975

Henrici-Olivé, G. und *Olivé, S.*, Polymerisation; Verlag Chemie, Weinheim 1969

Kunststoffkunde

Domininghaus, H., Die Kunststoffe und ihre Eigenschaften; VDI-Verlag, Düsseldorf 1976

Ehrenstein, G. W., Polymer-Werkstoffe; Carl Hanser Verlag, München/Wien 1978

Käufer, H., Kunststoffe als Werkstoff; Vogel-Verlag, Würzburg 1978

Laeis, W., Einführung in die Werkstoffkunde der Kunststoffe; Carl Hanser Verlag, München 1972

Menges, G., Werkstoffkunde der Kunststoffe; Carl Hanser Verlag, München/Wien 1979

Kunststoffverarbeitung

Domininghaus, H., Kunststoffe (Band I-III); VDI-Verlag, Düsseldorf 1972 bzw. 1973

Mink, W., Grundzüge der Extrudertechnik; Zechner & Hüthig Verlag, Speyer 1973

Mink, W., Grundzüge der Spritzgießtechnik; Zechner & Hüthig Verlag, Speyer 1979

Mink, W., Grundzüge der Hohlkörperblastechnik; Zechner & Hüthig Verlag, Speyer 1969

Schönthaler, W., Verarbeiten härtbarer Kunststoffe; VDI-Verlag, Düsseldorf 1973

Thiel, A., Grundzüge der Vakuumformung; Zechner & Hüthig Verlag, Speyer 1967

Experimentierbücher

Braun, D., Cherdron, H., Kern, W., Praktikum der makromolekularen organischen Chemie; Alfred Hüthig Verlag, Heidelberg 1971

Braun, D., Erkennen von Kunststoffen – Qualitative Kunststoffanalyse mit einfachen Mitteln; Carl Hanser Verlag, München/Wien 1979

Flügel, R., Kunststoffe – Versuche in Loseblatt-Form; Phywe, Göttingen 1963

Haenle, S., Gnauck, B., Harsch, G., Praktikum der Kunststofftechnik; Carl Hanser Verlag, München 1972

Saechtling, Hj., Kunststoffbestimmungstafel; Carl Hanser Verlag, München/Wien 1975

Nachschlagewerke, Tabellenbücher

Carlowitz, B., Kunststoff-Tabellen; Schiffmann-Verlag, Bensberg 1973

Hellerich, W., Harsch, G., Haenle, S., Werkstoff-Führer Kunststoffe; Carl Hanser Verlag, München/Wien 1979

Oberbach, K., Kunststoff-Kennwerte für Konstrukteure; Carl Hanser Verlag, München/Wien 1975

Saechtling, Hj., Kunststoff-Taschenbuch; Carl Hanser Verlag, München/Wien 1979

Stoeckhert, K., Kunststoff-Lexikon; Carl Hanser Verlag, München/Wien 1975

Vieweg, R. u. a., Kunststoff-Handbuch,
(11 Bände: Grundlagen, Polyvinylchlorid, abgewandelte Naturstoffe, Polyolefine, Polystyrol, Polyamide, Polyurethane, Polyester, Polymethacrylate, Duroplaste, Polyacetale-Epoxidharze – fluorhaltige Polymerisate – Silicone);
Carl Hanser Verlag, München 1963-1975